粉煤灰综合利用
及风险评价

COMPREHENSIVE UTILIZATION AND
RISK ASSESSMENT OF
FLY ASH

姜 龙　王宗爽　郭智慧　郭 玥　编著
何 川　赵振宁　潘海斌

中国电力出版社
CHINA ELECTRIC POWER PRESS

内容摘要

本书对燃煤固废粉煤灰的综合利用、风险评价、监测及控制做了较全面的介绍。全书共分 10 章，其中，第 1 章为粉煤灰的来源、分类及性能；第 2 章介绍了国内外粉煤灰综合利用情况；第 3 章、第 4 章分别介绍了国内外粉煤灰相关标准和法律政策；第 5 章介绍了粉煤灰综合利用途径；第 6 章对粉煤灰用于 CCUS 的研究现状进行了介绍，并对研究方向进行了展望；第 7 章介绍了粉煤灰综合利用途径适用性评价方法；第 8 章介绍了粉煤灰的环境风险及评价方法；第 9 章介绍了粉煤灰的环境风险监测；第 10 章介绍了粉煤灰无害化处理手段、固化处理等。

本书适合从事粉煤灰资源利用的相关技术人员阅读使用。

图书在版编目（CIP）数据

粉煤灰综合利用及风险评价 / 姜龙等编著 . -- 北京：中国电力出版社，2025.3. -- ISBN 978-7-5198-9503-7

Ⅰ . X773

中国国家版本馆 CIP 数据核字第 2025BP9126 号

出版发行：中国电力出版社
地　　址：北京市东城区北京站西街 19 号（邮政编码 100005）
网　　址：http://www.cepp.sgcc.com.cn
责任编辑：赵鸣志（010-63412385）
责任校对：黄　蓓　马　宁
装帧设计：王红柳
责任印制：吴　迪

印　　刷：三河市万龙印装有限公司
版　　次：2025 年 3 月第一版
印　　次：2025 年 3 月北京第一次印刷
开　　本：787 毫米 ×1092 毫米　16 开本
印　　张：17.75
字　　数：439 千字
印　　数：0001—1000 册
定　　价：100.00 元

前　言

粉煤灰是从煤燃烧后的烟气中收捕下来的细灰，是燃煤电厂排出的主要固体废物。随着电力工业的发展，燃煤电厂的粉煤灰排放量逐年增加，大量的粉煤灰堆存在灰场中，不仅造成资源的浪费，而且给堆存地带来环境风险。因此，粉煤灰的处置利用及风险防控已成为相关企业亟待解决的难题。

为了促进粉煤灰资源利用的推广及应用，推动我国循环经济的发展，本书作者在综合国内外粉煤灰的研究成果及政策、标准的基础上，结合团队在粉煤灰资源化利用及风险防控领域的科研成果和实践经验，编著了《粉煤灰综合利用及风险评价》一书，希望能够给从事粉煤灰资源利用工作的相关技术人员提供一定的指导。

本书共 10 章，对粉煤灰的综合利用情况及风险评价、监测及控制做了较全面的介绍。其中，第 1 章介绍了粉煤灰的来源、分类及性能；第 2 章从综合利用的整体层面介绍了国内外粉煤灰产量、综合利用途径、综合利用率等情况，并对我国的粉煤灰综合利用发展方向提出了建议；第 3 章介绍了国内外粉煤灰相关标准的情况，并对我国粉煤灰的标准体系的完善提出了建议；第 4 章介绍了国内外粉煤灰相关法律政策的情况，并对我国粉煤灰的法律政策的制定提出了建议；第 5 章介绍了国内外粉煤灰在建材、农业、环境、道路、陶瓷、回填、分选等领域的利用方式和工艺；第 6 章介绍了粉煤灰用于碳捕集、利用和封存（CCUS）领域的研究现状，并对后续发展方向进行了展望；第 7 章介绍了一种粉煤灰利用途径适用性的评估方法及量化评估指标，以指导粉煤灰的有效利用；第 8 章介绍了粉煤灰的环境风险及评价方法；第 9 章选取特定电厂开展了具体的燃煤电厂粉煤灰的环境风险监测及环境风险评价实践；第 10 章介绍了粉煤灰无害化处理手段，并以固化处理手段为例开展了具体的粉煤灰风险控制实践。

本书由姜龙、王宗爽、郭智慧、郭玥、何川、赵振宁、潘海斌编著，由姜龙负责统稿、定稿。在本书编著过程中参考了专业领域内部分优秀图书和期刊，在此向相关作者表示衷心的感谢。另外，感谢李庆、张清峰、王梦湜、何奇善、宋云畅、牟晓哲、杜磊、刘轩、徐鹏、徐扬、孙健、郝润龙、刘高军、程亮、李金晶、张天浴、梁满仓等对本书技术内容的指导及审阅。

由于作者专业水平和经验所限，书中难免存在疏漏与不妥之处，敬请读者批评指正。

作者
2024 年 8 月于北京

目　录

粉煤灰的来源、分类及性能

1.1 粉煤灰的来源与形成过程

1.1.1 粉煤灰的来源

煤炭中不可燃烧的矿物质（统称为灰分）经燃烧后，被分解析出产生由硅、铝、钙、镁、铁等氧化物组成的灰渣；从烟气系统中用收尘设施收集下来的细粒灰尘，称为粉煤灰或者飞灰，其中一些极细颗粒会经烟囱排入大气中，其排放量随着收尘设备效率的降低而增多；在炉膛内黏结在一起的粒状灰渣，一般称为炉底灰或灰渣。表 1-1 为各种炉型的灰渣比。

表 1-1   各种炉型的灰渣比   %

炉型	飞灰比例	炉渣比例
固态排渣煤粉炉	约 90	约 10
液态排渣煤粉炉	约 60	约 40
立式旋风炉	40～45	55～60
卧式旋风炉	15～30	70～85
竖井式煤粉炉	约 85	约 15
层燃链条炉	15～30	70～85
抛煤机链条炉	25～40	60～75

1.1.2 粉煤灰的形成过程

煤是有机质与无机矿物的混合物，煤中矿物主要为黏土矿物（如高岭石、伊利石）、碳酸盐矿物（如方解石、白云石）以及二硫化物（如黄铁矿、白铁矿），其次为石膏、锐钛矿、锆石、钠长石、钙长石、方铅矿、黄钾铁矾等。表 1-2 为煤粉的主要矿物成分。

表 1-2   煤粉的主要矿物成分

类别	成分	成分英文名称	成分化学式
黏土矿物	高岭石	Kaolinite	$Al_2Si_2O_5(OH)_4$
	伊利石	Illite	$KAl_2(Si_3Al)O_{10}(OH)_2$
	绿泥石	Chlorite	$(MgFeAl)_5(SiAl)_4O_{10}(OH)_8$
	石英	Quartz	SiO_2
碳酸盐矿物	方解石	Calcite	$CaCO_3$
	白云石	Dolomite	$CaCO_3$、$MgCO_3$
	铁白云石	Ankerite	$Ca(Fe,Mg)(CO_3)_2$
	天蓝石	Siderite	$FeCO_3$
二硫化物	黄铁矿	Pyrite	FeS_2（立方）
	白铁矿	Marcasite	FeS_2（斜方）
硫酸盐矿物	针绿矾	Coquimbite	$Fe_2(SO_4)_3 \cdot 9H_2O$
	水铁钒	Szmolnokite	$FeSO_4 \cdot H_2O$
	石膏	Gypsum	$CaSO_4 \cdot 2H_2O$
	黄钾铁矿	Jarosite	$KFe_3(SO_4)_2(OH)_6$
其他化合物	金红石	Rutile	TiO_2
	石榴子石	Garnet	$3CaO \cdot Al_2O_3 \cdot SiO_2$
	绿帘石	Epidote	$4CaO \cdot 3Al_2O_3 \cdot 6SiO_2 \cdot H_2O$
	铁斜绿泥石	Prochlorite	$2FeO \cdot 2MgO \cdot Al_2O_3 \cdot 3SiO_2 \cdot 2H_2O$
	硬羟铝石	Diaspore	$Al_2O_3 \cdot H_2O$
	磁铁矿	Magnetite	Fe_3O_4
	赤铁矿	Hematite	Fe_2O_3
	蓝晶石	Kyanite	$Al_2O_3 \cdot SiO_2$
	斜长石	Plagioclase	$(NaCa)Al(AlSi)Si_2O_8$
	正长石	Orthoclase	$KAlSi_3O_8$
	磁黄铁矿	pyrrhotite	FeS_2

粉煤灰形成的过程，既是煤粉颗粒中矿物杂质物质转变的过程，也是化学反应的过程。经过高温燃烧，煤中大部分有机质分解形成 CO_2、NO_x 等气体产物，而煤中的各类无机矿物则发生如下反应或转变。

高岭石在温度加热到 400℃ 时开始脱水，温度升至 550～850℃ 时高岭石晶体结构进一步破坏转化成偏高岭石（或称变高岭石），在 950～1500℃ 的温度区间内，高岭石中硅、铝全部以莫来石（$Al_6Si_2O_{13}$）和无定型石英（SiO_2）的形态存在。

伊利石在温度超过 400℃ 时开始脱水，升高至 550～600℃ 时伊利石晶体结构开始发生坍塌形成偏伊利石，900℃ 以后，偏伊利石晶体结构转化形成硅尖晶石，剩余的 Si 原子形成无定型石英。此时如果向炉内添加钙基脱硫剂，如石灰石粉，过剩的 Ca 原子将与硅尖晶石发生化学反应生成莫来石。在 400～1500℃ 范围内，伊利石的热变产物中普遍存在无定型硅铝酸盐，其含量随晶体矿物种类和含量的变化发生波动。

碳酸盐矿：方解石（$CaCO_3$）分解温度为 800℃，产物为 CO_2 和石灰 CaO；菱铁矿（$FeCO_3$）在 480℃ 时便开始分解；白云石（$CaCO_3$、$MgCO_3$）在超过 700℃ 后便开始分解。

黄铁矿（FeS_2）300℃ 时便开始分解，丢失部分硫后生成 $Fe_{1-x}S$，由于硫化铁的硫氧化速度较慢，在火焰中通常只发生部分氧化，甚至当温度升至 1100℃ 时，仍有 $Fe_{1-x}S$ 存在，与 FeO 结合形成 FeS、FeO 共晶体。在 600～900℃ 范围内，黄铁矿和白铁矿首先被氧化生成方铁矿（FeO），随着温度进一步升高，方铁矿又先后被氧化转变为磁铁矿（Fe_3O_4）和赤铁矿（Fe_2O_3）。由于氧分压的小幅变化，400～1500℃ 范围内往往是 Fe_3O_4、Fe_2O_3 以及 FeO_x 共存的状态。

石膏的分解反应存在三个阶段：在温度约为 147℃ 时，发生强烈的脱水反应；当温度达到 827℃ 时，发生第二阶段分解反应生成 CaO 并释放出 SO_3；977℃ 发生第三阶段分解反应，$CaSO_4$ 被 CO 还原生成 CaS 并释放 CO_2。在氧化性条件下，$CaSO_4$ 的转化是按第二阶段分解反应进行，但被包裹在煤粒内部的处于还原性气氛下的石膏，达到反应温度时将按照第三阶段分解反应进行。煤中常含有黄铁矿，黄铁矿燃烧会造成 SO_3 分压增加，将抑制第二阶段分解反应的程度。

石英（SiO_2）和锐钛矿（TiO_2）等高熔点矿物在燃烧过程中不发生化学反应，保留在燃烧产物中。

图 1-1 所示为燃煤中各主要矿物在不同温度下的变化趋势，从图中可以看出，随着温度升高，煤中原生的晶体矿物含量会逐渐下降，非晶质玻璃体含量逐渐上升；在一定的温度区间内，还会生成新的矿物，比如铁尖晶石、莫来石等。

总体而言，粉煤灰的形成大致分为以下三个阶段。

（1）磨细的煤炭颗粒（直径小于 0.1 mm）被加热燃烧后，首先释放出气化温度较低的挥发性物质，煤炭颗粒转变为多孔炭粒（或称为半焦颗粒），多孔性导致炭粒的比表面积大幅增加，此时矿物颗粒仍保持不规则碎屑状。

（2）随着温度升高，多孔性炭粒中的有机质进一步燃尽，大部分无机矿物发生脱水、晶体结构坍缩或转化、熔融以及发生化学反应等，最终形成非晶态玻璃体和新矿物；部分高熔点矿物如石英、锐钛矿（金红石）、锆石等可能部分保存下来；此时的煤灰颗粒变为多孔玻璃体，尽管其形态大体上仍维持与多孔炭粒相同，但比表面积明显小于多孔炭粒。

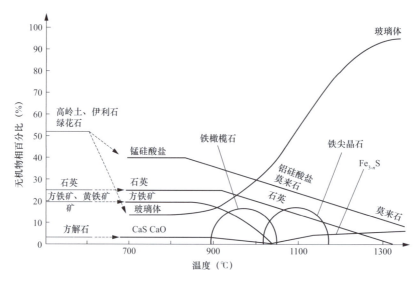

图 1-1　燃煤中各主要矿物在不同温度下的变化趋势

（3）燃煤产物脱离炉体、温度逐渐降低、最终形成粉煤灰和底渣的过程中，亦会通过重结晶作用从熔融的玻璃体中析出莫来石、赤铁矿等矿物晶体；剩余部分熔融玻璃体则受冷凝固，在表面张力作用下会形成球形粉煤灰微珠。

1.2　粉煤灰的分类

由于粉煤灰的用途和应用领域不同，客观上也难以形成统一的标准，目前对粉煤灰的分类主要依据粉煤灰的物理性质、化学性质及应用需求。

1.2.1　ASTM C618 分类方法

美国材料与试验协会 ASTM C618 将粉煤灰分为 F 类粉煤灰和 C 类粉煤灰，其定义如下。

F 类粉煤灰：通常由燃烧无烟煤或烟煤所得，并能符合这一类技术条件的粉煤灰，此类粉煤灰具有凝硬性能。

C 类粉煤灰：通常是由燃烧褐煤或次烟煤所得，并能符合这一类技术条件的粉煤灰，此类粉煤灰除具有凝硬性外，还具有胶凝性。

1.2.2　McCarthy 分类法

美国研究者 McCarthy 在采集分析了 178 个粉煤灰样的化学组成后，提出了基于 CaO 含量的分类方法，即低钙粉煤灰、中钙粉煤灰和高钙粉煤灰，见表 1-3。

表 1-3　　　　　　　　　　　　　　McCarthy 分类法　　　　　　　　　　　　　　%

粉煤灰类型	低钙粉煤灰	中钙粉煤灰	高钙粉煤灰
CaO 含量	< 10	10 ～ 19.9	> 20

1.2.3 Majko 分类法

研究者 Majko 认为 ASTM C618 和基于 CaO 含量的分类法都与粉煤灰的使用性能无直接联系，提出了根据粉煤灰自身是否具有胶凝性的分类方法，调制水灰比为 0.4 的纯粉煤灰浆体，并测定其凝结时间及在水中的稳定性，见表 1-4。

表 1-4   Majko 分类法

粉煤灰类型	凝结性能	水中稳定性
F 类灰	不凝结硬化	稳定
中等胶凝性 C_1 类灰	60 min 内凝结硬化	不太稳定
强胶凝性 C_2 类灰	15 min 内凝结硬化	不稳定

1.2.4 GB/T 1596 分类方法

我国国家标准 GB/T 1596—2017《用于水泥和混凝土中的粉煤灰》规定了用于水泥和混凝土的粉煤灰的技术要求、试验方法和检验规则，将拌制砂浆和混凝土用粉煤灰分为Ⅰ、Ⅱ、Ⅲ三个等级，而对水泥活性混合材料用粉煤灰不进行分级处理，见表 1-5。

表 1-5   用于拌制砂浆和混凝土的粉煤灰等级

序号	指标	粉煤灰类型		
		Ⅰ	Ⅱ	Ⅲ
1	烧失量（%）	≤ 5	≤ 8	≤ 10
2	需水量比（%）	≤ 95	≤ 105	≤ 115
3	细度（45 μm 方孔筛筛余量，%）	≤ 12	≤ 30	≤ 45

1.2.5 氧化物分类方法

研究者 Roy 等将粉煤灰中的氧化物分为三类：①硅铝质氧化物（$SiO_2+Al_2O_3+TiO_2$）；②钙质氧化物（$CaO+MgO+Na_2O+K_2O$）；③铁质氧化物（$Fe_2O_3+SO_3$）。并根据粉煤灰中这三类氧化物的比例将粉煤灰分为七个大类，如图 1-2 所示。

1.2.6 pH 值分类方法

根据粉煤灰的 pH 值可将粉煤灰分为酸性、中性和碱性三种，还可根据粉煤灰的酸性模量将粉煤灰分为强碱性、碱性、中性、弱酸、酸性和强酸六种，见表 1-6。

$$粉煤灰的酸性模量 = \frac{[SiO_2] + [Al_2O_3] + [Fe_2O_3]}{[CaO] + [MgO] - 0.75[SiO_2]}$$

表 1-6　　　　　　　　　　　　　　粉煤灰酸性模量分类法

粉煤灰类型	强碱性	碱性	中性	弱酸	酸性	强酸
酸性模量	< 1	1～2	2～3	3～10	10～20	> 20

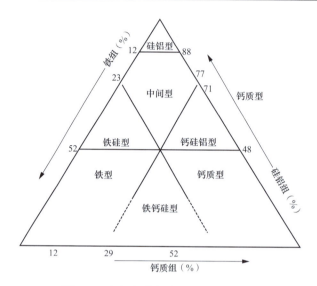

图 1-2　根据氧化物含量对粉煤灰分类

1.3　粉煤灰的成分及性能

1.3.1　粉煤灰的化学成分

粉煤灰的化学成分主要包括 SiO_2、Al_2O_3、Fe_2O_3、CaO、MgO、SO_3、Na_2O、K_2O 及烧失量，微量的铅、镉、汞和砷，以及稀有金属镓和锗等物质，且 SiO_2、Al_2O_3、Fe_2O_3 这三种成分的质量分数一般都超过 70%。具体各项成分的含量受煤的产地、煤的燃烧方式和程度等因素影响。表 1-7 为我国燃煤电厂粉煤灰各化学成分的范围及均值，表 1-8 为我国不同产地粉煤灰的化学成分。

表 1-7　　　　　　　　　　我国燃煤电厂粉煤灰各化学成分的范围及均值　　　　　　　　　%

成分	SiO_2	Al_2O_3	Fe_2O_3	CaO	MgO	K_2O	Na_2O	SO_3	烧失量
范围	33～59	16～35	1.5～19	0.8～10	0.7～1.9	0.6～2.9	0.2～1.1	0～1.1	1.2～23
均值	50.6	27.1	7.1	2.8	1.2	1.3	0.5	0.3	8.2

表 1-8   我国部分产地粉煤灰的化学成分   %

产地	SiO$_2$	Al$_2$O$_3$	Fe$_2$O$_3$	CaO	MgO	SO$_3$	细度（45μm 方孔筛筛余量）	烧失量
甘肃张掖	45.52	23.75	5.39	6.26	5.39	—	—	3.42
江苏昆山	45.95	23.66	9.78	8.19	2.97	—	34.00	6.25
陕西神木	55.61	19.58	5.70	8.70	2.81	0.96	—	5.27
山东济宁	63.78	22.69	7.15	3.77	2.71	—	35.38	5.00
吉林延边	43.58	24.74	8.46	6.82	2.40	1.72	—	8.25
内蒙古大兴	52.04	11.62	10.30	17.43	4.02	0.64	—	0.59
河北西柏坡	52.29	31.55	5.27	2.86	1.11	—	41.03	5.32
内蒙古阿拉善	45.00	22.10	8.14	11.78	2.66	—	32.00	2.63
山东淄博	40.62	26.18	4.32	16.87	2.91	3.45	—	6.07
江西南昌	48.12	25.06	12.01	4.05	2.67	—	—	3.60
江苏宿迁	55.06	26.06	5.75	7.07	3.14	—	42.13	1.83
吉林双辽	59.51	19.88	5.89	6.23	0.82	—	38.90	1.79
河北保定	50.87	28.75	5.81	4.39	1.94	—	—	2.89
山西榆次	54.66	29.92	5.75	3.30	1.43	—	—	1.37
内蒙古呼和浩特	53.72	28.16	6.23	5.73	1.69	—	—	1.47
贵州咸宁	52.18	26.64	5.94	5.03	1.53	—	—	3.27
黑龙江鸡西	56.08	26.85	3.75	5.26	2.60	—	—	3.25
湖北麻城	53.86	20.42	8.27	10.21	2.15	—	—	1.04
新疆阿克苏	53.86	20.42	8.27	10.21	2.15	—	—	1.04
辽宁营口	47.79	27.90	6.53	5.93	1.88	—	38.71	6.41

1.3.2 粉煤灰的矿物组成

粉煤灰的矿物组成包括非晶相和结晶相，结晶相主要为莫来石和石英，而具体的矿物组成与母煤的矿物有关。表 1-9 为我国粉煤灰主要矿物成分的含量及范围。

表 1-9　　　　　　　　　　　　　　我国粉煤灰主要矿物成分的含量及范围　　　　　　　　　　　　　　%

矿物名称	平均值	含量范围
低温型石英	6.4	1.1 ～ 15.9
莫来石	20.4	11.3 ～ 39.2
高铁玻璃球	5.2	0 ～ 21.1
低铁玻璃球	59.8	42.2 ～ 70.1
含碳量	8.2	1.0 ～ 23.5
玻璃态 SiO_2	38.5	26.3 ～ 45.7
玻璃态 Al_2O_3	12.4	4.8 ～ 21.5

　　从矿物组成的比例来看，粉煤灰中玻璃体（主要包含无定形的氧化硅和氧化铝）含量最多，一般在 70% 以上（最多可达 85% 以上）；结晶相矿物较少，主要晶体相为莫来石（$3Al_2O_3 \cdot 2SiO_2$）、石英（SiO_2）、赤铁矿（Fe_2O_3）、磁铁矿（Fe_3O_4）、铝酸三钙（$3CaO \cdot Al_2O_3$）、默硅镁钙石、黄长石、方镁石、石灰等；若煤粉燃烧不完全，粉煤灰中则有大量的炭粒。

1.3.2.1　粉煤灰中晶体矿物

　　（1）莫来石（$3Al_2O_3 \cdot 2SiO_2$）。莫来石主要来自煤中的高岭土、伊利石以及其他黏土矿物的分解。莫来石含有很高比例的 Al_2O_3，这种 Al_2O_3 不会参与胶凝反应。低钙粉煤灰中的 Al_2O_3 主要是莫来石的结晶体，而高钙粉煤灰中的莫来石通常不超过 60%。

　　（2）石英（SiO_2）。粉煤灰中的石英主要是煤燃烧过程中未来得及与其他无机物反应的石英颗粒，粉煤灰中的大部分石英属于无活性的石英。

　　（3）磁铁矿（Fe_3O_4）、赤铁矿（Fe_2O_3）。粉煤灰中的磁铁矿是以纯的 Fe_3O_4 形式存在，大部分粉煤灰中磁铁矿含量都比较接近。赤铁矿通常在低钙粉煤灰中较多，在高钙粉煤灰中较低。粉煤灰中这些含铁矿物主要来自于煤中黄铁矿在高温下的氧化反应。

　　（4）硬石膏（$CaSO_4$）。硬石膏是高钙粉煤灰的特征相，但在其他种类的粉煤灰中也可发现。CaO 和炉内或烟道中的 SO_2、O_2 反应生成 $CaSO_4$，粉煤灰中有一半左右的 SO_2 可以生成硬石膏，其他硫酸盐主要为碱金属硫酸盐。硬石膏可以与可溶性的铝酸盐反应生成钙矾石，因此粉煤灰中的硬石膏含量将影响粉煤灰的自硬性特征。

　　（5）铝酸三钙（$3CaO \cdot Al_2O_3$）。铝酸三钙是粉煤灰中重要的矿物相，根据其含量可以区分或定量判断钙矾石的形成是有利的自硬性反应还是有害的铝酸盐膨胀反应。铝酸三钙的 XRD 峰值通常与默硅镁钙石、莫来石和赤铁矿的 XRD 峰重叠，难以确定其含量。

　　（6）黄长石、默硅镁钙石、方镁石（MgO）。这些矿物的出现通常都与粉煤灰中 MgO 的含量有关，粉煤灰中有接近一半的 MgO 是以方镁石的形式存在。方镁石是高钙粉煤灰中的基本矿物相，在中钙粉煤灰中也是普遍存在的矿物相，也可能存在于低钙粉煤灰中。在 XRD 图中，黄长石、默硅镁钙石的 XRD 峰因与硬石膏、铝酸三钙的 XRD 峰交叠，难以确定其含量。

　　（7）石灰（CaO）。所有高钙粉煤灰中都能测到石灰的存在，大部分中钙粉煤灰和一部分低钙粉煤灰也发现有石灰的存在。粉煤灰中 CaO 的分析值实际上只有很小一部分为石灰形式，即游离氧化钙。高钙粉煤灰中的 CaO 分析值绝大部分来源于煤中有机物结合的矿物。

1.3.2.2 粉煤灰中的玻璃体

粉煤灰中的玻璃相来源于煤粉在高温燃烧过程中形成的熔融颗粒，这些颗粒在迅速冷却时形成非晶态的玻璃体结构。玻璃相主要由无定形的氧化硅（SiO_2）和氧化铝（Al_2O_3）组成，还包含少量的 Ca、Fe、Na、K、Ti、Mg 和 Mn 等元素，玻璃体含量的多少直接影响粉煤灰的火山灰反应活性。粉煤灰中的玻璃体有两种形态：一种是微珠；一种是多孔玻璃体。

1.3.3 粉煤灰的物理特性

粉煤灰的主要物理性能包括颜色、密度、细度和比表面积等，这些性能对粉煤灰的应用非常重要，是化学成分及矿物组成的宏观反映，也使得粉煤灰在建筑、水利、环保等多个领域有着广泛的应用。

1.3.3.1 密度

粉煤灰的密度是衡量其物理特性的一个重要参数，它与粉煤灰的颗粒形状、氧化铁、含碳量等因素有关，粉煤灰的密度一般在 1.6 ~ 2.9 g/cm³ 范围内：低钙粉煤灰密度一般为 1.6 ~ 1.8 g/cm³，高钙粉煤灰密度一般为 2.5 ~ 2.8 g/cm³；玻璃球含量多时，粉煤灰的密度会偏大；氧化铁含量高时，密度会偏大；含碳量高时，密度会偏小；密度越大通常意味着粉煤灰的品质越好。粉煤灰的密度检测可参照 GB/T 208—2014《水泥密度测定方法》进行。

1.3.3.2 堆积密度

粉煤灰的堆积密度指的是粉煤灰颗粒自然聚集在一起时的密度，这与粉煤灰颗粒密度不同。它表示在自然状态下，单位体积的粉煤灰颗粒集合体所具有的质量，可以用千克每立方米（kg/m³）或克每立方厘米（g/cm³）来表示。堆积密度的测量可以通过量筒来完成，但需要注意的是，不同的测试条件和环境可能会影响堆积密度的测量结果，因此在进行堆积密度的测定时，必须严格控制实验条件。粉煤灰的堆积密度一般为 500 ~ 1300 kg/m³。

1.3.3.3 颜色

颜色是粉煤灰质量控制的基本指标之一。颜色反映了粉煤灰含碳量的多少和变异情况，一般粉煤灰的颜色从乳白直到灰黑色，通常高钙粉煤灰的颜色偏黄，低钙粉煤灰的颜色偏灰。粉煤灰颜色的测定是根据国际通用的蒙色卡 / 罗维朋彩色系统所规定的标准，用色泽仪来测定粉煤灰试样的颜色指数，一般情况下粉煤灰只需测 1 ~ 9 级颜色指数。

1.3.3.4 细度和粒度

粉煤灰的细度是其重要的物理性质之一，它影响着粉煤灰在水泥和混凝土中的表现和性能。任何国家的粉煤灰标准中，都有细度这一项，可见细度对粉煤灰活性的重要作用。粉煤灰颗粒粒径范围为 0.5 ~ 300 μm，其中玻璃微珠粒径为 30.5 ~ 100 μm，大部分在 45 μm 以下，平均粒径为 10 ~ 30 μm，但漂珠粒径一般大于 45 μm，海绵状颗粒粒径（含炭粒）为 10 ~ 300 μm，大部分在 45 μm 以上。

粉煤灰的细度按 GB/T 1345—2005《水泥细度检验方法　筛析法》中 45 μm 负压筛析法进行，筛析时间为 3 min。筛网应采用符合 GSB 08-2056—2018《粉煤灰细度标准样品》规定的或其他同等级标准样品进行校正，筛析 100 个样品后进行筛网的校正，结果处理同 GB/T 1345—2005 规定。

1.3.3.5 比表面积

1 g 粉煤灰所含颗粒的外表面积称为粉煤灰的比表面积（specific surface area，SSA），单位为 cm^2/g 或 m^2/g。粉煤灰的比表面积是衡量其颗粒大小和颗粒形状的一个关键指标，对粉煤灰的火山灰反应性和在混凝土中的表现有显著影响。粉煤灰的比表面积可以通过多种方法进行测定，包括勃氏试验法、氮吸附测定法、激光衍射测试法、图像分析法、邓锡克隆发射法等。国内电厂的粉煤灰比表面积的变化范围为 $800 \sim 5500\ cm^2/g$，一般为 $1600 \sim 3500\ cm^2/g$。

1.3.3.6 需水量比

粉煤灰的需水量比是衡量粉煤灰在混凝土中使用时所需水量的一个重要参数，它影响着混凝土的工作性和强度。粉煤灰的需水量比受到多种因素影响，包括粉煤灰的细度、烧失量等，细度较小的粉煤灰通常具有较低的需水量比，而烧失量较大的粉煤灰可能导致需水量比增加。粉煤灰的需水量比一般分为三个等级：一级灰低于 95%，二级灰介于 95% ~ 105% 之间，三级灰介于 105% ~ 115% 之间，这些数值反映了不同等级粉煤灰对混凝土用水量的影响，其中较低的需水量比意味着粉煤灰在混凝土中的使用可以减少水的需求量。粉煤灰的需水量比按照 GB/T 1596—2017《用于水泥和混凝土中的粉煤灰》中附录 A 有关规定执行。

1.3.3.7 安定性

粉煤灰的安定性是指其在使用过程中保持稳定的性能，即在硬化过程中不发生有害的体积变化。粉煤灰的安定性主要受到其化学成分、矿物组成和颗粒形态等因素的影响，比如 SO_3、MgO 和 CaO 等成分可能导致混凝土产生体积膨胀，从而影响其安定性。测定粉煤灰安定性的目的主要是避免粉煤灰有害的化学成分影响混凝土的耐久性，具体的检测方法按照 GB/T 1346—2011《水泥标准稠度用水量、凝结时间、安定性检验方法》有关规定执行。

1.3.3.8 含水量

粉煤灰的质量是粉煤灰颗粒与孔隙水质量的总和，粉煤灰的含水量是指原状粉煤灰所含游离水、吸附水所占测试粉煤灰质量的百分数。由于水分在总质量中占显著的比例，且粉煤灰的输送及运输费用取决于质量，因此，粉煤灰中的含水量是很重要的参数，影响着粉煤灰在混凝土中的使用效果。粉煤灰的含水量按照 GB/T 1596—2017 附录 B 有关规定执行。

1.3.3.9 水泥胶砂 28 天抗压强度比

粉煤灰的水泥胶砂 28 天抗压强度比是衡量粉煤灰作为混凝土掺合料时对混凝土强度贡献的一个重要指标。根据 GB/T 1596—2017 规定，粉煤灰的强度活性指数按照 GB/T 17671—2021《水泥胶砂强度检验方法（ISO 法）》测定试验胶砂（掺 30% 粉煤灰硅酸盐水泥）和对比胶砂（不掺粉煤灰硅酸盐水泥）的 28 天抗压强度，然后计算二者抗压强度之比，以百分数表示。

1.3.3.10 安息角

安息角又称堆积角，是粉煤灰本身的一种摩擦角，是自然堆积成的粉煤灰表面与水面之间的夹角，它与粉煤灰的密度、粒径、形状、含水率等因素有关。粉煤灰的安息角可以通过剪切实验或倾斜板法测定，不同粉煤灰的安息角存在差异。

1.3.4　粉煤灰的活性

1.3.4.1　粉煤灰的活性来源

粉煤灰的活性通常是指它的火山灰活性，即粉煤灰颗粒在水化过程中与水反应形成具有胶凝性能水化产物的能力。粉煤灰的活性主要来源于其物理活性和化学活性两个方面。粉煤灰的物理活性主要是粉煤灰的形态效应和微集料效应，指的是粉煤灰颗粒的多孔结构和较大的比表面积，这使得粉煤灰具有良好的吸附性和渗透性，与粉煤灰的化学性质无关，但可以提高粉煤灰制品的工作性能和耐久性能，是粉煤灰早期活性的主要来源。化学活性则主要来源于熔融后被迅速冷却而形成的玻璃态颗粒（多孔玻璃体和玻璃珠）中溶出的活性 SiO_2 和 Al_2O_3，这些物质在一定条件下可以与水或其他化学物质发生反应，形成具有胶凝性质的水化硅酸钙（C–S–H）和水化铝酸钙（C–A–H）等凝胶产物，即所谓的火山灰反应。

$$mCa(OH)_2 + SiO_2 + nH_2O \rightarrow mCaO \cdot SiO_2 \cdot (m+n)\ H_2O$$
$$mCa(OH)_2 + Al_2O_3 + nH_2O \rightarrow mCaO \cdot Al_2O_3 \cdot (m+n)\ H_2O$$

粉煤灰活性的高低主要受粉煤灰的化学成分、理化性质、来源等因素影响。

（1）化学成分。粉煤灰中的活性成分，尤其是硅（SiO_2）和铝（Al_2O_3）的含量，对活性有显著影响。

（2）颗粒细度及形态。粉煤灰的颗粒越细，形状越不规则，其比表面积越大，与水的接触面积增加，从而提高了化学反应的速率，增强了粉煤灰的活性。

（3）理化性质。如烧失量、含水量等关键理化性质，含水量会影响粉煤灰在混凝土中的分散性和与水泥的混合性，从而影响活性；未燃炭不参与水化反应，并且会吸收水分减少粉煤灰与水泥的接触，从而降低粉煤灰的活性。

（4）粉煤灰的来源和保存。不同煤种和燃烧条件、粉煤灰的收集方式（如静电除尘器或湿法收集）、粉煤灰的储存条件（湿度、温度和储存时间）等，均会影响粉煤灰的化学成分和物理特性，从而影响粉煤灰的活性。

（5）激发剂的使用。通过添加化学激发剂，如硫酸盐、碳酸盐等，可以提高粉煤灰的活性。

1.3.4.2　粉煤灰的活性测试

目前国内外并没有形成一个统一的评定粉煤灰活性的标准，常用的评定粉煤灰活性的方法主要有以下几种。

（1）石灰吸收法。石灰吸收法是一种传统的测定粉煤灰活性的方法，其基本原理是利用粉煤灰中的活性成分与石灰 [Ca（OH）$_2$] 反应的能力来评估其活性，具体操作步骤如下。需要注意的是，在实际使用中，此方法存在较大的误差。

1）准确称量一定量的粉煤灰样品。

2）将粉煤灰样品放入石灰的饱和溶液中，在常温下浸泡一定时间。

3）通过测量石灰溶液中石灰的消耗量来确定每克粉煤灰吸收的石灰量。

4）根据吸收的石灰量，计算粉煤灰的活性指数。粉煤灰吸收的石灰量越大，其活性越高。

（2）活性组分浸出法。活性组分浸出法是一种通过化学方法来评估粉煤灰中活性组分含量的实验技术。这种方法的基本思想是利用特定的化学溶液（如酸或碱）来溶解粉煤灰中的活性成分，然后通过测定溶解出的组分来评估粉煤灰的活性。这种方法与实际出入较大，很难真正反映粉煤灰活性的大小。

（3）物化检验法。物化检验法中的电导率法是一种利用粉煤灰中活性组分在特定化学条件下的溶解速率来评估其活性的方法。比如英国的 E.Reask 提出根据粉煤灰中的硅溶解于一定浓度的氢氟酸中的速率，用电导率测定粉煤灰的活性。

（4）强度试验法。强度试验法是一种直接评估粉煤灰活性的实验方法，通过测量粉煤灰与石灰或水泥混合后制成的试件在特定养护条件下的抗压强度或抗折强度，来评定粉煤灰的活性大小，具体操作步骤如下。这种方法能够反映粉煤灰的使用价值，但较为费时。

1）样品准备。称量一定量的粉煤灰样品，并根据实验要求与一定比例的石灰或水泥混合。

2）混合与成型。将粉煤灰与石灰或水泥混合均匀后加入适量的水，按照标准方法成型为试件，如立方体或圆柱体。

3）养护。将成型好的试件在标准养护条件下进行养护，养护时间根据试验需求设定短期（如 24h）或长期（如 7 天、28 天）。

4）强度测试。在预定的养护时间结束后，对试件进行抗压强度或抗折强度测试。

5）数据分析。根据测试结果，计算粉煤灰试件的强度，并与纯水泥或石灰试件的强度进行比较，以评估粉煤灰的活性。

6）活性评定。粉煤灰试件的强度越高，表明粉煤灰的活性越大，强度增长速率也可以作为活性的一个指标。

1.3.4.3　粉煤灰的活性激发方法

粉煤灰活性的激发技术包括物理激发、水热激发和化学激发，其中，物理激发通过增加粉煤灰的比表面积来提高其活性；水热激发利用高温高压水蒸气处理粉煤灰，促进其内部结构的转变，提高活性；化学激发则是通过添加化学激发剂，如硫酸盐、碳酸盐等，来促进粉煤灰与水反应，提高其活性。单一的激发手段可能存在成本高、激发程度有限等问题，未来的粉煤灰激发技术可能会向多种手段并用的方向发展。

（1）物理激发。物理激发是指在不改变粉煤灰化学成分的前提下通过机械粉磨技术提高粉煤灰的火山灰活性。采用磨细的方法一方面可以增大颗粒的表面积，改善颗粒级配，改善颗粒的表面形貌，增加界面的反应能力，在一定程度上提高了粉煤灰的活性；另一方面破坏玻璃体的表面致密结构，使内部活性 SiO_2 和 Al_2O_3 溶出，提高粉煤灰的活性，如图 1-3 所示。但磨细粉煤灰并不能从根本上改变粉煤灰颗粒的结构特性，单靠磨细方法提高粉煤灰的活性是有限的。

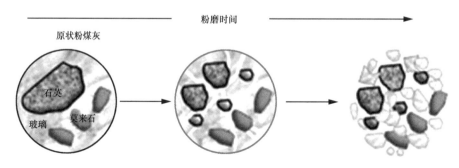

图 1-3　机械粉磨粉煤灰

（2）水热激发。水热激发是指粉煤灰在蒸汽养护的水热条件下，玻璃体的网络结构遭到破坏，硅氧四面体（SiO₄）聚合体解聚成单聚体和双聚体，玻璃体中的活性 Al₂O₃、SiO₂溶出，进而提高粉煤灰活性。粉煤灰在水热碱性条件下各阶段的化学反应进程示意图如图 1-4 所示。在反应初期，网状聚合体与 Ca（OH）₂反应生成 C-S-H 凝胶层附着在颗粒表面；随着龄期的延续，反应层逐渐深入，在易反应区域会形成溶蚀活化点，进而促进反应介质继续反应，使得活化点区域化，剩下的莫来石等惰性物质形成镂空状搭接结构。在此过程中，粉煤灰玻璃体前期的化学反应速率由玻璃体表面的化学反应速率控制，后期反应速率则由扩散速率控制，溶蚀反应区域化有利于扩散的进行。有学者研究发现，在 1 mol/L 的NaOH 碱性条件下，温度为 200℃时，80% 的粉煤灰可被活化，温度高于 300℃时粉煤灰的活化度大于 90%，且 Si、Al 浸出率均在 90% 以上，但粉煤灰制品的抗压强度却随温度的升高先增大后降低。水热激发是一种有效的粉煤灰活性激发方法，尤其适用于那些活性较低、难以直接用于建筑材料的粉煤灰，但这种方法可能需要相对复杂的设备和较高的能耗，因此在实际应用中需要考虑其经济性和可行性。

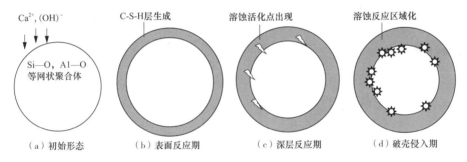

图 1-4　水热碱性环境下各阶段粉煤灰化学反应进程

（3）化学激发。化学激发是指将酸（H₂SO₄、HCl、HF 等）、碱［Ca（OH）₂、NaOH、KOH 等］、盐（CaSO₄、Na₂SO₄、NaCl、CaCl₂ 等）、有机溶剂［三异丙醇胺（TIPA）、三乙醇胺（TEA）、聚丙烯酰胺（PAM）等］等掺入粉煤灰中，通过改变粉煤灰玻璃体的结构激发其活性。

酸激发是指用强酸与粉煤灰混合进行预处理，通过强酸来腐蚀粉煤灰玻璃体致密表面，释放玻璃体内部的活性 SiO₂、Al₂O₃，进而提高粉煤灰的水化反应程度，酸的种类和浓度对粉煤灰激发有很大影响。酸激发粉煤灰反应机理如图 1-5 所示，在 H⁺ 的侵蚀下，粉煤灰表面的可溶性方钠石溶解，表面结构遭到破坏，导致内部的无定形硅和铝硅酸盐发生溶解。

碱激发是指在 OH⁻ 的作用下，粉煤灰表面结构遭到破坏后释放出大量活性物质，激发活性。低钙粉煤灰在 NaOH 溶液中的活化机理如图 1-6 所示：当粉煤灰与碱溶液接触时，颗粒表面上的可溶性固体颗粒溶解，释放出相应的离子；在 OH⁻ 的作用下，粉煤灰中的 Si-O-Si、Si-O-Al 和 Al-O-Al 键断裂，铝氧四面体（AlO₄）或硅氧四面体（SiO₄）网络结构遭到破坏发生解聚，分别形成 Al（OH）₄⁻ 或 Al（OH）₆³⁻、Si（OH）₃⁻ 或 SiO₂（OH）₂²⁻ 等离子态单体；单体之间通过羟基的吸引彼此连接形成中间体络合物，络合物再经脱水缩合形成低聚态的溶胶，最后通过金属阳离子将溶胶颗粒连接形成三维网状结构的水化产物。粉煤灰表面形成水化层后，减少了粉煤灰与碱溶液的接触，Na⁺ 和 OH⁻ 通过水化产物的裂缝和孔隙渗入与粉煤灰反应，生成的离子态单体再通过裂缝及孔隙排到外面。研究认为在反应初始阶段溶解作用为反应的速控步骤，当粉煤灰颗粒表面被水化产物完全覆盖后，扩散作用成为反应的速控步骤。

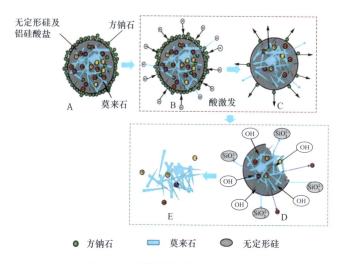

图 1-5　酸激发粉煤灰反应机理

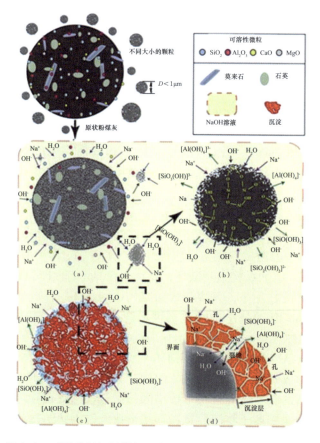

图 1-6　碱激发低钙粉煤灰反应过程与水化产物形成机理模型

粉煤灰的盐激发剂有硫酸盐和氯盐，其中常用的硫酸盐有 Na_2SO_4 和 $CaSO_4$ 等，其激发机理为：SO_4^{2-} 在碱性环境中，与游离 Ca^{2+}、粉煤灰颗粒表面的凝胶及溶解于液相中的 AlO_2^- 反应生成水化硫铝酸钙（AFt），同时部分水化铝酸钙也可与石膏反应生成 AFt；同时，SO_4^{2-} 与 C–S–H 凝胶中的 Ca^{2+} 反应置换出 SiO_4^{4-}，置换出的 SiO_4^{4-} 又与游离的 Ca^{2+} 反应生成了新的 C–S–H 凝胶，使得粉煤灰活性得到进一步激发。常用的氯盐类激发剂为 NaCl 和 $CaCl_2$ 等，但其激发效果不及硫酸盐和强碱。氯盐激发机理是因阳离子的扩散能力较强，可用于平衡铝氧四面体产生的负电荷；同时 Cl^- 能够降低溶液中的 Zeta 电位，有利于铝硅氧四面体的缩聚，从而影响粉煤灰的活性。

有机溶剂激发是指采用有机碱激发粉煤灰活性，常用的有机碱有聚丙烯酰胺（PAM）、三乙醇胺（TEA）、三异丙醇胺（TIPA）等。以 TEA 为例，作为一种偏碱性溶剂，TEA 中的 N 原子上有孤对电子，在碱性环境中易与粉煤灰中的 Fe、Al 相形成共价键生成螯合物，促进粉煤灰颗粒表面腐蚀，释放出活性 SiO_2 和活性 Al_2O_3，从而激发粉煤灰活性。

粉煤灰化学激发方法对比见表 1–10。

表 1–10　　　　　　　　　　　　　粉煤灰的化学激发方法对比

化学激发方法	优势	劣势
酸激发	可单独激发粉煤灰活性，并可通过改变酸类型和强度对粉煤灰进行不同程度的激发	对设备腐蚀性强，目前技术尚未成熟，仍处于研究阶段
碱激发	可单独激发粉煤灰活性；可选用的激发剂种类多，技术较成熟，可大规模使用	激发程度有限，碱过量会引发粉煤灰材料内部发生碱集料反应，进而破坏材料
盐激发	可解决粉煤灰"先天缺钙"问题，应用成本低，前景广阔	必须与碱配合使用才能激发活性；SO_4^{2-} 或 Cl^- 过量对粉煤灰材料及其中的钢筋有腐蚀
有机溶剂激发	对胶凝材料的早期激发效果好，可通过螯合作用减少金属离子对土壤的影响	单一使用时效果差，需配合无机碱才能有效激发粉煤灰活性；原料成本高

1.3.5　粉煤灰的放射性

粉煤灰是燃煤电厂燃烧过程中产生的一种副产品，粉煤灰的放射性主要来源于对应燃煤中放射性核素产生的富集效益，主要包括铀–238、镭–226、钍–232 和钾–40。李冠超等对 8 个地区 13 个燃煤电厂的燃煤及粉煤灰放射性核素进行检测发现，在原煤转化为粉煤灰的过程中，放射性核素在粉煤灰中的富集系数与燃煤浓缩比基本一致，介于 2.15～3.79 之间。有学者试验检测发现，经过燃烧后，煤中 87%～97% 放射性核素铀会富集在粉煤灰中。

粉煤灰放射性对人体健康的损害方式主要为外照射和内照射。造成外照射损害是粉煤灰的放射性元素，其中主要来自煤粉中的放射性元素铀–238、钍–232、镭–226、钾–40 这四种放射性核素；造成内照射损害是放射性元素镭–226 和钍–232 在衰变过程中产生氡等放射性气体，通过呼吸进入人体内，照射呼吸器官造成对人体健康的损害。在利用粉煤灰生产建筑材料时，要根据 GB 6566—2010《建筑材料放射性核素限量》对粉煤灰的放射性（内照射指数和外照射指数）进行测试和评价。

内照射指数 I_{Ra} 是指材料中天然放射性核素镭 –236 的放射性比活度 C_{Ra}（Bq/kg）除以标准 GB 6566—2010 规定的限量而得的商。仅考虑内照射情况下，GB 6566—2010 规定的材料中放射性核素镭 –226 的放射性比活度限量为 200Bq/kg。

$$I_{Ra} = \frac{C_{Ra}}{200}$$

外照射指数 I_r 是指材料中天然放射性核素镭–226、钍–232 和钾–40 的放射性比活度分别除以其各自单独存在时标准 GB 6566—2010 规定限量而得的商之和，即

$$I_r = \frac{C_{Ra}}{370} + \frac{C_{Th}}{260} + \frac{C_K}{4200}$$

式中：C_{Ra}、C_{Th}、C_K 分别为材料中天然放射性镭–226、钍–232 和钾–40 的放射性比活度，Bq/kg；常数 370、260、4200 分别为仅考虑外照射情况下，GB 6566—2010 规定的材料中天然放射性核素镭–226、钍–232 和钾–40 在其各自单独存在时该标准规定的限量，Bq/kg。

建筑材料中天然放射性核素镭–226、钍–232 和钾–40 比活度同时满足内照射系数 $I_{Ra} \leqslant 1.0$ 和外照射系数 $I_r \leqslant 1.3$ 要求的为 A 类产品，其产销和使用范围不受限制；对于内照射系数 $I_{Ra} > 1$ 和外照射系数 $I_r > 1.3$ 的建筑材料，如果同时满足 $I_{Ra} \leqslant 1.3$ 和 $I_r \leqslant 1.9$ 要求的为 B 类产品，不可用于 I 类民用建筑的内饰面，但可用于 II 类民用建筑物、工业建筑内饰面及其他一切建筑的外饰面；对于不满足 A、B 类要求，但满足 $I_r \leqslant 2.8$ 的为 C 类产品，只可用于建筑物及室外其他用途。在粉煤灰转化为粉煤灰建材制品的过程中，放射性核素的富集系数与粉煤灰的掺比也基本相同。

以放射性核素铀为例，我国煤中铀含量平均值为 2.43×10^{-6}，最高值可达 141.5×10^{-6}；我国东北、西北及华北聚煤区中铀的平均含量较低，分别为 1.62×10^{-6}、0.87×10^{-6}、3.90×10^{-6}，相应燃烧后产生粉煤灰在综合利用中不存在明显的放射性危害，比如新疆、黑龙江、山西、北京等地粉煤灰放射性评估结果；华南聚煤区铀的平均含量较高，为 23.23×10^{-6}，比如贵州、广西。表 1–11 罗列了我国不同地区燃煤电厂放射性核素含量监测结果，同样表现出华南地区粉煤灰放射性偏高的分布特性。罗林等对贵州北部桐梓和二郎电厂的粉煤灰放射性进行监测评估，发现内照射指数 I_{Ra} 和外照射指数 I_r 均超出限值，作为建筑主体材料时必须严格控制掺量比例。

表 1-11 不同地区燃煤电厂放射性核素含量监测结果

电厂所在地区	^{238}U（Bq/kg）	^{226}Ra（Bq/kg）	^{232}Th（Bq/kg）	^{40}K（Bq/kg）	内照射指数 I_{Ra}	外照射指数 I_r
内蒙古乌兰察布	—	130.44	210.98	99.6	0.65	1.19
内蒙古鄂尔多斯	—				0.4	0.6
内蒙古包头	—				0.4	0.6
内蒙古呼和浩特	—				0.9	1.2
山西长治	—	145.07	133.39	178.99	0.73	0.95
新疆乌鲁木齐	—	29.31	15.57	111.39	—	—

电厂所在地区	^{238}U （Bq/kg）	^{226}Ra （Bq/kg）	^{232}Th （Bq/kg）	^{40}K （Bq/kg）	内照射指数 I_{Ra}	外照射指数 I_r
北京	—	101	110	347	—	—
黑龙江哈尔滨	248.43	49.58	119.35	609.15	0.253	0.754
江西九江	—	89.34	99.44	441.22	0.4	0.7
贵州桐梓	—	290.0	115.4	344.8	1.5	1.3
贵州遵义	—	232.7	137.8	272.3	1.2	1.2

1.3.6 粉煤灰的营养成分

1.3.6.1 有效磷

粉煤灰作为一种固体废物，其有效磷含量是衡量其作为土壤改良剂或肥料使用潜力的重要指标。粉煤灰中的全磷含量和有效磷含量分别为 0.545 ~ 4.540 g/kg 和 19.55 ~ 163.0 mg/kg，高于全国土壤平均含量。粉煤灰可以作为一种潜在的磷源，提高土壤和堆肥中磷的有效性，但在实际应用中，需要注意粉煤灰的添加量和方式，以确保磷的有效利用并避免可能造成的负面影响。

在堆肥过程中，添加粉煤灰可以显著提高堆肥中有效磷的含量，这是由于粉煤灰的添加促进了有机物质的分解，形成小分子酸，活化了难溶性物质，从而提高了有效磷的含量。邹嘉成等研究与堆肥初期相比，添加 5% 和 10% 粉煤灰的处理使得堆肥结束时的有效磷含量最高分别达到了 7.73 g/kg 和 7.63 g/kg，增幅分别为 79.2% 和 66.2%。

粉煤灰和酸性土壤的混合可以协同提高磷的有效性，改善单独使用粉煤灰或酸性土壤时较低的有效性磷含量，为利用粉煤灰作为一种土壤改良剂提供了可能，有助于提高土壤的肥力和作物的生长条件。

1.3.6.2 有机质

粉煤灰中含有一定量的有机质，这些有机质主要是燃烧煤时生成的，其中会含有一些挥发性的有机物质，如烷烃、芳香烃、醛类等。粉煤灰中的有机质含量一般介于 1% ~ 2% 之间。粉煤灰的有机质含量对其在不同领域的应用有重要影响：在农业上，粉煤灰含有的有机质和营养元素对土壤和植物生长有益，可以用作肥料和土壤改良剂；在建筑材料领域，有机质能够与水泥、混凝土矿物发生一系列化学作用，阻碍水化产物的晶体生长，影响水泥混合材或混凝土掺合料等强度。

1.3.6.3 速效钾

在土壤改良和堆肥过程中，粉煤灰中的钾元素可以作为速效钾释放出来，为植物提供必需的养分。具体钾的含量会因粉煤灰的来源、煤的燃烧方式和程度等因素而有所不同。邹嘉成等通过添加不同比例的粉煤灰进行堆肥，整体表现为掺入粉煤灰量越多，提升堆肥中速效钾含量越多。掺入 5% 的粉煤灰，可将堆肥中的速效钾含量从 17.63 g/kg 提升至 22.06 g/kg；掺入 10% 的粉煤灰，可将堆肥中的速效钾含量提升至 24.02 g/kg。范娜等使用粉煤灰和醋糟改良盐渍地的高粱生长条件时发现，施用粉煤灰和醋糟可以增加土壤中的速效钾含量，与不添加粉煤灰的对照组相比，醋糟与粉煤灰 1∶1 配比的处理在高粱生长的各个阶段均显示出较高的速效钾含量，其中，苗期、拔节期、抽穗期和成熟期的速效钾含量分别比对照提高了 6.63%、7.59%、13.69% 和 2.71%。

表 1-12 为内蒙古乌兰察布地区土壤与当地两家不同燃煤电厂粉煤灰中主要营养成分含量的对比：两个燃煤电厂燃用的均为本地煤矿燃煤，故产生的粉煤灰营养成分较为相似；燃煤电厂的粉煤灰中有效磷含量满足 1 级（极丰）土壤标准，显著高于本地土壤中有效磷含量（4 级）；两个燃煤电厂的粉煤灰中有机质满足 4 级（中下）土壤标准，较本地土壤（6级）也有着显著的改善，但是对于种植植物或者农作物而言有机质含量还是偏低的；燃煤电厂粉煤灰中速效钾含量满足 4 级（中下）土壤，同本地土壤（4 级）的含量水平相似，速效钾的整体含量也是偏低；燃煤电厂粉煤灰中硝态氮含量比本地土壤含量更低，均处于 6级极缺水平。整体而言，乌兰察布地区燃煤电厂粉煤灰中 N 元素含量和当地土壤水平相当，其余的有机质、有效磷、速效钾均可改善当地土壤，但需要注意的是粉煤灰往往碱性较高，会引起当地土壤的盐碱化。

表 1-12　　　　　　内蒙古乌兰察布地区土壤及粉煤灰中主要营养成分含量对比

参数	有效磷（mg/kg）	硝态氮（mg/kg）	有机质（g/kg）	速效钾（mg/kg）
燃煤电厂 1	55.8	0.711	13.0	71
燃煤电厂 2	51.5	0.923	16.2	78
土壤	9.88	2.12	4.99	66
营养成分等级 1 级（极丰）	> 40	> 150	> 40	> 200
营养成分等级 2 级（丰富）	20 ～ 40	120 ～ 150	30 ～ 40	150 ～ 200
营养成分等级 3 级（中上）	10 ～ 20	90 ～ 120	20 ～ 30	100 ～ 150
营养成分等级 4 级（中下）	5 ～ 10	60 ～ 90	10 ～ 20	50 ～ 100
营养成分等级 5 级（缺乏）	3 ～ 5	30 ～ 60	6 ～ 10	30 ～ 50
营养成分等级 6 级（极缺）	< 3	< 30	< 6	< 30

国内外粉煤灰综合利用情况

2.1 我国粉煤灰综合利用情况

2.1.1 粉煤灰的产量

我国自 2008 年成为世界上最大的粉煤灰生产国，约占世界粉煤灰产量的 50%。表 2-1 与图 2-1 所示为我国 1981 ～ 2018 年粉煤灰年产量及利用率。可以看出，我国粉煤灰产量在 2000 年前呈现缓慢的增长趋势；2001 ～ 2013 年，随着经济和电力的快速发展得到迅猛的增长；在近十年得到了放缓，维持在 5 亿～ 6 亿 t；粉煤灰的利用率也呈现出相同的发展趋势，现综合利用率维持在 60% ～ 70% 之间。

表 2-1　　　　　　　　　　我国 1981 ～ 2018 年粉煤灰产量及利用率

年份	年产量（百万 t）	利用率（%）	年利用量（百万 t）	未利用量（百万 t）
1981	27	19	5	22
1982	27	17	5	22
1983	30	24	7	23
1984	34	20	7	27
1985	38	21	8	30
1986	42	23	10	32
1987	48	23	11	37
1988	55	26	14	41
1989	62	26	16	46
1990	58	34	20	38
1991	75	31	23	52
1992	80	32	25	55
1993	86	35	30	56

续表

年份	年产量（百万t）	利用率（%）	年利用量（百万t）	未利用量（百万t）
1994	91	41	37	54
1995	99	42	41	58
1996	110	42	46	64
1997	106	43	46	60
1998	107	53	57	50
1999	120	45	54	66
2000	120	60	72	48
2001	154	63	97	57
2002	181	66	119	62
2003	217	65	141	76
2004	263	65	171	92
2005	302	66	199	103
2006	352	66	232	120
2007	388	67	260	128
2008	395	67	265	130
2009	420	67	281	139
2010	480	68	326	154
2011	540	68	367	173
2012	520	68	354	166
2013	580	68	394	186
2014	540	70	380	160
2015	566	70	396	170
2016	600	68	408	192
2017	560	66	370	190
2018	530	68	360	170

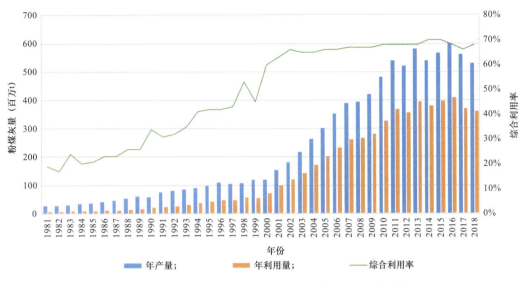

图 2-1　1981 ～ 2018 年我国粉煤灰年产量及利用率变化

从各省份粉煤灰产量上看，根据国家统计局公布的数据信息，2022 ～ 2023 年我国粉煤灰主要产生省份见表 2-2。我国粉煤灰产量主要集中在华东、华北、长三角及西部地区。2022 年火电发电量居全国前三名的省份是山东、内蒙古、江苏，伴随生成的粉煤灰量分别为 6475.65 万、6241.61 万、5882.93 万 t，占全国总生产量的 25.62%。

2023 年内蒙古火电发电量首次超过山东，达 5935.0 亿 kWh，伴随产生粉煤灰 7306.93 万 t 居于首位，占全国总产量的 9.52%，排在前三的省份分别为内蒙古、山东、江苏，三个省份的粉煤灰产量占到全国总产生量的 25.60%。

表 2-2　　　　　我国 2022 ～ 2023 年主要省份火电发电量及粉煤灰产生情况

序号	省份	火电发电量（亿 kWh）		粉煤灰产量（万 t）		粉煤灰产量占全国比例（%）	
		2022	2023	2022	2023	2022	2023
1	山东	5221.2	5070.2	6475.65	6242.23	8.92	8.14
2	内蒙古	5032.5	5935	6241.61	7306.93	8.60	9.52
3	江苏	4743.3	4950	5882.93	6094.24	8.10	7.94
4	广东	4065.3	4943.1	5042.03	6085.75	6.95	7.93
5	新疆	3646.6	3789.6	4522.73	4665.6	6.23	6.08
6	山西	3462.5	3704.1	4294.4	4560.34	5.92	5.94
7	安徽	3054.9	3033	3788.87	3734.11	5.22	4.87
8	河南	2882.9	2850.5	3575.55	3509.42	4.93	4.57
9	浙江	2707.7	3192.3	3358.25	3930.23	4.63	5.12
10	河北	1592.46	2850.5	1975.06	3509.42	2.72	4.57

从各行业粉煤灰产量上看，我国粉煤灰最主要的来源为电力、热力的生产和供应行业，占比持续保持在 85% 以上水平。以 2019 年我国各行业粉煤灰产量占比为例，重点工业企业的粉煤灰产生量 5.4 亿 t，其中电力、热力生产和供应行业的粉煤灰产量为 4.7 亿 t，占比为 87.0%；其次是化学原料和化学制品制造业，有色金属冶炼和压延加工业，石油、煤炭及其他燃料加工业，造纸和纸制品业，其粉煤灰产生量分别为 2312.2 万 t、1363.9 万 t、993.5 万 t 和 656.7 万 t，占比分别为 4.3%、2.5%、1.8%、1.2%，如图 2-2 所示。

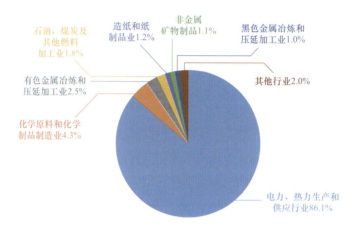

图 2-2　2019 年我国重点工业企业的粉煤灰产生量及占比

2.1.2　粉煤灰的综合利用

我国粉煤灰的综合利用经历了以储为主、储用结合、以用为主三个发展阶段。

（1）以储为主。新中国成立后，我国粉煤灰的处置在一段时期内采用建灰场储灰方式，灰场满了则加高灰坝或另建储灰场。

（2）储用结合。我国粉煤灰的利用始于 20 世纪 50 年代，主要在建筑工程中用作混凝土和砂浆掺合料，在建材中用作制砖的原料，在道路工程中用作路面基材等。

（3）以用为主。20 世纪 80 年代，粉煤灰的处置和利用的指导思想从"储用结合、积极利用"转向"以用为主"，带动了对粉煤灰性能和应用的研究蓬勃发展。90 年代以后，随着国家可持续发展战略的实施，国家将粉煤灰的综合治理和开发利用提高到了前所未有的高度。

目前，我国粉煤灰综合利用成熟技术已有 100 余项，产业化应用的主要有生产水泥、混凝土及其他建材产品，以及在建筑工程、改良土壤、回填、生产生物复合肥、提取物质实现高值化利用等方面的利用，涉及建材、建筑、冶金、化工、农业、环保等多个领域。2019 年，我国粉煤灰用于水泥、混凝土和建材深加工产品、回填、筑路占粉煤灰利用量的比例分别为 38%、14%、26%、2.1% 和 1.3%，其他利用方式占 18.6%（见图 2-3）。根据利用量与技术水平，可将粉煤灰综合利用途径分为以下 3 类。

（1）高容量低技术利用，如粉煤灰回填、筑堤、灌浆等。

（2）中容量中等技术利用，主要在建筑材料方面的利用，如用作水泥、砖、墙体、混凝土等。

（3）低容量高技术利用，主要指具有较高经济效益的高新技术，如金属与矿物的分选等。

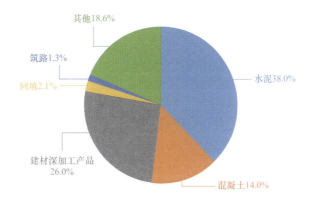

图 2-3　我国粉煤灰主要利用途径

我国在粉煤灰综合利用率上呈现了显著的地域区别：东部沿海地区由于建材行业对粉煤灰的需求量较大，因此粉煤灰等燃煤固废的综合利用率接近 100%；西部地区由于粉煤灰市场消纳量低，综合利用率只有 30% 左右，既造成了大量粉煤灰的资源浪费，又对堆存地的土壤及地下水带来环境风险，同时灰场还需要投入大量资金进行防渗等环保措施。伴随着我国施行的"西电东送""特高压输电"等能源政策，以及西北地区传统基建行业对粉煤灰需求量的下降，势必会加剧西部地区"电从空中来、灰留在当地"的恶性循环。西北地区海量堆积的粉煤灰迫切需要新的出路。

随着资源综合利用相关法律体系的日趋完善，《中华人民共和国清洁生产促进法》《中华人民共和国固体废物污染环境防治法》《粉煤灰综合利用管理办法》相继出台，对我国资源综合利用提出了更高的要求，粉煤灰综合利用主管部门也发生了调整。近些年，我国的粉煤灰利用呈现出以下特征：①循环利用技术创新，利用规模显著扩大，国家和地方政府也相继出台一系列鼓励和优惠政策；②粉煤灰利用已从传统的建筑业延伸到深度分离和有价值的金属回收；③粉煤灰回收公司可通过生产更多的材料或拥有不同类型的业务来提供协同优势，垃圾回收模式从"单一公司"向"生态工业园"发展。

2.1.3　粉煤灰综合利用存在的主要问题

我国在粉煤灰等燃煤电厂固废的利用过程中主要面临市场、技术、区域不平衡、政策等问题。

（1）粉煤灰综合利用情况区域差异性大。我国粉煤灰产量大且基本材料性能差异大，因此大部分用于低附加值的应用，其中约 86% 用于水泥、混凝土、砖及墙体等低端建材；燃煤电厂地理位置造成我国区域性的粉煤灰利用率差异较大，我国东部沿海及大城市周边利用率可达 100%，而偏远与西部地区利用率偏低（约含 56% 燃煤电厂），甚至个别地区综合利用率不足 10%，由于燃煤电厂固废长距离运输不经济，导致产用两地区无法有效互通。

（2）建材市场需求减少。建材行业是我国粉煤灰最主要的综合利用领域，过去十年得益于国家基础设施投资和房地产行业的高速发展，建材工业的增长速度一度保持在 20% 以上的水平，这也给我国粉煤灰的综合利用提供了有利条件，极大地缓解了过去十年火电行业快速增长带来的粉煤灰处置问题。但是随着我国经济发展进入新常态，也就是由高速增长转为中高速增长，在有效需求乏力、出口市场萎缩等因素的作用下，加上结构升级缓慢等原因，建筑业和基础设施对水泥、混凝土等传统建材的需求将进一步放缓，我国粉煤灰处理与利用将面临着更加严峻的挑战。

（3）季节性利用规律明显。我国燃煤电厂粉煤灰存在销售淡季，每年呈现出明显的季节性利用规律，即每年的冬季及雨季为粉煤灰等固废的利用淡季。冬季由于环境压力，制砖水泥等粉煤灰传统消纳单位停产减产，对粉煤灰的需求量骤减，造成电厂粉煤灰的滞留堆积；雨季受天气影响，粉煤灰综合利用率偏低。

（4）现有法规政策重资源利用、轻环境保护。粉煤灰综合利用的终极目标是保护生态环境，实现经济社会和谐发展、可持续发展。但从已出台的粉煤灰相关政策来看，重资源利用，轻环境保护。粉煤灰在进入利用环节之前被认作为一般工业固废，进入利用环节以后，其形态就从固体废物变为各种产品或者制成品（混凝土、粉煤灰砖、路基、大坝等），无法继续适用于现有法规政策等来加以管理。因此，粉煤灰相关法规政策不仅要注重资源化利用，更要强化利用中和利用后的环保约束。

2.1.4　典型省份粉煤灰综合利用情况

2.1.4.1　内蒙古自治区粉煤灰综合利用情况

内蒙古自治区是我国中西部地区发电量最大省份，2023 年火电机组装机容量为 11444.55 万 kW，约占全国 13.9 亿 kW 火电装机容量的 8.2%，肩负着向京津唐、华中、华东地区送电的任务。同时，内蒙古作为我国重要的煤炭基地，粉煤灰年产量 7000 万 t 以上，年利用量约 2700 万 t，利用率约为 38%，若包括乡村散煤燃烧产生的粉煤灰，总产生量可能达到 9000 万 t 以上。但内蒙古粉煤灰的综合利用率相对较低，面临着技术、地理位置、市场供求关系等多方面的挑战，导致其综合利用技术和层次较低，同时也存在储存的环保问题。

2020 年、2022 年、2023 年呼和浩特市粉煤灰产量分别为 883.47 万、902.38 万、1028.62 万 t，粉煤灰的综合利用率从 2020 年的 22% 上升到 2023 年的 57%，主要应用于水泥、混凝土、提取 Al_2O_3、墙材等行业。呼和浩特在粉煤灰综合利用方面取得了显著进展，综合利用率逐年提高，并且有明确的目标和计划进一步提升综合利用水平，探索如化工利用、生态治理、农业应用等多种利用方式。为进一步提升粉煤灰综合利用附加值，经中国大唐集团长期研究与实践，最终突破传统粉煤灰综合利用思路，自主研发了"预脱硅 – 碱石灰烧结法"粉煤灰提取 Al_2O_3 多联产工艺技术，并建成世界首条年产 20 万 t 工艺稳定、技术先进、重现性好的 Al_2O_3 生产线。

鄂尔多斯市作为我国煤炭供应保障和综合利用的重点区域，2022 年产生粉煤灰约 3000 万 t，是当地主要的大宗工业固废之一，年新增占用土地约 100 万 m^2。鄂尔多斯粉煤灰主要用于提取 Al_2O_3、建筑陶瓷、水泥、混凝土、墙材等行业。鄂尔多斯市通过在蒙西高新技术工业园区、鄂托克经济开发区、准格尔经济开发区、达拉特经济开发区等创建工业固废综合利用示范企业来逐步推进工业固废综合利用工作，目前已逐步形成四条产业链条：①在蒙西高新技术工业园区构筑了"电厂 – 粉煤灰 – 氧化铝"产业链条；②在鄂托克经济开发区形成"煤 – 电厂 – 粉煤灰 – 铝"产业链条；③在准格尔经济开发区推广"煤矸石 – 电厂 – 粉煤灰 – 建材"产业链条；④在达拉特经济开发区形成"煤 – 电厂 – 粉煤灰 – 高档陶瓷"产业链条。

包头市粉煤灰主要应用在水泥、混凝土、墙材、修路、筑坝、土地平整等领域，并在粉煤灰生态修复领域作了积极探索。包头市第三热电厂在易地建设的同时，配套建设了年产 1 亿块粉煤灰标准砖的北元新型建材有限公司，年可消化 30 万 t 粉煤灰。包头市二电厂将粉煤灰运输到大青山中的废弃矿坑中填埋，然后再对其表面进行生态修复，该项目不仅有效利用自身资源优势来治理生态环境，而且还推动了自治区粉煤灰综合利用可持续发展。

乌兰察布市粉煤灰综合利用形式和手段较为单一，主要用于生产水泥、商品混凝土和墙体材料等建材产品。由于过度依赖建材产品生产这一传统利用途径，利用结构缺乏多样性和层次性，综合利用潜力领域开发不足，特别是对大规模、高附加值的利用水平还有待提高。近几年，乌兰察布市通过与京能电力科技环保有限公司合作，将该市的粉煤灰从丰镇通过铁路运输到北京，弥补了北京粉煤灰缺口的同时也减轻了内蒙古的环境承载压力，开辟了一条粉煤灰跨区域协同利用的创新途径。

锡林郭勒盟近几年年产粉煤灰量约为 950 万 t，通过建成粉煤灰及脱硫石膏综合利用企业，形成了火电企业产灰源头分类利用、建材建工企业本地化利用、第三方平台公司跨省外运利用、矿坑回填与生态修复利用等四个主要利用途径。

2.1.4.2　山西省粉煤灰综合利用情况

山西省是我国能源保供主力军，2023 年全省火电机组装机容量为 8010.7 万 kW，约占全国 13.9 亿 kW 火电装机容量的 5.8%。山西省粉煤灰产量首先呈现出逐年增长的趋势，由 2000 年的 805 万 t 增长到 2013 年的 4799 万 t（约占全国粉煤灰总产生量的 8.4%）；随后出现放缓趋势，至 2018 年山西省粉煤灰产生量为 4808 万 t，其中利用量为 2973 万 t，综合利用率为 61.8%。山西省粉煤灰综合利用途径如图 2-4 所示，主要利用途径为水泥、混凝土、墙体等建筑材料，约占利用总量的 75.4%，其次是路基、堤坝和生态填充，只有 1.1% 用于高附加值领域。山西省面临的问题主要包括粉煤灰综合利用途径有限、市场需求不足、综合利用率低等，全省粉煤灰因得不到有效利用造成的历史堆存总量已达 2.8 亿 t。山西省积极推进粉煤灰综合利用，初步形成了粉煤灰提取氧化铝、白炭黑、生产家具板材等高端利用途径，粉煤灰生产无机纤维、保温材料、硅钙板等中端利用途径，以及粉煤灰蒸压砖、加气砌块、水泥添加、陶粒、加筋板材、超细灰等规模化利用途径并行的粉煤灰综合利用产业发展格局。

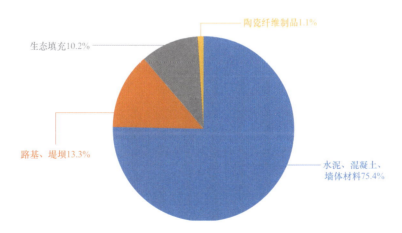

图 2-4　山西省粉煤灰主要利用途径及占比

太原市在粉煤灰综合利用方面采取了多项措施和项目，以提高资源的利用效率和减少环境污染。山西焦煤西山煤电屯兰矿引进了"离层注浆充填开采"技术，通过将粉煤灰与矿井水混合成浆液，充填到离层空隙中，有效防止地表塌陷，推动生态环境恢复。该技术已帮助屯兰矿回采优质焦煤 118 万 t、充填粉煤灰 86 万 t，2021 年创造经济效益 1380 万元。太原古交市的山西兴能发电有限责任公司建设了粉煤灰超细粉生产线，年消纳粉煤灰 196 万 t（占总产量 87%），显著提高粉煤灰的利用价值，使粉煤灰售价从每吨十几元提高到每吨两百多元。太原市通过这些措施和项目，不仅促进了粉煤灰的资源化、减量化和无害化，还为煤炭企业的绿色开采和可持续发展提供了示范。

2019 年朔州市年产粉煤灰 3000 万 t，累计粉煤灰堆存量 1.5 亿 t 左右。目前朔州市的粉煤灰综合利用产业已形成一定的规模，包括煤矸石发电、煤矸石制砖、煅烧高岭土以及陶瓷制造等方面。同时，朔州市还积极探索粉煤灰在建材利用、矿山充填、市政道路、土壤改良、外运外销等方面的多元化利用路径。截至 2023 年底全市已有近百家以煤矸石等固废综合利用为主的企业，初步形成了以煤矸石发电、煤矸石制材、粉煤灰综合利用和脱硫石膏综合利用等四大固废综合利用产业集群，固废综合利用率达 73%。2021 年，市政府与亚洲粉煤灰协会共同商定，将朔州市设立为亚洲粉煤灰大会的永久会址。

2019 年长治市年产粉煤灰 452 万 t，主要由燃煤（煤矸石）发电和煤化工转化等燃煤（煤矸石）锅炉产生。2019 年长治市粉煤灰综合利用率为 72.10%，主要用途包括新型粉煤灰墙材地砖、水泥、混凝土中添加剂等。

2.2　美国粉煤灰综合利用情况

1914 年，Anon 在《煤灰火山特性的研究》一文中首次提出粉煤灰中氧化物具有火山灰特性。1933 年，以美国伯克利加州理工学院的 R.E. 维斯为代表的专家学者开始系统性研究粉煤灰在混凝土中的应用，并将粉煤灰逐渐扩展到各利用领域，使得粉煤灰的综合利用逐渐形成了一个新兴产业。图 2-5 所示为美国 2000 ~ 2016 年粉煤灰年产量及年综合利用率。美国粉煤灰产量在 2008 年前有小幅度上升，但随着燃煤电厂数量的减少，自 2008 年粉煤灰产量开始逐年下降；粉煤灰综合利用率整体上呈现缓慢上升的趋势，由于 2008 年后总粉煤灰产量的下降造成利用率的提升幅度变大。

图 2-5　美国 2000 ~ 2016 年粉煤灰产生量及利用率

　　总体而言，美国燃煤固体副产品的综合利用不高，大宗利用主要集中在建材和筑路等方面，但政府对于综合利用技术的研发和标准制定给予了足够的重视。美国粉煤灰利用的主要途径如图 2-6 所示，其中 32.05% 的粉煤灰用于混凝土及灌浆，28.92% 的粉煤灰用于矿山充填，12.83% 的粉煤灰用于结构填料和路堤，9.14% 的粉煤灰用于混合水泥和熟料饲料，5.83% 的粉煤灰用于废物稳定及固化。美国政府为了进一步提高粉煤灰的综合利用率，在接下来的利用过程中将致力于增加粉煤灰在水泥、混凝土、农业、砖瓦和复垦等领域的使用量。

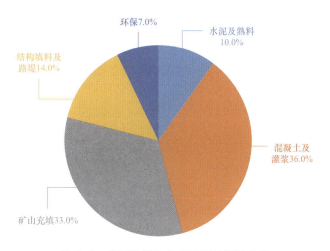

图 2-6　美国粉煤灰主要利用途径及占比

2.3　日本粉煤灰综合利用情况

　　1955 年，日本在大坝建设中首次成功使用粉煤灰后，由于本国原材料的缺失，便鼓励和推动政府与企业间合作，大力开展粉煤灰综合利用的技术开发和推广。以煤炭能源中心（Japan coal energy center，JCOAL）各学会企业为牵头部门，多项粉煤灰综合利用技术得以应用实践，并于 2008 年依托 JCOAL 成立了煤炭燃烧生成物综合利用委员会（coal combustion products，CCP）进一步推进粉煤灰的综合利用。

　　1994 年，日本的粉煤灰产生量为 653 万 t（其中，电力行业 473 万 t，其他行业 180 万 t），1994～1998 年产量增幅较缓，1999～2005 年产量增幅明显，2005 年之后呈现增减不定趋势。日本土地资源和基建材料匮乏，政府对粉煤灰的堆存量做出了严格的控制，并对其综合利用给予了极大的技术支持和政策鼓励，日本粉煤灰综合利用率从 1994 年的 60% 提高至 2007 年 97%，位居世界前列。2011 年日本粉煤灰产生量为 1157 万 t（电力行业产量约 856 万 t，占总量的 74%），综合利用量为 1137 万 t，综合利用率达 98.3%。

　　日本粉煤灰综合利用主要途径见表 2-3，可以看出其最主要的利用途径是水泥，约占日本粉煤灰综合利用总量的 67%，其次是土木建设、建筑材料等，近年来在农业和环保方面利用的比率也在逐年增大。虽然日本整体的固废综合利用手段丰富且先进，但由于日本国内对各种原材料的缺口大，因此各种工业固废主要用作建材原料。

表 2-3　　　　　　　　　　　日本粉煤灰综合利用主要途径及占比

应用领域	用途	利用量占比（%）
水泥	水泥用原料	65.34
	FA 水泥	1.32
	新拌水泥	0.46
土木	地基改良	3.56
	土木工程	4.39
	电力工程	0.18
	道路路基	2.13
	沥青填料	0.05
	煤矿填充	3.27
建筑	建筑板材	2.75
	人工轻质骨材	0.24
	二次产品	0.26
农业	肥料	0.26
	土壤改良	0.57
其他	污水处理剂	0.01
	制铁	0.06
	其他	15.13

2.4　欧盟粉煤灰综合利用情况

　　欧洲煤炭燃烧产品协会（European Coal Combustion Products Association，ECOBA）负责调查并公布欧洲地区的 CCPs 产生量和利用数据。ECOBA 的统计数据包含了典型的燃烧产物，如飞灰、底灰、锅炉炉渣，以及干法或湿法烟气脱硫产物，特别是喷雾干燥吸收（SDA）产品和脱硫石膏。其中，飞灰是最主要的燃烧产物。根据 ECOBA 发布的 2016 年欧盟 28 个成员国中 15 个成员国燃煤副产物年产量和利用情况，计算了粉煤灰、底灰、锅炉渣的产生和利用情况：2016 年约生产 4000 万 t 燃煤副产物，粉煤灰占总燃煤副产物产量的比例最大（63.8%），脱硫石膏占 23.6%，燃煤副产物的综合利用率在 92%；在欧盟范围内，建筑业的粉煤灰利用率目前约为 43%，底灰利用率约为 46%，而锅炉渣利用率为 100%；在大多数情况下，燃煤副产物被用作自然资源的替代品，在提高环境效益的同时也减少了 CO_2

的排放。

图 2-7 所示为欧盟部分成员国粉煤灰综合利用途径及占比，其中 40.8% 用于混凝土掺合料；17.0% 被用作混凝土添加剂取代混凝土中的一部分水泥；16.6% 用作水泥原料；16.4% 用于道路；5.5% 用于混凝土砌块；3.7% 用于其他。欧洲在固废的政策和利用方面主要关注于环保及资源化两方面因素，因此提出自身关于固废利用的口号为"我们不应忽视更大的前景——在一个资源日益紧张的世界，欧洲首先需要大幅减少其产生的废物量和提高固废的综合利用量"。由于欧盟自身固废产量并不多，且缺少建材原材料，因此 95% 以上的粉煤灰都被用于建材和基建领域中，同时欧盟地区正致力于逐步提升粉煤灰在农业、砖瓦、资源回收等领域的利用。

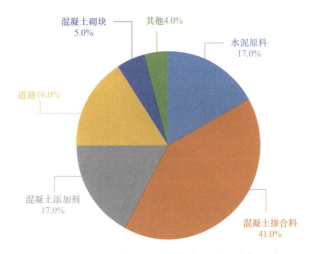

图 2-7　欧盟部分成员国粉煤灰主要利用途径及占比

2.5　印度粉煤灰综合利用情况

印度是世界上第二大粉煤灰产生国，印度的粉煤灰产生量已从 1996 ～ 1997 年的 6888 万 t 增加到 2017 ～ 2018 年的 1.69 亿 t，其中粉煤灰利用量为 1.02 亿 t。虽然印度的粉煤灰利用率从 1996 ～ 1997 年的 9.63% 大幅提高到 2017 ～ 2018 年的 60%，但仍然有近 40% 的粉煤灰未利用。图 2-8 所示为印度 2011 ～ 2018 年粉煤灰产生量及利用率变化曲线，可以看出印度粉煤灰产生量在 2014 年到达一个最高值后，连续三年缓慢回落。印度的粉煤灰利用量受到了高炉矿渣的影响，因为后者的成本相对更低，粉煤灰的综合利用量并未得到显著的提升。

印度政府启动了众多项目，并设立了多家机构，以便更好地了解和推进粉煤灰在不同途径的使用情况。根据印度电力管理局发布的印度粉煤灰发电利用年度报告，粉煤灰的最大利用途径为水泥行业（约 45%），其次是低洼地区的复垦（约 17%）、矿山充填（约 9%）、筑堤（约 7%）、砖瓦（约 7%）、道路和路堤（约 6%）以及农业（约 1%），如图 2-9 所示。近年来，印度政府致力于增加粉煤灰在各行业的使用范围推广及使用量，尤其是在目前利用率相对较少的制砖、道路和堤防、矿山填充和土壤改良方面等领域，预计在 2025 年粉煤灰最大的利用途径是水泥和混凝土行业（44.19%），其次是用于道路、堤防和灰堤

（15.25%），12.49%的粉煤灰用于低洼地区的开垦和土地填充，8.84%用于矿山填充，7.61%用于制砖、制瓦，2.47%用于农业和9.14%用于其他。

图 2-8 印度 2011～2018 年粉煤灰产生量及利用率

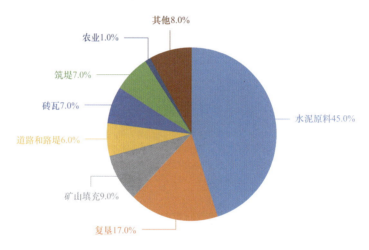

图 2-9 印度粉煤灰主要利用途径及占比

2.6 国内外粉煤灰综合利用情况对比及对我国的启示

我国粉煤灰年产量约占世界总量的 50%，粉煤灰平均利用率为 70%，高于全球平均利用率的 60%。

2.6.1 粉煤灰产量及利用率对比

如图 2-10 所示，2016 年全球粉煤灰约 11.43 亿 t，平均利用率为 60%；我国约 6 亿 t，利用率为 68%～70%（综合利用量为 4.08 亿 t）；美国约 4400 万 t，利用率 54%（综合利用 2376 万 t）；日本 1200 万 t，利用率接近 100%；欧盟 4000 万 t（15 个成员国所有燃煤固废），利用率 90%（综合利用量 3600 万 t）；印度 1.69 亿 t，利用率 63%（综合利用量 1.06 亿 t）。

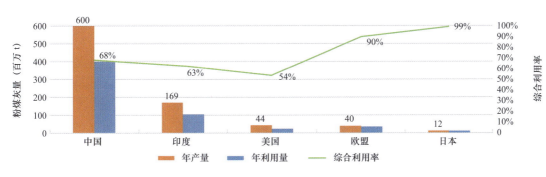

图 2-10 全球粉煤灰产量及利用率情况对比

通过以上几个国家及地区的粉煤灰产出量及利用现状可以看到，近几年燃煤电厂粉煤灰的产出量的增长趋势得到了缓解，但粉煤灰的综合利用量并没有显著地提高，基本上维持在原有水平，这一方面是因为新能源发电量占比不断提高造成传统的燃煤发电量受到了制约，另一方面是因为现阶段国内外很多粉煤灰的高附加值综合利用途径并未得到产业化的普及。

2.6.2 粉煤灰利用途径对比

粉煤灰的综合利用途径选择取决于各个国家及地区粉煤灰产量、工艺技术的发展情况、环保要求、原材料的稀缺程度、产业结构等因素影响。表 2-4 列出了 2016 年部分国家及地区粉煤灰主要综合利用途径。表中所列国家或地区的粉煤灰都是以建材应用为主，而在其余途径的应用选择上则受各国政策及产业的影响；在高附加值利用层面上只有日本应用较多，这是由于日本国内原材料量的限制，粉煤灰扮演着替代原材料的角色；综合利用的技术层面上我国与国外发达国家相差不大，但是由于体量大和分布地区的产量和经济不均匀性，造成我国西部地区粉煤灰综合利用率整体偏低的现状。

表 2-4   粉煤灰综合利用途径占比   %

利用途径	中国	美国	日本	欧盟	印度
水泥	44	9.14	67.12	33.6	44.76
砖及墙体	26	—	3.25	5.5	6.86
混凝土	16	33.05	—	40.8	6.89
农业	5	—	0.83	—	1.03
复垦	—	—	—	—	16.71
道路	5	12.83	10.31	16.4	6.51
回填	4	28.92	3.27	—	9.1
矿物提取		—	0.06	—	—
环保	—	5.83	0.01	—	—
其他		—	15.13	3.7	—

2.6.3 启示

我国燃煤电厂的固废产量远多于发达国家，且表现出明显的地域分布不均匀性，同时由于我国固废大部分应用在建材，而现有建材市场尤其是粉煤灰主产地的西部地区日益饱和，单一的利用途径制约着我国粉煤灰综合利用率的进一步提升，应拓宽我国粉煤灰综合利用的途径，降低目前对建材行业的依赖性。

（1）提高基建领域的利用率。我国在道路建设等基建行业中的粉煤灰综合利用应用比例明显低于其他国家，尤其是发达国家，而我国在基建层面仍具有较大的发展空间（如西部地区的高铁建设）。在提高基建行业中比例的同时，还应减少黏土的应用比例（山西地区由于成本问题优先选用黏土而不是粉煤灰）。

（2）推进西部地区在回填领域的应用。我国粉煤灰在回填领域中所占比例较发达国家低，这一方面是缺少相关的政策性和标准的引导，另一方面在回填领域上由于环保压力也比较谨慎。因此，可借鉴国外在回填方面的规定并结合一定的环保试验基础，增加我国的粉煤灰回填。

（3）关注环保领域的研究应用。我国和印度同为发展中国家，环保和相关领域中的粉煤灰利用量较发达国家偏低，我国可加大粉煤灰在环保治理领域的应用，尤其是环保相对薄弱的中西部地区，比如可采取粉煤灰分选－炭黑－制备活性炭－工业废水净化的产业链。

（4）加大在农业领域中的应用。我国粉煤灰在农业领域中的应用主要集中在化肥生产、覆土造田和土壤改良中，但区域分布主要集中在中东部地区，西部地区由于自身耕地面积少、地质、水资源等制约在农业中应用较低。在环境风险可控的前提下可在西部地区增加粉煤灰在覆土造田、土壤改良中的应用。

国内外粉煤灰相关标准

3.1 我国粉煤灰相关标准

3.1.1 概况

我国现行粉煤灰相关标准共计 54 项（见表 3-1、表 3-2），其中，国家标准 11 项、各类行业标准共计 22 项、各地方标准 21 项，涉及建材、道路、成分检测等方面，主要为建材领域的应用。现行标准中缺少粉煤灰的分类、高附加值应用、风险评估、无害化等方面的标准。除粉煤灰标准外，固废通用性标准也对粉煤灰具有规范作用，比如 GB 18599—2020《一般工业固体废物贮存和填埋污染控制标准》、GB 6566—2010《建筑材料放射性核素限量》、GB 34330—2017《固体废物鉴别标准　通则》等。

表 3-1　　　　　　　　　　　　　我国现行粉煤灰相关标准类型　　　　　　　　　　　　　项

标准类型	综合利用	检测	建材	道路	处置	港口	填埋	提取	其他	总数
国家标准	—	2	8	—	—	—	—	1	—	11
行业标准	2	5	8	3	2	2	—	—	—	22
地方标准	1	1	13	2	—	—	2	—	2	21
总数	3	8	29	5	2	2	2	1	2	54

表 3-2　　　　　　　　　　　　　　我国现行粉煤灰相关标准

标准类型	标准名称
粉煤灰国家标准	GB/T 42350—2023《粉煤灰质陶瓷砖》
	GB/T 1596—2017《用于水泥和混凝土中的粉煤灰》
	GB/T 18736—2017《高强高性能混凝土用矿物外加剂》
	GB 26541—2011《蒸压粉煤灰多孔砖》
	GB/T 27974—2011《建材用粉煤灰及煤矸石化学分析方法》
	GB/T 29423—2012《用于耐腐蚀水泥制品的碱矿渣粉煤灰混凝土》
	GB/T 36535—2018《蒸压粉煤灰空心砖和空心砌块》

标准类型	标准名称
粉煤灰 国家标准	GB/T 39701—2020《粉煤灰中铵离子含量的限量及检验方法》
	GB/T 39201—2020《高铝粉煤灰提取氧化铝技术规范》
	GB/T 50146—2014《粉煤灰混凝土应用技术规范》
	GB/T 17431.1—2010《轻集料及其试验方法 第1部分：轻集料》
粉煤灰 地方标准	DB32/T 4789—2024《粉煤灰应用技术规程》
	DB13/T 1057—2009《改性粉煤灰砖和空心砌砖》
	DB13/T 1058—2009《改性粉煤灰实心保温墙板》
	DB13/T 1510—2012《流态粉煤灰水泥混合料施工技术指南》
	DB14/T 1217—2016《粉煤灰与煤矸石混合生态填充技术规范》
	DB15/T 1225—2017《硅钙渣粉煤灰稳定材料路面基层应用规范》
	DB21/T 1836—2010《蒸压粉煤灰砖》
	DB21/T 1837—2010《蒸压粉煤灰砖建筑技术规程》
	DB21/T 2301—2014《粉煤灰激发剂》
	DB22/T 470—2009《石灰粉煤灰稳定材料路面基层底基层技术规范》
	DB31/ 722—2019《商品粉煤灰单位产品能源消耗限额》
	DB31/T 932—2015《粉煤灰在混凝土中应用技术规程》
	DB32/T 479—2018《蒸压粉煤灰（保温）空心砖技术规范》
	DB33/T 1027—2018《蒸压加气混凝土砌块技术规程》
	DB34/T 2375—2015《粉煤灰中二氧化硅含量测定 X 射线荧光法》
	DB35/T 1130—2011《粉煤灰（陶粒）小型空心砌块》
	DB37/T 3967—2020《煤矿开采粉煤灰高水膨胀材料充填工艺技术要求》
	DB42/T 268—2012《蒸压加气混凝土砌块工程技术规程》
	DB52/T 1247—2017《超高粉煤灰掺量水工混凝土应用技术规范》
	DB61/T 1431—2021《水泥粉煤灰碎石桩施工质量动态远程监控规范》
	DB61/T 1151—2018《石灰粉煤灰稳定建筑垃圾再生集料基层施工技术规范》
粉煤灰 行业标准	DL/T 498—1992《粉煤灰游离氧化钙测定方法》
	DL/T 867—2004《粉煤灰中砷、镉、铬、铜、镍、铅和锌的分析方法（原子吸收分光光度法）》
	DL/T 1281—2013《燃煤电厂固体废物贮存处置场污染控制技术规范》

标准类型	标准名称
粉煤灰行业标准	DL/T 1494—2016《燃煤锅炉飞灰中氨含量的测定　离子色谱法》
	DL/T 1656—2016《火电厂粉煤灰及炉渣中汞含量的测定》
	DL/T 2297—2021《燃煤电厂粉煤灰资源化利用分类规范》
	DL/T 5055—2007《水工混凝土掺用粉煤灰技术规范》
	DL/T 5532—2017《粉煤灰试验规程》
	CECS 256—2009《蒸压粉煤灰砖建筑技术规范》
	JB/T 11649—2013《粉煤灰分选系统》
	JC 238—1991《粉煤灰砌块》
	JC/T 239—2014《蒸压粉煤灰砖》
	JC/T 409—2016《硅酸盐建筑制品用粉煤灰》
	JC/T 862—2008《粉煤灰混凝土小型空心砌块》
	CJJ 1—2008《城镇道路工程施工与质量验收规范》
	SY/T 4075—1995《钢质管道粉煤灰水泥砂浆衬里离心成型施工工艺》
	SY/T 7290—2016《石油企业粉煤灰综合利用技术要求》
	JTJ 016—1993《公路粉煤灰路堤设计与施工技术规范》
	JTJ/T 260—1997《港口工程　粉煤灰填筑技术规程》
	JTJ/T 273—1997《港口工程　粉煤灰混凝土技术规程》
	JTG F10—2016《公路路基施工技术规范》
	YS/T 786—2012《赤泥粉煤灰耐火隔热砖》
固废通用性标准	GB 18599—2020《一般工业固体废物贮存和填埋污染控制标准》
	GB 34330—2017《固体废物鉴别标准　通则》
	GB 6566—2010《建筑材料放射性核素限量》
	GB 34330—2017《固体废物鉴别标准　通则》
	GB 36600—2018《土壤环境质量　建设用地土壤污染风险管控标准》
	GB 15618—2018《土壤环境质量　农用地土壤污染风险管控标准》

3.1.2　我国固废通用性标准

我国对固废的管理流程可分为两步：①鉴别固废是否为危废，若为一般工业固废时还需鉴别为第几类工业固废；②固废处置或利用，根据固废鉴别结果并结合实际处置需求进行无害化处置或资源化利用。

3.1.2.1 固废鉴别

1. 危废鉴别

根据《中华人民共和国固体废物污染环境防治法》规定，危险废物是指被列入《国家危险废物名录》或者根据国家规定的危险废物鉴别标准和鉴别方法认定的具有危险特性的固体废物。

具有下列情形之一的固体废物（包括液体废物）被列入《国家危险废物名录》：

（1）具有腐蚀性、毒性、易燃性、反应性或者感染性等一种或者几种危险特性的。

（2）不排除具有危险特性，可能对环境或者人体健康造成有害影响，需要按照危险废物进行管理的。

危险特性鉴别方法如下列标准所示：GB 5085.1—2007《危险废物鉴别标准　腐蚀性鉴别》、GB 5085.2—2007《危险废物鉴别标准　急性毒性初筛》、GB 5085.3—2007《危险废物鉴别标准　浸出毒性鉴别》、GB 5085.4—2007《危险废物鉴别标准　易燃性鉴别》、GB 5085.5—2007《危险废物鉴别标准　反应性鉴别》、GB 5085.6—2007《危险废物鉴别标准　毒性物质含量鉴别》、GB 5085.7—2019《危险废物鉴别标准　通则》。

2. 一般工业固废鉴别

GB 18599—2020《一般工业固体废物贮存和填埋污染控制标准》对一般工业固体废物的定义、贮存、处置场所进行了规定。一般工业固体废物系指未被列入《国家危险废物名录》或者根据国家规定的 GB 5085 鉴别标准、GB 5086 及 GB/T 15555 鉴别方法判定不具有危险特性的工业固体废物。一般工业固体废物根据性质又分为以下两类。

第 I 类一般工业固体废物：按照 GB 5086 规定方法进行浸出试验而获得的浸出液中，任何一种污染物的浓度均未超过 GB 8978 最高允许排放浓度，且 pH 值在 6 ～ 9 范围之内的一般工业固体废物。

第 II 类一般工业固体废物：按照 GB 5086 规定方法进行浸出试验而获得的浸出液中，有一种或一种以上的污染物浓度超过 GB 8978 最高允放排放浓度，或者 pH 值在 6 ～ 9 范围之外的一般工业固体废物。

3.1.2.2 固废处置与利用

1. 危废的处置方式

GB 18598—2019《危险废物填埋污染控制标准》对危废的填埋处置进行了具体规定。

（1）医疗废物、与衬层具有不相容性反应的废物、液体废物不得填埋处置。

（2）除第一条所列废物外，满足下列条件或经预处理满足下列条件的废物，可进入柔性填埋场：

1）根据 HJ/T 299—2007《固体废物　浸出毒性浸出方法　硫酸硝酸法》制备的浸出液中有害成分浓度不超过危险废物允许填埋的控制限值的废物。

2）根据 GB/T 15555.12—1995《固体废物　腐蚀性测定　玻璃电极法》测得浸出液 pH 值在 7.0 ～ 12.0 之间的废物。

3）含水率低于 60% 的废物。

4）水溶性盐总量小于 10% 的废物，测定方法按照 NY/T 1121.16—2006《土壤检测　第16 部分：土壤水溶性盐总量的测定》执行；待国家发布固体废物中水溶性盐总量的测定方法，执行新的检测方法标准。

5）有机质含量小于 5% 的废物，测定方法按照 HJ 761—2015《固体废物 有机质的测定 灼烧减量法》执行。

6）不再具有反应性、易燃性的废物。

（3）除第 1 条所列废物，不具有反应性、易燃性或经预处理不再具有反应性、易燃性的废物，可进入刚性填埋场。

其中，柔性填埋场是指采用双人工复合衬层的填埋处置设施，如图 3-1 所示；刚性填埋场是指采用钢筋混凝土作为防渗阻隔结构的填埋处置设施，如图 3-2 所示。

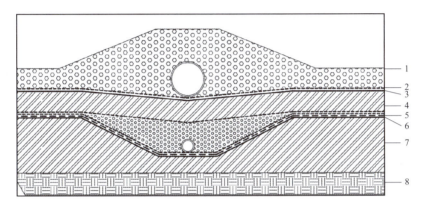

图 3-1　双人工复合衬层系统

1—渗滤液导排层；2—保护层；3—主人工衬层（HDPE）；4—压实黏土衬层；

5—渗漏检测层；6—次人工衬层；7—压实黏土衬层；8—基础层

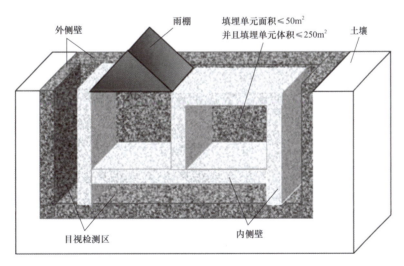

图 3-2　刚性填埋场（地下）

2. 一般工业固废的处置方式

GB 18599—2020《一般工业固体废物贮存和填埋污染控制标准》规定，第Ⅰ类一般工业固体废物（包括第Ⅱ类一般工业固体废物经处理后属于第Ⅰ类的一般工业固体废物）且同时满足有机质含量小于 2% 及水溶性盐总量小于 2% 时可进入Ⅰ类场贮存；第Ⅱ类一般工业固体废物且同时满足有机质含量小于 5% 及水溶性盐总量小于 5% 时可进入Ⅱ类场贮存；不相容的一般工业固体废物应设置不同的分区进行贮存和填埋作业。

（1）Ⅰ类场技术要求。

1）当天然基础层饱和渗透系数不大于 1.0×10^{-5} cm/s，且厚度不小于 0.75 m 时，可以采用天然基础层作为防渗衬层。

2）当天然基础层不能满足上述防渗要求时，可采用改性压实黏土类衬层或具有同等以上隔水效力的其他材料防渗衬层，其防渗性能应至少相当于渗透系数为 1.0×10^{-5} cm/s 且厚度为 0.75 m 的天然基础层。

（2）Ⅱ类场技术要求。

1）Ⅱ类场应采用单人工复合衬层作为防渗衬层，并符合以下技术要求：人工合成材料应采用高密度聚乙烯膜，厚度不小于 1.5 mm，并满足 GB/T 17643—2011《土工合成材料　聚乙烯土工膜》规定的技术指标要求；采用其他人工合成材料的，其防渗性能至少相当于 1.5 mm 高密度聚乙烯膜的防渗性能；黏土衬层厚度应不小于 0.75 m，且经压实、人工改性等措施处理后的饱和渗透系数不应大于 1.0×10^{-7} cm/s，使用其他黏土类防渗衬层材料时，应具有同等以上隔水效力。

2）Ⅱ类场基础层表面应与地下水年最高水位保持 1.5 m 以上的距离。当场区基础层表面与地下水年最高水位距离不足 1.5 m 时，应建设地下水导排系统。地下水导排系统应确保Ⅱ类场运行期地下水水位维持在基础层表面 1.5 m 以下。

3）Ⅱ类场应设置渗漏监控系统，监控防渗衬层的完整性。渗漏监控系统的构成包括但不限于防渗衬层渗漏监测设备、地下水监测井。

4）人工合成材料衬层、渗滤液收集和导排系统的施工不应对黏土衬层造成破坏。

3. 固废利用后的鉴别

GB 34330—2017《固体废物鉴别标准　通则》中规定，若利用固废生产的产物，满足以下 3 个条件，可按照产品进行管理。

（1）符合国家、地方制定或行业通行的被替代原料生产的产品质量标准。

（2）符合相关国家污染物排放（控制）标准或技术规范要求，包括该产物生产过程中排放到环境中的有害物质限值和该产物中有害物质的含量限值；当没有国家污染控制标准或技术规范时，该产物中所含有害成分含量不高于利用被替代原料生产的产品中的有害成分含量，并且在该产物生产过程中，排放到环境中的有害物质浓度不高于利用所替代原料生产产品过程中排放到环境中的有害物质浓度，当没有被替代原料时，不考虑该条件。

（3）有稳定、合理的市场需求。

GB 34330—2017 中规定，在任何条件下固体废物按照以下任何一种方式利用或处置时，仍然作为固体废物管理。

1）以土壤改良、地块改造、地块修复和其他土地利用方式直接施用于土地或生产施用于土地的物质（包括堆肥），以及生产筑路材料。

2）焚烧处置（包括获取热能的焚烧和垃圾衍生燃料的焚烧），或用于生产燃料，或包含于燃料中。

3）填埋处置。

4）倾倒、堆置。

5）国务院环境保护行政主管部门认定的其他处置方式。

GB 34330—2017 中规定按照以下方式进行处置后的物质，不作为固体废物管理：

（1）金属矿、非金属矿和煤炭采选过程中直接留在或返回到采空区的符合 GB 18599—2020 中第 Ⅰ 类一般工业固体废物要求的采矿废石、尾矿和煤矸石，但是带入除采矿废石、尾矿和煤矸石以外的其他污染物质的除外。

（2）工程施工中产生的按照法规要求或国家标准要求就地处置的物质。

3.1.3 我国用于水泥和混凝土的粉煤灰相关标准

3.1.3.1 GB/T 1596—2017《用于水泥和混凝土中的粉煤灰》

GB/T 1596—2017《用于水泥和混凝土中的粉煤灰》规定了用于水泥和混凝土中的粉煤灰的技术要求等内容，适用于拌制砂浆和混凝土时作为掺合料的粉煤灰及水泥生产中作为活性混合材料的粉煤灰。拌制砂浆和混凝土用粉煤灰应符合表 3-3 要求，水泥活性混合材料用粉煤灰应符合表 3-4 要求。表 3-3 和表 3-4 中各指标的检测方法见表 3-5。

表 3-3　　　　　　　　　拌制砂浆和混凝土用粉煤灰理化性能要求

项目		理化性能要求		
		Ⅰ级	Ⅱ级	Ⅲ级
细度（45 μm 方孔筛筛余量，%）		—	≤ 12.0	≤ 30.0	≤ 45.0
烧失量（%）		≤ 5.0	≤ 8.0	≤ 10
需水量比（%）		—	≤ 95	≤ 105	≤ 115
含水量（%）		—	≤ 1.0		
三氧化硫质量分数（%）		—	≤ 3.0		
游离氧化钙质量分数（%）	F 类粉煤灰①	≤ 1.0		
	C 类粉煤灰②	≤ 4.0		
二氧化硅、三氧化二铝和三氧化二铁总质量分数（%）	F 类粉煤灰	≥ 70.0		
	C 类粉煤灰	≥ 50.0		
密度（g/cm³）		—	≤ 2.6		
安定法（雷氏法）（mm）	C 类粉煤灰	≤ 5.0		
强度活性指数（%）		—	≥ 70.0		

①F 类粉煤灰：由无烟煤或烟煤煅烧收集的粉煤灰。
②C 类粉煤灰：由褐煤或次烟煤煅烧收集的粉煤灰，CaO 含量一般 ≥ 10%。

表 3-4　　　　　　　　　　　水泥活性混合材料用粉煤灰理化性能要求

项目		理化性能要求
烧失量（%）	—	≤ 8.0
含水量（%）	—	≤ 1.0
三氧化硫质量分数（%）	—	≤ 3.5
游离氧化钙质量分数（%）	F 类粉煤灰	≤ 1.0
	C 类粉煤灰	≤ 4.0
二氧化硅、三氧化二铝和三氧化二铁总质量分数（%）	F 类粉煤灰	≥ 70.0
	C 类粉煤灰	≥ 50.0
密度（g/cm³）	—	≤ 2.6
安定法（雷氏法）（mm）	C 类粉煤灰	≤ 5.0
强度活性指数（%）	—	≥ 70.0

表 3-5　　　　　　　　　　　水泥活性混合材料用粉煤灰理化性能要求

指标	检测依据及方法
细度	按 GB/T 1345—2005《水泥细度检验方法　筛析法》中 45 μm 负压筛析法进行，筛网应采用符合 GSB 08-2056-2018《粉煤灰细度标准样品》规定的或其他同等级标准样品进行校正，结果处理同 GB/T 1345—2005 规定
需水量比	GB/T 1596—2017《用于水泥和混凝土中的粉煤灰》附录 A
烧失量	GB/T 176—2017《水泥化学分析方法》
三氧化硫	
游离氧化钙	
二氧化硅	
三氧化二铝	
三氧化二铁	
碱含量	
含水量	GB/T 1596—2017《用于水泥和混凝土中的粉煤灰》附录 B
半水亚硫酸钙	GB/T 5484—2012《石膏化学分析方法》
密度	GB/T 208—2014《水泥密度测定方法》
安定性	GB/T 1346—2011《水泥标准稠度用水量、凝结时间、安定性检验方法》
强度活性指数	GB/T 1596—2017《用于水泥和混凝土中的粉煤灰》附录 C

3.1.3.2 GB/T 50146—2014《粉煤灰混凝土应用技术规范》

GB/T 50146—2014《粉煤灰混凝土应用技术规范》对粉煤灰混凝土的配合比进行了详细的要求。粉煤灰在混凝土中的掺量应通过试验确定，最大掺量宜符合表 3-6 的规定。对于浇筑量比较大的基础钢筋混凝土，粉煤灰最大掺量可增加 5% ～ 10%，但应进行试验论证。

表 3-6　　　　　　　　　　不同混凝土中粉煤灰的最大掺量　　　　　　　　　　%

混凝土种类	硅酸盐水泥		普通硅酸盐水泥	
	水胶比 ≤ 0.4	水胶比 > 0.4	水胶比 ≤ 0.4	水胶比 > 0.4
预应力混凝土	30	25	25	15
钢筋混凝土	40	35	35	30
素混凝土	55		45	
碾压混凝土	70		65	

3.1.4 我国用于粉煤灰砖、硅酸盐建筑制品的粉煤灰相关标准

3.1.4.1 JC/T 409—2016《硅酸盐建筑制品用粉煤灰》

硅酸盐建筑制品是指用硅质材料和钙质材料以一定的工艺方法，在水热合成条件下反应生产以水化硅酸钙、水化铝酸钙为主要胶结料的建筑制品。JC/T 409—2016《硅酸盐建筑制品用粉煤灰》适用于蒸压加气混凝土制品，蒸压粉煤灰砖（砌块）等硅酸盐建筑制品用的粉煤灰，对粉煤灰的技术指标要求见表 3-7。

表 3-7　　　　　　　　　硅酸盐建筑制品用粉煤灰的技术指标要求　　　　　　　　%

项目	指标要求
细度（80 μm 方孔筛筛余量）	≤ 25
烧失量	≤ 8.0
二氧化硅	≥ 40
三氧化硫	≤ 2.0
氯离子	≤ 0.06

注　仅对配筋制品有氯离子含量要求。

粉煤灰的放射性应符合 GB 6566—2010《建筑材料放射性核素限量》的规定，天然放射性素镭-226、钍-232 和钾-40 的放射性比活度应同时满足内照射指数和外照射指数均不大于 1.0。

烧失量、二氧化硅、三氧化硫和氯离子含量按照 GB/T 176—2017《水泥化学分析方法》的规定进行，细度按照 GB/T 1345—2005《水泥细度检验方法　筛析法》的规定进行。

3.1.4.2 GB/T 36535—2018《蒸压粉煤灰空心砖和空心砌块》

蒸压粉煤灰空心砖是指以粉煤灰、生石灰（或电石渣）为主要原料，可掺加适量石膏、外加剂和其他集料，经坯料制备、压制成型、高压蒸汽养护而制成的空心率不小于35%的砖。蒸压粉煤灰空心砌块是指以粉煤灰、生石灰（或电石渣）为主要原料，可掺加适量石膏、外加剂和其他集料，经坯料制备、压制成型、高压蒸汽养护而制成的空心率不小于45%的砌块。

GB/T 36535—2018《蒸压粉煤灰空心砖和空心砌块》中对原材料粉煤灰的技术指标要求为应符合 JC/T 409—2016 的规定。

3.1.5 我国用于陶粒、陶瓷砖等陶瓷行业的粉煤灰相关标准

粉煤灰陶粒是以粉煤灰为主要原料（掺量占比85%左右），掺入适量石灰（或电石渣）、石膏、外添加剂等，经计量、坯料、成型、水化和水热合成反应或自然水硬性反应而制成的一种人造轻骨料。粉煤灰陶粒产品应满足 GB/T 17431.1—2010《轻集料及其试验方法　第1部分：轻集料》的品质要求。粉煤灰陶粒对原料粉煤灰的一般性要求见表3-8，不同粉煤灰陶粒的制造工艺技术和产品类型对粉煤灰的品质要求见表3-9。

表 3-8　　　　　　　　　　生产粉煤灰陶粒对粉煤灰的一般性要求

项目	质量要求	备注
含碳量	≤ 10%	当含碳量超过陶粒配合比中对炭的需求量时，焙烧时会产生过烧
细度	4900 孔 /cm² 筛筛余 < 40%	—
化学成分	一般不受控制，但希望 Fe_2O_3 含量 ≤ 10%；Na_2O 和 K_2O 含量高，SO_3 含量低	Fe_2O_3 还原产生的 FeO 起显著助熔作用，FeO 过多，会使焙烧温度减小，不利于焙烧控制；Na_2O 和 K_2O 在起助熔作用的同时，还可降低焙烧温度，使焙烧温度范围变宽，有利于焙烧控制
高温性质	高温变形温度为 1200 ～ 1300℃，软化温度为 1500℃	—

表 3-9　　　　　　　　　　粉煤灰陶粒不同工艺技术对粉煤灰的品质要求

工艺技术	细度	主要化学成分（%）	烧失量限值（%）	干、湿灰要求
回转窑工艺烧胀型	88 μm 筛筛余 < 30%	$SiO_2 > 45$；$Al_2O_3 < 30$；$Fe_2O_3 < 12$；$RO+R_2O > 8$	3	干、湿灰均可
回转窑工艺烧结型	88 μm 筛筛余 < 30%	一般不受限制，最佳：$Al_2O_3 < 25$；$RO+R_2O > 8$	5	干、湿灰均可
烧结机工艺国内技术	88 μm 筛筛余 < 40%	一般不受限制，最佳：$Fe_2O_3 < 10$；$CaO+MgO > 5$	10	干、湿灰均可
烧结机工艺引进技术	45 μm 筛筛余 < 45%；75 μm 筛筛余 < 15%	$SiO_2 < 50$；$Al_2O_3 < 8$；Fe_2O_3 约 12；$CaO+MgO$ 约 8	5	干灰

砂浆中掺入的粉煤灰主要有原装粉煤灰和磨细粉煤灰。使用前者配制砂浆，是目前国内应用比较广泛的一种方法；使用后者配制砂浆，可以代替较多的水泥和白灰膏，但磨细灰成本高。粉煤灰砂浆对原料粉煤灰的品质要求见表3-10。

表3-10   粉煤灰砂浆对原料粉煤灰的品质要求   %

项目	指标要求
细度（88 μm 方孔筛筛余量）	≤ 25
烧失量	≤ 15
三氧化硫	≤ 35
需水量	≤ 115

粉煤灰质陶瓷砖是指由粉煤灰、填土、长石和石英等无机原料为主要原料经成型、高温烧成等生产工艺制成的陶瓷砖。根据 GB/T 42350—2023《粉煤灰质陶瓷砖》要求，粉煤灰在粉煤灰质陶瓷砖的坯体原料中的质量分数不小于40%。

3.1.6　我国道路基建的粉煤灰相关标准

3.1.6.1　JTG/T 3610—2019《公路路基施工技术规范》

《公路路基施工技术规范》中规定用粉煤灰修筑公路路堤时，应采取相应的技术措施，做好断面设计、结构设计和排水设计，保证粉煤灰路堤有足够的强度和稳定性，在荷载作用和水温等自然因素的不利影响下，应能满足设计要求，并具有可供铺筑路面的坚实基础。粉煤灰路堤对粉煤灰的指标要求如下：

（1）用于高速公路、一级公路路堤的粉煤灰，烧失量宜小于20%，烧失量超过标准的粉煤灰应作对比分析，分析论证后采用；

（2）粉煤灰粒径，宜在0.001～1.18 mm之间，小于0.075 mm的颗粒含量宜大于45%，粉煤灰中不得含团块、腐殖质及其他杂质。

储运粉煤灰应符合下列规定：

（1）调节粉煤灰含水量宜在储灰场或灰池中进行；

（2）粉煤灰运输、装卸、堆放，应采取有效措施防止扬尘、流失与污染环境；

（3）储灰场地应排水通畅，地面应硬化，大的储灰场宜设置雨水沉淀池，堆场应安装洒水设备，防止干灰飞扬。

粉煤灰路堤压实度应符合表3-11的规定，压实度以 JTG E40—2007《公路土工试验规程》重型击实试验法为准，特别干旱或潮湿地区的压实度标准可降低1%～2%。

表3-11   粉煤灰路堤压实度标准   %

填料应用部位（路床顶面以下深度，m）		压实度	
		二级及二级以上公路	其他等级公路
上路床	0.0 ～ 0.30	≥ 95	≥ 93

填料应用部位（路床顶面以下深度，m）		压实度	
		二级及二级以上公路	其他等级公路
下路床	0.30 ～ 0.80	≥ 93	≥ 90
上路堤	0.80 ～ 1.50	≥ 92	≥ 87
下路堤	> 1.50	≥ 90	≥ 87

3.1.6.2　CJJ 1—2008《城镇道路工程施工与质量验收规范》

CJJ 1—2008《城镇道路工程施工与质量验收规范》中对粉煤灰用于道路路基材料进行了详细规定：

（1）粉煤灰化学成分中的 SiO_2、Al_2O_3、Fe_2O_3 的总量宜＞70%，在温度为700℃的烧失量宜≤10%。

（2）当烧失量＞10%时，应经试验确认混合料强度符合要求时，方可采用。

（3）细度应满足90%通过0.3 mm筛孔，70%通过75 μm筛孔，比表面积宜大于2500 cm^2/g。

石灰、粉煤灰、钢渣稳定土类基层的各混合料配合比见表3-12。

表 3-12　　　　　　　　石灰、粉煤灰、钢渣稳定土类混合料常用配合比　　　　　　　　　　%

混合料种类	钢渣	石灰	粉煤灰	土
石灰、粉煤灰、钢渣	60 ～ 70	10 ～ 7	30 ～ 23	—
石灰、钢渣、土	50 ～ 60	10 ～ 8	—	40 ～ 32
石灰、钢渣	90 ～ 95	10 ～ 5	—	—

3.1.6.3　JTG F30—2014《公路水泥混凝土路面施工技术细则》

用于路面混凝土面层的粉煤灰，根据 JTG F30—2014《公路水泥混凝土路面施工技术细则》，应满足表3-13中的Ⅰ、Ⅱ级粉煤灰的要求，不得使用Ⅲ级粉煤灰。贫混凝土、碾压混凝土基层或复合式路面下面层应该满足Ⅲ级或者Ⅲ级以上粉煤灰的要求，但不得使用等级外粉煤灰。

表 3-13　　　　　　　　路面混凝土面层对粉煤灰的技术要求

参数	Ⅰ级	Ⅱ级	Ⅲ级
细度（45 μm筛筛余量%）	≤ 12	≤ 20	≤ 45
烧失量（%）	≤ 5	≤ 8	≤ 15

参数		Ⅰ级	Ⅱ级	Ⅲ级
需水量比（%）		≤ 95	≤ 105	≤ 115
含水量（%）		≤ 1.0	≤ 1.0	≤ 1.5
Cl⁻（%）		< 0.02	< 0.02	—
SO_3（%）		≤ 3	≤ 3	≤ 3
混合砂浆活性指数（%）	7 d	≥ 75	≥ 70	—
	28 d	≥ 85	≥ 80	—

3.1.6.4 《客运专线高性能混凝土暂行技术条件》

根据《客运专线高性能混凝土暂行技术条件》（科技基〔2005〕101号），用于高铁高性能混凝土矿物掺合料的粉煤灰应满足表3-14所列技术要求。

表 3-14　　　　　　　高铁高性能混凝土矿物掺合料对粉煤灰的技术要求

参数	技术要求	
	C50 以下混凝土	C50 及以上混凝土
细度（%）	≤ 20	≤ 12
氯离子含量（%）	≤ 0.02	
需水量比（%）	≤ 105	≤ 100
烧失量（%）	< 5.0	< 3.0
含水量（%）	≤ 1.0	
SO_3 含量（%）	≤ 3.0	
CaO 含量（%）	≤ 10	

3.1.7　我国用于农用的粉煤灰相关标准

为防止农用粉煤灰对土壤、农作物、地下水、地面水的污染，保障农牧渔业生产和人体健康，我国生态环境部曾制定并实施了 GB 8173—1987《农用粉煤灰中污染物控制标准》，该标准适用于火力发电厂湿法排出且经过一年以上风化的、用于改良土壤的粉煤灰（见表3-15），但已于 2017 年 3 月 23 日废止。

表 3-15 农用粉煤灰中污染物控制标准值

项目		最高允许含量	
		酸性土壤（pH 值 < 6.5）	碱性土壤（pH 值 > 6.5）
总镉（mg/kg 干粉煤灰）	—	5	10
总砷（mg/kg 干粉煤灰）	—	75	75
总钼（mg/kg 干粉煤灰）	—	10	10
总硒（mg/kg 干粉煤灰）	—	15	15
总硼（mg/kg 干粉煤灰）	敏感作物	5	5
	抗性较强作物	25	25
	抗性强作物	50	50
总镍（mg/kg 干粉煤灰）	—	200	300
总铬（mg/kg 干粉煤灰）	—	250	500
总铜（mg/kg 干粉煤灰）	—	250	500
总铅（mg/kg 干粉煤灰）	—	250	500
全盐量与氯化物（mg/kg 干粉煤灰）	—	非盐碱土	盐碱土
		3000（其中氯化物 1000）	2000（其中氯化物 600）
pH 值	—	10.0	8.7

注 使用符合标准的粉煤灰时，每亩累计用量不得超过 30000 kg（以干灰计）。

3.1.8 我国用于填埋的粉煤灰相关标准

山西省为促进粉煤灰利用，发布了地方标准 DB14/T 1217—2016《粉煤灰与煤矸石混合生态填充技术规范》，标准适用于利用粉煤灰、煤矸石对露天矿坑、沟壑进行混合生态填充，为后续生态治理和生态恢复奠定基础的情形，不适用于基础设施建设等非生态治理的情形。该标准对填充方案、填充场地整治方案、填充材料、填充作业、填充工程管理、验收及评价等内容进行了要求。其中，露天矿坑为从敞露地表的采矿场采出有用矿物、或将矿藏上的覆盖物（包括岩石、土壤等）剥离后，开采显露矿层之后所形成的坑体；沟壑为自然形成的山谷、深沟；生态填充为采用粉煤灰、煤矸石等固体废弃物为填充材料对露天矿坑、沟壑进行填充并对填充后的区域实施生态恢复措施，重建生态的过程，如图 3-3 所示。填充材料须有合理的级配，确保能够实现立体堆积密实、抑制煤矸石自燃。粉煤灰宜占填充材料总质量的 20% ～ 40%。

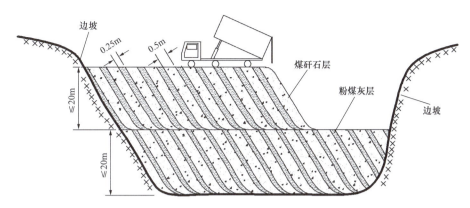

图 3-3 粉煤灰与煤矸石混合填充作业

3.2 美国粉煤灰相关标准

美国材料与试验协会（American Society for Testing Materials，ASTM）发布的标准 ASTM C618—2019《Standard Specification for Coal Fly Ash and Raw or Calcined Natural Pozzolan for Use in Concrete》对粉煤灰进行了分类，共分为 N、F、C 三类，具体的类别参数见表 3-16。

表 3-16   美国粉煤灰分类级别及指标

指标	级别		
	N	F	C
二氧化硅、三氧化二铝和三氧化二铁总质量分数（%）	≥ 70.0	≥ 70.0	≥ 50.0
三氧化硫质量分数（%）	≤ 4.0	≤ 5.0	≤ 5.0
含水量（%）	≤ 3	≤ 3	≤ 3
烧失量（%）	< 10.0	< 6.0	< 6.0
细度（45 μm 方孔筛筛余量，%）	≤ 34	≤ 34	≤ 34
强度活性指数（7d，%）	≥ 75.0	≥ 75.0	≥ 75.0
强度活性指数（28d，%）	≥ 75.0	≥ 75.0	≥ 75.0
需水量比（%）	≤ 115	≤ 115	≤ 05
安定性（膨胀收缩，%）	≤ 0.8	≤ 0.8	≤ 0.8
密度最大偏差（%）	5	5	5

美国材料与试验协会发布的标准 ASTM D5759—2012《Standard Guide for Characterization of Coal Fly Ash and Clean Coal Combustion Fly Ash for Potential Uses》，提供了推荐（可选择）的粉煤灰多种利用途径的适用性评估及检测方法，如图 3-4 所示。该标准主要涵盖了粉煤灰的吸收性、火山灰特性、胶结性、pH 值的调节性、受热性、稳定性和硬化性等特性。

除上述粉煤灰相关的基础标准外，ASTM 标准体系中涉及粉煤灰的标准及出版物较多，以下为部分关于粉煤灰的 ASTM 标准。

（1）与土壤应用相关。

ASTM D5239—2004《Standard Practice for Characterizing Fly Ash for Use in Soil Stabilization》

ASTM C593—2011《Standard Specification for Fly Ash and Other Pozzolans for Use With Lime for Soil Stabilization》

ASTM D7762—2018《Standard Practice for Design of Stabilization of Soil and Soil–Like Materials with Self–Cementing Fly Ash》

TABLE X1.1 Potential End Use[A]

Suggested Referenced Documents[B]	Waste Treatment	Hazard Waste Treatment	Soil Amendment	Soil Stabilization	Mineral Filler	Pozzolanic Liners	Slurry Wall	Cement Product	Concrete Product	Gypsum Product
USEPA SW846 Method 9100						X	X			
Specification C22/C22M			X			X		X		X
Test Methods C25	X	X								
Test Method C109/C109M	X	X				X	X		X	
Test Methods C110	X	X			X	X				
Test Methods C114	X	X	X	X				X		
Specification C150								X		
Test Method C191							X		X	
Test Methods C311					X	X			X	
Test Method C400	X	X	X							
Specification C593						X				
Specification C595								X		
Specification C602			X							
Specification C618									X	
Test Method D546					X					
Guide D1973						X				
Method D2795	X	X						X		
Test Method D3178								X		
Test Method D3683	X	X						X		
Practice D5239				X						
Practice E1266	X	X				X				

[A] The use of this table is meant to assist the purchaser in selecting applicable best procedures for a specified end use. It is suggestive only.
[B] Suggested documents are to assist in characterizing fly ash as a substitute for the subject materials of these documents.

图 3-4　ASTM D5759—2012 中涉及的各项标准

（2）与建材相关。

ASTM E1266—2012《Standard Practice for Processing Mixtures of Lime, Fly Ash, and Heavy Metal Wastes in Structural Fills and Other Construction Applications》

ASTM C1790—2015《Standard Specification for Fly Ash Facing Brick》

ASTM D5107—2013《Standard Practice for Preparatory Surface Cleaning of Architectural Sandstone》

ASTM E2277—2014《Standard Guide for Design and Construction of Coal Ash Structural Fills》

（3）与填料相关。

ASTM D242/D242M—2009《Standard Specification for Mineral Filler For Bituminous Paving Mixtures》

（4）与检测方法相关。

ASTM C311/C311M—2018《Standard Test Methods for Sampling and Testing Fly Ash or Natural Pozzolans for Use in Portland–Cement Concrete》

ASTM D7458—2014《Standard Test Method for Determination of Beryllium in Soil, Rock, Sediment, and Fly Ash Using Ammonium Bifluoride Extraction and Fluorescence Detection》

ASTM D4326—2013《Standard Test Method for Major and Minor Elements in Coal and Coke Ash By X-Ray Fluorescence》

3.3 欧盟粉煤灰相关标准

欧洲标准化委员会是一家以西欧国家为主体、由国家标准化机构组成的非营利性国际标准化科学技术机构，为欧洲三大标准化机构之一，宗旨在于促进成员国之间的标准化协作，制定本地区需要的欧洲标准（EN，除电工行业以外）和协调文件（HD）。

（1）BS EN450—1：2012《混凝土用粉煤灰　第1部分：定义、规范和合格标准》对欧盟地区粉煤灰的分类进行了规范，见表3-17。根据实际应用需求采取两种不同的分类依据：根据烧失量进行分类，即烧失量 ≤ 7.0% 为 A 类粉煤灰、烧失量 ≤ 9.0% 为 B 类粉煤灰、烧失量 ≤ 11.0% 为 C 类粉煤灰；根据细度进行分类，细度不超过 40%（0.045mm 筛筛余，且不超过 ±10% 偏差）的为 N 类粉煤灰，细度不超过 12% 的为 S 类粉煤灰。

表 3-17　　　　　　　　　　BS EN450—1：2012 对粉煤灰种类分类的依据

项目	指标
细度（45 μm 方孔筛筛余量，%）	≤ 45（N） ≤ 13（S）
烧失量（%）	≤ 7（A） ≤ 9（B） ≤ 11（C）
氯化物质量分数（%）	≤ 0.10
需水量比（%）	≤ 97（S）
游离氧化钙质量分数（%）	≤ 1.6
活性氧化钙质量分数（%）	≤ 11.0
三氧化硫质量分数（%）	≤ 3.5
碱金属盐质量分数（%）	≤ 5.5
磷酸盐质量分数（%）	≤ 5.5
二氧化硅、三氧化二铝和三氧化二铁总质量分数（%）	≥ 65
密度偏差（kg/m³）	≤ ±225
安定法（雷氏法，mm）	≤ 11
强度活性指数（28 d，%）	≥ 70
强度活性指数（90 d，%）	≥ 80

（2）EN197—1—2011《水泥　普通水泥的组分、规范和相符性标准》对用于水泥产品中粉煤灰的参数性质进行了如下规定。

1）一般情况下用于水泥的粉煤灰烧失量上限应控制在7%以内，但烧失量在7%～9%的粉煤灰也能接受。

2）对于硅质粉煤灰（V类，对应为我国F类粉煤灰），氧化钙反应物的比例应低于总量的10%，游离氧化钙的含量按照EN 451—1规定的方法不能超过总量的1.0%，活性二氧化硅反应物的含量不应低于总量的25%。

3）对于钙质粉煤灰（W类，对应为我国C类粉煤灰）：氧化钙反应物的比例不应低于总量的10.0%，含有总量10.0%～15.0%的氧化钙反应物的钙质粉煤灰应含有至少25%的活性二氧化硅反应物，含有超过总量15%的氧化钙反应物的钙质粉煤灰经过适当的研磨；依据EN 196—1的检测方法，粉煤灰应具有在28天至少10.0 MPa的抗压强度；粉煤灰在被研磨并经40 μm筛筛选后筛余量应为10%～30%；依据EN 196—3的检测方法，钙质粉煤灰的膨胀（安定性）不应超过10 mm；如果粉煤灰中SO_3的含量超过对水泥中硫酸盐含量被允许的最高限额（＜4.0%，个别水泥最高限制为4.5%），水泥制造商应注意并减少含有硫酸钙的组成成分的数量。

（3）除上述两个粉煤灰基础标准外，欧盟还发布实施了以下粉煤灰相关标准。

DIN EN 14227—3《Hydraulically bound mixtures – Specifications – Part 3: Fly ash–bound granular mixtures》

DIN EN 14227—14《Hydraulically bound mixtures – Specifications – Part 14: Soil treated by fly ash》

DIN EN 451—1《Method of testing fly ash – Part 1: Determination of free calcium oxide content》

DIN EN 451—2《Method of testing fly ash – Determination of fineness by wet sieving》

EN 450—2《Fly ash for concrete – Part 2: Conformity evaluation》

3.4　日本粉煤灰相关标准

由日本工业标准调查会（Japanese Industrial Standards Committee，JISC）制定的日本工业标准（Japanese Industrial Standards，JIS）是日本国家级标准中最重要、最权威的标准。JIS A6201—2015《用于混凝土的飞灰》对粉煤灰应用在混凝土中的类别及参数性质进行了规定，见表3-18。

表3-18　　　　　　　　　　　　日本标准中对粉煤灰的分类及规定

项目	I类	II类	III类	IV类
二氧化硅（%）	≥ 45.0			
水分（%）	≤ 1.0			
烧失量（%）	≤ 3.0	≤ 5.0	≤ 8.0	≤ 5.0

续表

项目		Ⅰ类	Ⅱ类	Ⅲ类	Ⅳ类
密度（g/cm^3）		≥ 1.95			
细度	45 μm 筛筛余（%）	≤ 10	≤ 40	≤ 40	≤ 70
	比表面积（cm^2/g）	≥ 5000	≥ 2500	≥ 2500	≥ 1500
活性度指数（%）	28d	≥ 90	≥ 80	≥ 80	≥ 60
	91d	≥ 100	≥ 90	≥ 90	≥ 70

3.5 国内外粉煤灰相关标准对比及对我国的启示

3.5.1 粉煤灰相关标准对比

（1）我国在粉煤灰方面制定的标准（建材行业）所涉及的指标范围和指标限值同国外发达国家或地区相比偏宽松，其中日本与欧盟最为严格，我国同美国处于同一水平。

（2）各国和地区粉煤灰的分类标准不尽相同，我国与美国主要以 CaO 含量为依据、日本以性能进行分类、欧盟以细度与烧失量为分类标准。分类标准以及不同种类标准值的差异性决定了最终的应用途径，相较而言我国与日本在不同类别粉煤灰的指标差异性更为明显。

（3）日本标准内容的设定更具有市场性和利用的时效性，且随着技术利用和市场要求，不断进行标准内容调整以便更好地推进固废的综合利用。

（4）以混凝土中粉煤灰的质量为例，表 3-19 列出了部分国家和地区粉煤灰的性能要求。可以看出，其粉煤灰的特性及用途所考察因素的侧重点不同，如欧盟对环保指标监控更严，因此增加了更多粉煤灰成分的指标；日本由于处于地震多发地带，因此更侧重强度参数。

表 3-19　　　　　　　　　　　混凝土用粉煤灰标准对比

项目	中国	美国	日本	欧盟
细度（45 μm 方孔筛筛余量，%）	≤ 12.0 ≤ 30.0 ≤ 45.0	≤ 34.0	≤ 10 ≤ 40 ≤ 70	≤ 45（N） ≤ 13（S）
烧失量（%）	≤ 5.0 ≤ 8.0 ≤ 10	≤ 10.0 ≤ 6.0	≤ 3.0 ≤ 5.0 ≤ 8	≤ 7（A） ≤ 9（B） ≤ 11（S）
需水量比（%）	≤ 95 ≤ 105 ≤ 115	≤ 115 ≤ 95	—	≤ 97（S）

项目	中国	美国	日本	欧盟
含水量（%）	≤ 1.0	≤ 3	≤ 1.0	—
三氧化硫质量分数（%）	≤ 3.0	≤ 4.0 ≤ 5.0	—	≤ 3.5
游离氧化钙质量分数（%）	≤ 1.0 ≤ 4.0	—	—	≤ 1.6
二氧化硅、三氧化二铝和三氧化二铁总质量分数（%）	≥ 50.0 ≥ 70.0	≥ 50.0 ≥ 70.0	—	≥ 65
二氧化硅质量分数（%）	—	—	≥ 45.0	≥ 25.0
氯化物质量分数（%）	—	—	—	≤ 0.10
活性氧化钙质量分数（%）	—	—	—	≤ 11.0
碱金属盐质量分数（%）	—	—	—	≤ 5.5
磷酸盐质量分数（%）	—	—	—	≤ 5.5
比表面积（cm²/g）	—	—	≥ 5000 ≥ 2500 ≥ 1500	—
密度（g/cm³）	≤ 2.6	5%（最大密度偏差）	≥ 1.95	≤ ±0.225（密度偏差）
安定法（雷氏法，mm）	≤ 5.0	≤ 0.8(膨胀收缩)	—	≤ 11
强度活性指数（28d，%）	≥ 70.0	≥ 75.0	≥ 60.0 ≥ 80.0 ≥ 90.0	≥ 70
	—	≥ 75.0	—	—
	—	—	≥ 70.0 ≥ 90.0 ≥ 100.0	≥ 80

（5）同样是用于混凝土中的粉煤灰，各个国家或地区的级别标准不同，其中美国与我国分为3类、欧盟按照不同的分类标准分为2类或3类、日本分为4类。分类越多，在综合利用过程中越具有针对性，因此日本在粉煤灰分类及综合利用中的处置工作更为细化。

（6）发达国家尤其是美国关于粉煤灰的标准体系建设较为齐全，而我国则只在传统的粉煤灰应用产业中有相关标准。

3.5.2 启示

（1）我国粉煤灰综合利用的标准体系并不完善，标准中所考察的指标应更能体现并且符合我国的自身特殊性。比如我国燃煤电厂烟气 NOx 排放浓度较发达国家低，并且烟道内的流场不均匀性也较国外严重，易造成氨量过喷，而烟气中的氨主要富集在粉煤灰中，灰中的氨会影响粉煤灰的品质并释放氨味。我国及各发达国家现代工程建设中大量使用的燃煤粉煤灰，都并未对其中的铵盐类物质的限值与测试方法进行规定。在混凝土中应用粉煤灰增加 Cl⁻ 等腐蚀性的指标，尤其针对参与到配筋的制品以避免腐蚀。

（2）由于我国粉煤灰的产量和综合利用率具有明显的地域区别，因此各地区的地方粉煤灰综合利用标准应该更加完善，制定更适合于本地区的地方标准。比如各地区探索最适合于本地区的粉煤灰综合利用途径的相关标准，指导本地区的粉煤灰综合利用。对于中西部地区，传统的建材应用途径正在逐渐缩窄，因此应在回填、土壤改良等可大宗应用的方面迅速制定相关的指导标准指导粉煤灰的综合利用。

（3）我国及国外在建材、基建等传统领域中标准均没有涉及对各类有害金属含量的考察，由于有害金属在粉煤灰中的存量较低且不富集、赋存形式多，所以通过有害金属的提取无法有效拓宽其综合利用途径和自身的性能，并且提取不具备经济性。通过在试点检测及评估粉煤灰中有害金属对当地土壤及地下水的影响，便可指导和规范粉煤灰在土壤及回填中的应用，从而影响政府对粉煤灰应用的决策。

（4）除制定相关粉煤灰在各领域的性能标准外，可参考美国 EPA 发布的评价粉煤灰在不同领域中应用适用性的分析评价标准，用于指导粉煤灰在不同领域内的应用。为了更好地指导粉煤灰的综合利用，应该将标准更为细化，并且将标准和综合利用统一起来，更好地指导标准的制定和粉煤灰的应用。

（5）我国现有标准体系只涉及建材、基建等传统利用途径，而在其他方面的应用，比如环保、回填、催化剂、功能性材料、农业等方面缺乏相应的标准，限制其他应用在我国的推广和标准化应用。因此各产灰、用灰单位、地方政府等应积极探索和完善适合自己的粉煤灰综合利用途径，待工艺或技术成熟后形成相应的应用标准，从而促进我国粉煤灰的综合利用。

国内外粉煤灰相关法律政策

4.1 我国粉煤灰相关法律政策

4.1.1 国家一般性法律及政策

我国涉及粉煤灰的一般法律法规主要有《中华人民共和国环境保护法》《中华人民共和国固体废物污染环境防治法》《中华人民共和国循环经济促进法》《中华人民共和国清洁生产促进法》等。

《中华人民共和国环境保护法》是环境保护的基础性、综合性法规，主要规定环境保护的基本原则和基本制度，明确了环境保护坚持保护优先、预防为主、综合治理、公众参与、污染者承担责任的原则。

《中华人民共和国固体废物污染环境防治法》提出，产生工业废弃物的单位应当建立、健全污染环境防治责任制度，采取防治工业固体废弃物污染环境的措施。

《中华人民共和国循环经济促进法》提出建立抑制资源浪费和污染物排放的总量控制制度，鼓励进行减量化、再利用、资源化活动。

《中华人民共和国清洁生产促进法》旨在通过明确工作职责、奖惩措施、法律责任等强化社会责任的履行，进而推动全社会从源头削减控制污染，提高资源利用效率，减少或避免生产、服务和产品使用过程中污染物的产生和排放，保护和改善生态环境，促进经济与社会的可持续发展。

2018年1月1日起施行的《中华人民共和国环境保护税法》是我国第一部推进生态文明建设的单行税法，将火电厂排放的固体废料粉煤灰设定在应税污染物的范围中，其环保税额为每吨25元。同时也规定纳税人综合利用的固体废物，符合国家和地方环境保护标准的，暂予免征环境保护税。自本法施行之日起，依照本法规定征收环境保护税，不再征收排污费。

2017年1月原环境保护部发布实施的《火电厂污染防治技术政策》（环境保护部公告2017年第1号）针对固体废物污染防治，提出了要求粉煤灰应遵循优先综合利用的原则；使用的专门存放场地应参照 GB 18599—2020《一般工业固体废物贮存和填埋污染控制标准》的相关要求进行管理；粉煤灰综合利用应优先生产普通硅酸盐水泥、粉煤灰水泥及混凝土等，其指标应满足 GB/T 1596—2017《用于水泥和混凝土中的粉煤灰》的要求。

4.1.2 粉煤灰综合管理办法

1994年原国家经贸委等6部门联合发布了《粉煤灰综合利用管理办法》（国经贸节〔1994〕14号），确立了坚持"以用为主"的指导思想，对粉煤灰综合利用项目在投资政策、建设资金方面给予支持，并实行减免税优惠政策支持。该管理办法发布实施以来，在国家产业政策引导、相关优惠政策以及科技创新资金的扶持下，极大推动了我国粉煤灰综合利用事业的发展，综合利用率由 1994 年的 35% 提高到 2011 年的 68%。

随着时间推移和社会发展，上述管理办法逐渐展现出弊端：我国粉煤灰产生量快速增加，综合利用面临的形势十分严峻；地区间的不平衡和利用领域的拓展需要宏观政策引导；该管理办法难以适应新的发展环境和新的相关政策文件；国家管理体制经历了两次机构改革，粉煤灰综合利用主管部门发生了调整。2013 年国家发展改革委等 10 个部门以联合令形式发布了新修订的《粉煤灰综合利用管理办法》，进一步界定了粉煤灰和粉煤灰综合利用的概念，指出了综合管理的要求和鼓励扶持的重点，国家对利用粉煤灰生产的商品粉煤灰的企业在缴纳企业所得税方面给予了一定的优惠政策，鼓励企业对工业废料粉煤灰进行综合利用。

相较于 1994 年的管理办法，新办法主要修订了以下内容。

（1）进一步明确了粉煤灰概念，在原有粉煤灰概念的基础上，进一步扩展为粉煤灰不仅包括锅炉烟气经除尘器收集后获得的飞灰，还包括燃烧副产物炉底渣。

（2）增加了全过程管理要求。①在常规燃煤电厂基础上，增加了煤矸石、煤泥综合利用电厂；②明确"新建和扩建燃煤电厂，项目可行性研究报告和项目申请报告中须提出粉煤灰综合利用方案，明确粉煤灰综合利用途径和处置方式"；③规定"新建电厂应综合考虑周边粉煤灰利用能力，以及节约土地、防止环境污染，避免建设永久性粉煤灰堆场（库），确需建设的，原则上占地规模按不超过 3 年储灰量设计"；④在建材领域大宗利用的基础上，增加了高铝粉煤灰提取氧化铝及相关产品等高附加值利用。

（3）进一步明确了管理部门职责。①明确了国家发展改革委作为粉煤灰综合利用组织协调和监督检查的牵头部门，各有关部门根据职能共同推动的协调和管理机制；②对省级管理部门提出相关要求，明确各省级资源综合利用主管部门牵头负责本区域粉煤灰综合利用管理，并建立完善粉煤灰综合利用数据信息统计体系。

（4）要求以省为单位编制粉煤灰综合利用实施方案，从电厂建设、粉煤灰堆存、运输和综合利用等方面予以统筹考虑，并纳入地方社会经济发展规划。

（5）与现行法律法规衔接一致。根据《中华人民共和国固体废物污染环境防治法》《中华人民共和国循环经济促进法》《中华人民共和国行政许可法》以及国务院相关法律法规，对粉煤灰堆放、运输、处置和利用规定进一步细化。

《粉煤灰综合利用管理办法》（2013 修订）从以下五个方面明确了鼓励支持政策。

（1）鼓励对粉煤灰进行以下高附加值和大掺量利用：发展高铝粉煤灰提取氧化铝及相关产品；发展技术成熟的大掺量粉煤灰新型墙体材料；利用粉煤灰作为水泥混合材并在生料中替代黏土进行配料；利用粉煤灰作商品混凝土掺合料等。

（2）鼓励在具备条件的建筑、筑路等工程中使用符合国家或行业质量标准的粉煤灰及其制品。

（3）用灰单位可以按照《国家鼓励的资源综合利用认定管理办法》（发改环资〔2006〕1864）有关要求和程序申报资源综合利用认定。符合条件的用灰单位，可根据国家有关规定，申请享受资源综合利用相关优惠政策。

（4）对粉煤灰大掺量、高附加值关键共性技术的自主创新研究，相关部门将给予一定支持。

（5）各级资源综合利用主管部门会同相关部门，根据本地区实际情况制定相应的鼓励和扶持措施。

4.1.3 粉煤灰优惠政策

1.《资源综合利用产品和劳务增值税优惠目录》

2015 年 6 月 12 日财政部、国家税务总局印发的《资源综合利用产品和劳务增值税优惠目录》（财税〔2015〕78 号）中规定，纳税人销售自产的资源综合利用产品和提供资源综合利用劳务（以下称销售综合利用产品和劳务），可享受增值税即征即退政策。具体综合利用的资源名称、综合利用产品和劳务名称、技术标准和相关条件、退税比例等按照《资源综合利用产品和劳务增值税优惠目录》（以下简称《目录》）的相关规定执行。《目录》中脱硫石膏属于废渣（化工废渣），粉煤灰属于废渣（其他废渣），粉煤灰综合利用产品和劳务对应的退税优惠政策见表 4-1。

为推动资源综合利用行业持续健康发展，2021 年财政部、税务总局发布《资源综合利用产品和劳务增值税优惠目录（2022 年版）》，在 2015 年版上增加了新的项目，修改了部分综合利用的资源名称、综合利用产品和劳务名称、技术标准和相关条件及项目退税比例，但修改内容不涉及粉煤灰相关行业。

表 4-1　　　　　　　　　　资源综合利用产品和劳务增值税优惠目录

目录序号	综合利用的资源名称	综合利用产品和劳务名称	技术标准和相关条件	退税比例
2.1	废渣	砖瓦（不含烧结普通砖）、砌块、陶粒、墙板、管材（管桩）、混凝土、砂浆、道路井盖、道路护栏、防火材料、耐火材料（镁铬砖除外）、保温材料、矿（岩）棉、微晶玻璃、U 型玻璃	产品原料 70% 以上来自所列资源	70%
2.2	废渣	水泥、水泥熟料	（1）42.5 及以上等级水泥原料 20% 以上来自废渣，其他水泥、水泥熟料的原料 40% 以上来自废渣。（2）纳税人符合 GB 4915—2013《水泥工业大气污染物排放标准》规定的技术要求	70%
2.5	粉煤灰、煤矸石	氧化铝、活性硅酸钙、瓷绝缘子、煅烧高岭土	氧化铝、活性硅酸钙生产原料 25% 以上来自所列资源，瓷绝缘子生产原料中煤矸石所占比例 30% 以上，煅烧高岭土生产原料中煤矸石所占比重 90% 以上	50%

2.《西部地区鼓励类产业目录》

为深入实施西部大开发战略，促进西部地区产业结构调整和特色优势产业发展，2014 年 10 月 1 日起施行《西部地区鼓励类产业目录》（国家发展和改革委员会令第 15 号）。国家税务总局印发《关于执行〈西部地区鼓励类产业目录〉有关企业所得税问题的公告》（国家税务总局公告 2015 年第 14 号）对设在西部地区以《西部地区鼓励类产业目录》中新增鼓励类产业项目为主营业务，且其当年度主营业务收入占企业收入总额 70% 以上的企业，自 2014 年 10 月 1 日起，可减按 15% 税率缴纳企业所得税。西部地区新增鼓励类产业在各省与粉煤灰有关产业如下。

宁夏回族自治区：高掺量粉煤灰建材制品生产，即粉煤灰 70% 及以上掺量生产烧结砖、85% 及以上掺量生产陶粒制品、25% 及以上掺量生产混凝土、30% 及以上掺量生产其他建材产品（水泥除外）。

贵州省：粉煤灰储运及利用成套设备制造。

重庆市：工业企业场址污染治理及修复技术研发及应用。

云南省：稀贵金属综合回收利用及深加工；高掺量粉煤灰建材制品生产，粉煤灰 70% 及以上掺量生产烧结砖、85% 及以上掺量生产陶粒制品、25% 及以上掺量生产混凝土、30% 及以上掺量生产其他建材产品（水泥除外）；新型保温隔热技术和材料开发及生产。

陕西省：新型混凝土（纤维混凝土、透水混凝土、植生混凝土、再生骨料混凝土、废橡胶粉混凝土）的开发及生产。

甘肃省：粉煤灰生产新型油田固井减轻剂；高掺量粉煤灰建材制品生产，粉煤灰 70% 及以上掺量生产烧结砖、85% 及以上掺量生产陶粒制品、25% 及以上掺量生产混凝土、30% 及以上掺量生产其他建材产品（水泥除外）。

内蒙古自治区：有机—无机混合肥料生产；沙生植物种植与加工。

3. 《关于资源综合利用及其他产品增值税政策的通知》

财政部和国家税务总局于 2008 年 7 月 1 日发布的《关于资源综合利用及其他产品增值税政策的通知》（财税〔2008〕156 号）中与粉煤灰相关规定内容如下。

（1）免征：生产原料中掺兑比例不低于 30% 的特定建材产品，比如砖（不含烧结普通砖）、砌块、陶粒、墙板、管材、混凝土、道路井盖、道路护栏、防水材料、耐火材料、保温材料、矿（岩）棉。

（2）即征即退：采用旋窑法工艺生产并且生产原料中掺兑废渣比率不低于 30% 的水泥（包括水泥熟料）。

（3）即征即退 50%：部分新型墙体材料产品，具体范围按《享受增值税优惠政策的新型墙体材料》执行。

《关于资源综合利用及其他产品增值税政策的通知》发布后，各地陆续反映一些垃圾发电和资源综合利用水泥适用政策问题。为促进资源综合利用，推动循环经济发展，财政部进一步发布《关于资源综合利用及其他产品增值税政策的补充的通知》（财税〔2009〕163 号），将财税〔2008〕156 号文件第三条第五项的规定调整为"采用旋窑法工艺生产的水泥（包括水泥熟料，下同）或者外购水泥熟料采用研磨工艺生产的水泥，水泥生产原料中掺兑废渣比例不低于 30%"。

4.1.4　典型地方粉煤灰相关法律及政策

4.1.4.1　山西省粉煤灰相关法律及政策

2021 年山西省十三届人大常委会第五次会议举行联组会议，为推进工业固废综合利用，推出三个优惠政策：①落实国家工业固废综合利用税收优惠政策，对利用粉煤灰、煤矸石等大宗工业固废生产的符合条件的电力、建材等产品享受增值税即征即退 50% 的税收优惠政策，在计算应纳税所得额时，减按 90% 计入当年收入总额；②支持资源综合利用重点项目建设，建立省级资源综合利用重点项目库，对入库项目持续推进，动态调整，推动工业固废综合利用重点项目建设；③对示范效应明显的重点项目予以财政专项资金支持，推动固废综合利用先进技术应用。

山西省工信厅为促进全省工业废弃物减量化、资源化、无害化，加快推进生产方式绿色化，于 2020 年印发《加大工业固废资源综合利用和污染防治 促进全省绿色转型高质量发展工作方案》（晋工信节能字〔2020〕243 号）：重点围绕山西省产出量大、堆存量多、环境影响重的煤矸石、粉煤灰、脱硫石膏、冶炼渣、金属尾矿、赤泥等大宗工业固废深入开展资源化利用、无害化处置；推进朔州、长治、晋城国家级工业资源综合利用基地建设，加快创建"两型"绿色园区；煤矸石、粉煤灰产出企业设临时性固废堆放场（库）的，原则上占地规模按不超过 3 年储存量设计，堆场（库）选址、设计、建设及运行管理应当符合相关要求，禁止建设永久性堆放场（库），工业固废产出企业须采取有效综合利用措施消纳煤矸石、粉煤灰等历史堆存固废。

山西省为加大对新型墙体材料企业的资金扶持，先后发布了《山西省人民政府关于加快发展新型墙体材料的实施意见》（晋政发〔2007〕20 号）及《关于进一步鼓励利用煤矸石、粉煤灰等废渣生产新型墙体材料的实施意见》（晋政办发〔2010〕26 号）等政府文件。在新型墙体材料专项基金基础上，山西省发展改革委每年从煤炭可持续发展基金中安排一定资金，用于扶持发展新型墙体材料项目。对列入国家和省新型墙体材料目录（晋政发〔2003〕15 号附件）、企业生产规模（单线年生产能力）和工艺达到国家产业政策要求的非黏土类产品，按照不超过新型墙体材料项目总投资的 10% 给予入股、补助或贴息支持。对具有高新技术含量、具有科技示范意义的资源废物综合利用项目，环保专项资金要给予适当的补助支持。

4.1.4.2 内蒙古自治区粉煤灰相关法律及政策

内蒙古自治区近几年来积极吸引先进技术、先进产业组织模式，科技创新能力日益增强，新产品不断涌现，现煤矸石、粉煤灰等大宗工业固废综合利用率达 43.7%。

1.《内蒙古自治区新兴产业高质量发展实施方案（2018～2020 年）》

到 2020 年，煤矸石、粉煤灰等大宗工业固废综合利用率达到 45%，积极争取国家在自治区布局高铝粉煤灰提取氧化铝项目，扩大产业化规模，降低氧化铝进口比例；鼓励利用粉煤灰、煤矸石、矿渣等大宗工业固废生产水泥、新型墙材、土壤改良剂、复合肥等。

2.《内蒙古自治区促进新型墙体材料发展办法》

2018 年 5 月 11 日自治区人民政府第 5 次常务会议审议通过《内蒙古自治区促进新型墙体材料发展办法》（内蒙古自治区人民政府令第 233 号）。本办法所称新型墙体材料，是指以非黏土为原料生产的，有利于节约土地和资源综合利用，有利于保护生态环境和提高建筑功能，符合建筑安全、质量和环保标准的墙体材料。旗县级以上地方人民政府及其有关部门应当发挥投资、税费、价格等政策的引导和调控作用，鼓励和支持新型墙体材料的研究、开发、生产和推广应用。鼓励科研机构、大专院校、企业和个人研究、开发科技含量高、拥有自主知识产权、节约能源和资源、有利于环境保护的新型墙体材料以及相关技术、设备和工艺，并按照国家规定享受优惠政策。对于符合国家、自治区产业政策的新型墙体材料生产企业，旗县级以上人民政府及其有关部门应当在规划、用地、财政等方面提供支持。

3.《呼包鄂榆城市群发展规划》（发改地区〔2018〕358 号）

实施方案规定：鼓励呼和浩特市、鄂尔多斯市与榆林市综合利用粉煤灰、煤矸石等工业废弃物，发展金属材料加工和新型建材产业。

4.《锡林郭勒盟粉煤灰综合利用管理暂行办法》

该办法于 2018 年 10 月 11 日正式实施，鼓励通过生态化处置、大掺量利用、高附加值利用相结合的方式对粉煤灰进行综合利用。

（1）生态化处置是利用贮灰场、经防渗处理的废弃矿坑对未进行综合利用的粉煤灰进行填埋后，完成生态治理。鼓励产灰企业所在地成立专业化处置公司，人民政府（管委会）组织相关部门确定填埋粉煤灰废弃矿坑，产灰企业、用灰企业、专业化处置公司自行协商后利用粉煤灰进行回填。产灰企业所在地人民政府（管委会）组织相关部门委托有资质的相关机构进行验收合格后，报环保部门备案。

（2）支持粉煤灰大掺量综合利用。产灰地区所在地政府投资的城乡基础设施建设项目，在技术指标符合设计要求及满足使用功能的前提下，必须全部使用粉煤灰综合利用产品。企业投资的城乡基础设施建设项目，在技术指标符合设计要求及满足使用功能的前提下，使用 30% 以上的粉煤灰综合利用产品。产灰企业所在地人民政府（管委会）应鼓励并支持交通运输部门在公路建设项目中利用粉煤灰修筑道路，达到公路行业规范技术标准后，可推广使用。在距离排灰单位 60km 范围内有粉煤灰供应的水泥企业、相关建材企业，产品生产工艺和技术要求允许掺用粉煤灰的，其产品必须掺用粉煤灰。支持技术成熟的大掺量粉煤灰新型墙体材料、利用粉煤灰作商品混凝土掺合料等综合利用。

（3）支持高附加值利用。积极开发加气混凝土砌块、装配式房屋模块、陶粒、粉煤灰磁化复合肥、防腐涂料等高附加值建材产品，扩大销售半径。建立高附加综合利用项目的立项、环评、生态、用地、用水等绿色审批通道，争取自治区电价政策支持，降低企业用能成本。粉煤灰综合利用收入占企业主营业务收入总额 70% 以上，按照《中华人民共和国企业所得税法》《西部地区鼓励类产业目录》（国家发改委令 2014 年第 15 号）相关规定执行。经盟级粉煤灰综合利用主管部门认定的粉煤灰综合利用项目，按照《锡林郭勒盟煤电基地特高压外送通道送出风光资源配置暂行办法》（锡党发〔2015〕1 号），配置相应风光资源。

（4）严格按照《中华人民共和国环境保护税法》有关规定，对排灰企业收取环境保护税；符合减免税条件的企业，可依法享受减税、免税优惠政策。对符合国家资源综合利用认定的企业，按照国家有关规定，给予增值税减免；对符合自治区资源综合利用认定的粉煤灰综合利用企业，按照《内蒙古自治区新兴产业高质量发展实施方案（2018～2020 年）》规定，享受新兴产业各项优惠政策。

4.1.4.3　江苏省粉煤灰相关法律及政策

1.《江苏省全域"无废城市"建设工作方案》

2022 年 2 月 10 日江苏省人民政府办公厅印发《江苏省全域"无废城市"建设工作方案》（苏政办发〔2022〕2 号），全域推进"无废城市"建设，全面提升城市发展与固体废物统筹管理水平：提高资源化综合利用水平，推动尾矿、粉煤灰、化工废渣等大宗固体废弃物综合利用基地建设，促进固体废物资源利用园区化、规模化和产业化；到 2025 年，建成 4 个以上大宗固体废弃物综合利用基地，基地废弃物综合利用率达到 75% 以上，基本实现固体废物管理信息"一张网"，固体废物治理体系和治理能力得到明显提升；到 2030 年，所有设区市均达到国家"无废城市"建设要求，大宗工业固体废物贮存处置总量趋零增长。

2.《江苏省"十四五"制造业高质量发展规划》

江苏省人民政府办公厅根据国家有关规划和《江苏省国民经济和社会发展第十四个五年规划和二〇三五年远景目标纲要》编制了《江苏省"十四五"制造业高质量发展规划》

（苏政办发〔2021〕51号），提出以高值化、资源化、减量化利用为方向，加快飞灰无害化资源化、钢渣、一般可燃工业固废等大宗固废处置利用技术研发。

3.《江苏省循环经济促进条例》

为了促进循环经济发展，提高资源利用效率，保护和改善环境，加快转变经济发展方式，实现经济社会可持续发展，根据《中华人民共和国循环经济促进法》和相关法律、行政法规，江苏省于2015年，制定了《江苏省循环经济促进条例》。该条例规定企业应当按照国家和本省的规定，对生产过程中产生的粉煤灰、煤矸石、尾矿、废石、废料、废气等工业废弃物以及城镇污水处理过程中产生的污泥进行综合利用；不具备综合利用条件的，应当委托具备条件的生产经营者进行综合利用或者无害化处理；利用废弃物生产的产品，应当符合国家有关产品质量的标准，相关产品应当标注生产原料来源。表4-2为江苏省其他发布的粉煤灰相关的政策法律及其相关的内容条款。

表4-2 江苏省发布粉煤灰相关政策

文件	发布部门	发布或施行时间	相关内容
《江苏省"十三五"节能减排综合实施方案》	江苏省人民政府	2017年6月5日	推动煤矸石、粉煤灰、工业副产石膏、冶炼和化工废渣等工业固体废弃物综合利用，积极创建国家工业废弃物综合利用产业基地。到2020年，工业固体废物综合利用率保持在95%左右。完善全省跨区域废物处置补偿等生态补偿制度
《江苏省发展新型墙体材料条例》	江苏省第十一届人民代表大会常务委员会第六次会议	2009年5月1日	鼓励利用煤矸石、粉煤灰、建筑渣土等无毒无害的固体废物以及江河淤泥开发、生产新型墙体材料，鼓励优先发展自保温墙体材料，逐步实现资源循环利用、清洁生产和建筑节能。企业生产经认定的新型墙体材料，按照国家有关规定享受税收优惠
《江苏省土壤污染防治工作方案》	江苏省人民政府	2016年12月27日	全面整治尾矿、含放射性废渣、煤矸石、工业副产石膏、粉煤灰、赤泥、冶炼渣、电石渣、铬渣、砷渣以及脱硫、脱硝、除尘产生固体废物的堆存场所，完善防扬散、防流失、防渗漏等设施。加强工业固体废物综合利用，落实国家资源综合利用的税收优惠政策，给予循环利用企业直接融资和信贷支持，开展园区内工业固体废弃物利用简化相关审批程序试点
《江苏省农业生态环境保护条例》	江苏省第十三届人民代表大会常务委员会第六次会议	2018年11月23日	提供给农业使用的城镇垃圾、粉煤灰和污泥等，必须符合国家有关标准。向农业生产者提供不符合国家有关标准的城镇垃圾、粉煤灰和污泥的，由农业农村行政主管部门给予警告，或者处以一千元以上五千元以下罚款
《关于加强商品粉煤灰质量监督管理的通知》	南京市发展和改革委员会	2008年8月15日	市发展和改革委员会、市质量技术监督局联合建立商品粉煤灰质量监督管理机制，依法加强对商品粉煤灰质量监督、管理。本市范围内粉煤灰综合利用企业，必须依法使用经质量检测合格的商品粉煤灰，并以此作为年终审核、认定粉煤灰综合利用企业和享受减免税、减免养路费等粉煤灰综合利用优惠政策的重要依据。市发展和改革委员会、市质量技术监督局等行政主管部门对建材产品和建筑工程等领域综合利用粉煤灰的监督检查中，发现使用不合格商品粉煤灰情况的，必须依法责令停止使用；情节严重、造成不良后果的，依法按有关规定进行处理

4.1.4.4 福建省粉煤灰相关法律及政策

1.《福建省推进绿色经济发展行动计划（2021～2025）》

为加快推进福建省绿色经济发展、加快构建绿色低碳循环发展经济体系，福建省推出《福建省推进绿色经济发展行动计划（2021～2025）》（闽政办〔2022〕42号），提出开展工业固废综合利用提质增效工程，推动工业固废按元素价值综合开发利用，加快推进粉煤灰、尾矿、冶炼渣等工业固废的规模化利用；加大大宗固废综合利用先进适用技术、装备研发和应用；支持大宗固废综合利用，推进新能源汽车动力蓄电池回收利用，支持示范项目列为省重点技改项目。

2.《福建省"十四五"战略性新兴产业发展专项规划》

根据《福建省国民经济和社会发展第十四个五年规划和二〇三五年远景目标纲要》编制《福建省"十四五"战略性新兴产业发展专项规划》（闽政办〔2021〕60号），重点阐明2021～2025年福建省战略性新兴产业重点领域和重点工程，提出加快突破工业固体废物协同处理处置及资源化利用关键技术，发展对火电、钢铁企业脱硫石膏、粉煤灰、钢渣等大宗固体废弃物的资源化综合利用技术装备。

3. 福建省实施"中国制造2025"行动计划

为贯彻落实"中国制造2025"，福建省制订此行动计划，旨在完善资源综合利用产业链，促进尾矿、废石、粉煤灰、废旧电子电器、废金属、废塑料等资源综合利用：到2020年，工业固体废物综合利用率达85%以上，建成100家循环经济示范企业、30个循环经济示范园区；到2025年，工业固体废物综合利用率达90%以上，建成200家循环经济示范企业、50个循环经济示范园区。

4.《福建省促进散装水泥发展条例》

该条例鼓励预拌混凝土和预拌砂浆生产企业在生产过程使用粉煤灰等工业固体废弃物；利用工业固体废弃物达到国家规定比例的生产企业，经依法认定后，可以享受资源综合利用增值税优惠。

5.《福建省发展应用新型墙体材料管理办法》

该办法规定对生产的原料中掺有不少于30%的煤矸石、石煤、粉煤灰、锅炉炉渣、冶铁废渣（不包括高炉水渣）以及其他废渣的，免征增值税。用本企业外的大宗煤矸石、炉渣、粉煤灰作主要原料生产的，自生产经营之日起，免征所得税五年。

4.2 日本粉煤灰相关法律政策

日本煤炭能源中心（JCOAL）在经济产业省的支持下，40多年来积极致力于促进日本国内粉煤灰的综合利用。目前JCOAL内设有粉煤灰综合利用专业委员会，并下设粉煤灰调查研究委员会、粉煤灰利用促进委员会、粉煤灰综合利用方针制定委员会、CCP高效综合利用委员会4个分会。日本政府在政策上对粉煤灰的堆放做出严格限制的同时，又对粉煤灰的综合利用给予了较大力度的倾斜与支持，督促并鼓励粉煤灰生产企业和利用企业进行技术研究开发和实际推广。

1. 相关法律

日本是粉煤灰综合利用率最高的国家之一，早在1968年日本政府颁发的《大气污染防治法》第2条中便规定：把燃煤废渣规定为飞灰及块状煤渣，赋予消费者有效利用的义务。

日本政府 1975 年正式批准将粉煤灰作为黏土代用品生产水泥，并于 1988 年批准将粉煤灰作为道路铺设材料。1991 年 4 月开始实施的《再生利用法》以及在此基础上修改扩充并于 2001 年颁布的《资源有功利用促进法》中，把燃煤废渣规定为特定副产物，规定业主有义务进行技术开发、设备改良，以便进一步提高特定副产物作为资源的循环利用率，加强了对提高燃煤废渣利用率的法律约束。1993 年出台的《环境基本法》，对燃煤废渣中的汞、有机磷化合物、铅等可能对土地、水源、空气形成污染的物质含量规定了严格的检测基准。2000 年 6 月开始实施的《循环型社会形成推进基本法》和 2005 年 4 月 1 日开始实施的《废弃物处理法》中规定：非法排放燃煤废渣的企业，应依法受到处罚和有清洗被污染现场使其恢复原状的义务。

2. 相关优惠政策

日本政府在政府文件《能源供给构造改革促进财政投资的税收制度》中关于粉煤灰的再生处理设备投资给予减税和退税的优惠：凡是用于将粉煤灰转化为水泥、混凝土等建筑材料或者排烟脱硫用脱硫剂的设备投资，从所得税或者法人税中减除相当于设备投资额 7% 的税额。另外，所得税税额的 30% 予以退税优惠。

日本开发银行对一般产业引进使用环保型煤炭利用设备（包括粉煤灰处理设备）的融资，给予高融资率（40%）和低利率（1.9%）的特别优惠。

日本政府对从事粉煤灰利用途径和相关技术的科学研究及技术开发活动，比如粉煤灰做水泥轻质骨料、高流动混凝土（比重小于 2.0）、路基碎石的替代品以及未燃尽炭素的分离技术等，给予相当于研究经费 6% 的减税待遇。

3. 其他

日本政府（建设省、运输省、厚生省、农林水产省、通产省）牵头，组织相关业界、社会团体和研究机构组成专业协会并召开联络会，定期交流情报、协调进度、组织合作、制定相关政策等。

随着粉煤灰产量逐年增加，为了加大对日本国内粉煤灰的利用强度，对日本工业标准（JIS）中有关粉煤灰的质量条款作了相应修改，重点在于对粉煤灰的品质等级进行细分，将原来的 1 个等级改为 4 个等级。一方面囊括了部分原来未列入等级的粉煤灰种类，扩大了粉煤灰的利用范围；另一方面，给粉煤灰利用者根据自己的需要进行品质选择提供了更为准确的依据。

4.3 美国粉煤灰相关法律政策

美国于 1976 年颁布了第一部关于煤燃烧产物的管理和应用条例——《资源保护和再生法》，对火电厂固体排放物的回收利用及堆放等内容做出明确且严格的规定，要求产灰的火电企业采取压实回填土覆盖等有效措施保证各类固废的堆放及利用不造成对环境的污染和危害。

经过长期的监管及环境评估，美国环境保护局（EPA）于 2014 年 12 月发布了一项最终裁决《Final rule: disposal of coal combustion residuals from electric utilities》，裁决确定粉煤灰在联邦层面被认定为"无害"废物，煤炭燃烧残留物（CCRs）列在副标题 D 而不是 C 类的危险废物。

2015 年美国 EPA 发布了《Coal Ash Disposal Rule》条例，旨在就安全处置燃煤发电厂的燃烧产物（CCPs）提供一套全面系统的规定。该法规确立了以下几条保护社区民众免受粉煤灰储存池泄漏污染和避免粉煤灰处理工程中造成的地下水污染和废气排放的保障措施。

（1）关闭不符合工程设计和结构标准的地面粉煤灰储存池和垃圾填埋场，并且不能再接收粉煤灰处理。

（2）要求对粉煤灰储存池的结构安全进行定期检查，降低发生灾难性故障的风险。

（3）限制地面粉煤灰储存池和垃圾填埋场的新建，特别是敏感地区，如湿地和地震区。

（4）要求监控、即时进行污染清理和关闭污染地下水的单表面粉煤灰储存池，保护地下水。

（5）保护社区采用扬尘控制减少风吹粉煤灰粉尘污染。

（6）限制新建，同时合理封闭不再接收煤燃烧残留物的地面粉煤灰储存池和垃圾填埋场。

美国前总统特朗普于 2018 年 7 月撤销了此前由民主党于 2015 年制定的《水质保护规定》（把粉煤灰置于美国环保局的监督之下，要求全美约 400 座火力发电站调查粉煤灰对水质的污染，关闭污染设施），放宽了对火力发电站产生的粉煤灰的废弃限制。

美国燃煤副产品的综合利用不高，处置方式以填埋为主，大宗利用则主要集中在建材及筑路等方面，但政府对于综合利用技术的研发和标准制定给予了足够重视。基于美国国内的粉煤灰利用途径现状，EPA 分别发布了燃煤电厂固废在以上两种不同应用领域内利用的可行性评估方法——《Methodology for Evaluating Encapsulated Beneficial Uses of Coal Combustion Residuals》和《Coal Combustion Residual Beneficial Use Evaluation: Fly Ash Concrete and FGD Gypsum Wallboard》，用于更好地指导固废在建材和填埋这两个领域的应用。

4.4 印度粉煤灰相关法律政策

印度电力部近期开发一款名为《Ash track》的手机应用软件用于促进国内粉煤灰的利用，一方面，用于监控印度全境的粉煤灰产生量及综合利用量；另一方面，向粉煤灰的供需两方提供交流的平台。

印度政府寻求科研机构推进粉煤灰在下列途径中的综合利用：土壤改良剂，含粉煤灰复合材料制作门、天花板、家具、地砖、屋顶等代替木材。

印度的环境和森林部同步颁布了很多针对粉煤灰的指令，并且对飞灰征收的税额由 18% 降至 5%，但是实施力度很弱。

4.5 国内外粉煤灰相关法律政策对比及对我国的启示

4.5.1 粉煤灰相关法律政策对比

（1）日本政府对一般产业引进使用环保型煤炭利用设备（包括粉煤灰处理设备）的融资，会给予高融资率（40%）和低利率（1.9%）的特别优惠，从而促进环保设备的普及和粉煤灰的综合利用，而我国及其他国家并无这方面的政策优惠。

（2）发达国家无论是政策调整还是标准制定上，都具有显著的灵活性，可根据市场及技术的情况及时进行调整，以便更好地促进粉煤灰等燃煤固废的综合利用及使用。

（3）参与程度上，美国粉煤灰的处置、利用以及协调工作和学术活动大部分是由民间机构——美国灰渣协会和美国电力科研院负责，而我国则是以政府为主导，各行业企业的研究单位、科研院所为技术研究单位，推进固废的综合利用。

（4）我国尤其是西部地区，政策引导性对于固废综合利用率影响巨大，往往一个政策就可显著提高或降低固废的综合利用率，一方面反映出我国固废综合利用的单一性，另一方面反映出我国固废利用对于政策的依存度过高。

4.5.2　启示

（1）产灰企业缺少主观能动性，被动追随政策。我国产灰企业的粉煤灰利用对政策依存度高，利用率的高低受制于政策的引导，相较而言企业在探索粉煤灰的综合利用途径上缺少足够的技术开发和推广主观能动性。各企业应积极主动做好前期的工艺调研，并且提供有利的数据及其他依据，与科研高校、政府共同推动本地粉煤灰的综合利用，实现环境与经济的双效益。

（2）现行政策大多是鼓励利用粉煤灰，缺乏强制性。建议政府在合适的地区及应用领域增加强制性使用粉煤灰的，尤其是在原材料较少或粉煤灰可替代的地区。比如山西省虽然早已颁布在全省城镇分步实施禁止生产使用实心黏土砖的通知，但部分地区由于经济因素在制砖时还是采用当地黏土替代使用粉煤灰。可参照内蒙古自治区锡林郭勒盟市出台的粉煤灰管理办法：企业投资的城乡基础设施建设项目，在技术指标符合设计要求及满足使用功能的前提下，使用 30% 以上的粉煤灰综合利用产品；在距离排灰单位 60km 范围内有粉煤灰供应的水泥企业、相关建材企业，产品生产工艺和技术要求允许掺用粉煤灰的，其产品必须掺用粉煤灰。

（3）固废利用信息不透明。日本和印度通过不同的途径将各产灰单位的粉煤灰产量及利用率进行公开或可被社会查询，接受社会公众的监督，从而提高各产灰企业利用粉煤灰的紧急性与积极性。

5

国内外粉煤灰综合利用途径

粉煤灰的综合利用途径主要集中在建材、化工、环保、农业、有价元素回收、分选等领域，图 5-1 所示为粉煤灰综合利用产业链。

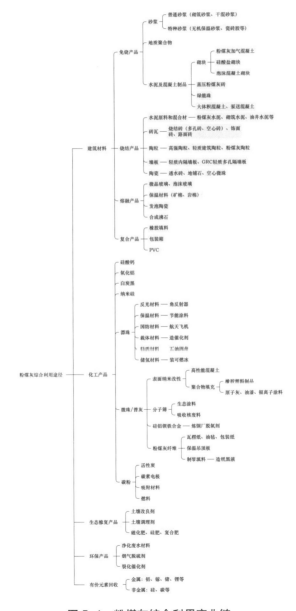

图 5-1 粉煤灰综合利用产业链

5.1 粉煤灰在建材行业的应用

5.1.1 粉煤灰水泥

粉煤灰应用于水泥主要有两种途径：一是取代黏土（掺入粉煤灰 10%～15%）当水泥原料（生料配料）；二是作为水泥的活性混合材料。2018 年我国水泥的产量约 21.8 亿 t，共消耗粉煤灰约 1.49 亿 t，占全年粉煤灰总利用量的 41.3%。

我国粉煤灰水泥主要包含粉煤灰硅酸盐水泥和粉煤灰矿渣两掺的复合水泥。凡是由硅酸盐水泥熟料、粉煤灰和适量石膏磨细制成的水硬性胶凝材料，均称为粉煤灰硅酸盐水泥，代号 P·F。GB 175—2023《通用硅酸盐水泥》对上述两种粉煤灰水泥及其余各类硅酸盐水泥的代号和组分要求进行了规范，见表 5-1、表 5-2。

表 5-1 普通硅酸盐水泥、矿渣硅酸盐水泥、粉煤灰硅酸盐水泥和火山灰质硅酸盐水泥的组分要求

品种	代号	组分（质量分数，%）				
			混合材料			
		熟料+石膏	主要混合材料			替代混合材料
			粒化高炉矿渣（矿渣粉）	粉煤灰	火山灰质混合材料	
普通硅酸盐水泥	P·O	80～<94	6～<20*			0～<5**
矿渣硅酸盐水泥	P·S·A	50～<79	21～<50	—	—	0～<8***
	P·S·B	30～<49	51～<00			
粉煤灰硅酸盐水泥	P·F	60～<79	—	21～<40	—	0～<5****
火山灰质硅酸盐水泥	P·P	60～<79	—	—	21～<40	

* 主要混合材料由符合 GB 175—2023 规定的粒化高炉矿渣（矿渣粉）、粉煤灰、火山灰质混合材料组成。

** 替代混合材料为符合 GB 175—2023 规定的石灰石。

*** 替代混合材料为符合 GB 175—2023 规定的粉煤灰或火山灰、石灰石。替代后 P·S·A 矿渣硅酸盐水泥中粒化高炉矿渣（矿渣粉）不小于水泥质量的 21%，P·S·B 矿渣硅酸盐水泥中粒化高炉矿渣（矿渣粉）不小于水泥质量的 51%。

**** 替代混合材料为符合 GB 175—2023 规定的石灰石。替代后粉煤灰硅酸盐水泥中粉煤灰含量不小于水泥质量的 21%，火山灰质硅酸盐水泥中火山灰质混合材料含量不小于水泥质量的 21%。

表5-2 复合硅酸盐水泥的组分要求

品种	代号	熟料+石膏	组分（质量分数，%）				
			混合材料				
			粒化高炉矿渣（矿渣粉）	粉煤灰	火山灰质混合材料	石灰石	砂岩
普通硅酸盐水泥	P·C	50～<79	21～<50*				

* 混合材料由符合GB 175—2023规定的粒化高炉矿渣（矿渣粉）、粉煤灰、火山灰质混合材料、石灰石、砂岩中的三种（含）以上材料组成。其中，石灰石含量不大于水泥质量的15%。

5.1.1.1 粉煤灰取代黏土制作水泥生料

水泥生料的配料一般都是石灰石、黏土、铁粉。粉煤灰因具备相似的化学成分，能替代黏土作为水泥生料的配料，且粉煤灰已经历高温的煅烧，节省了黏土熟化所需能量，同时含有的未燃尽炭有助于减少烧成用煤量和热耗。但利用粉煤灰替代黏土也存在下列不利因素：粉煤灰的利用成本高于黏土利用技术，经济上没有替代优势；粉煤灰比黏土粒度小，黏性低，下料速度快，难控制，造成生料质量波动较大，给配料带来困难；粉煤灰掺量偏高时，会出现生料磨烘干能力不足的现象。

2013年我国新修订的《粉煤灰综合利用利用管理办法》中提出鼓励"利用粉煤灰作为水泥混合材并在生料中替代黏土进行配料"。用作水泥生料的粉煤灰质量要求相对较低，理论上所有粉煤灰都能应用，但考虑到经济效益、生产工艺条件等因素，不同情况下对粉煤灰有相应的要求。

5.1.1.2 粉煤灰用作水泥混合材

粉煤灰用作水泥混合材的技术比较成熟，在粉煤灰水泥的生产中按照粉磨工艺可分为粉煤灰与水泥熟料共同粉磨和分别粉磨后再混合两种生产工艺。用作水泥混合材的粉煤灰，掺用量需要符合GB 175—2023《通用硅酸盐水泥》的要求，粉煤灰性质需要满足GB/T 1596—2017《用于水泥和混凝土中的粉煤灰》的要求。

（1）粉煤灰与水泥熟料共同粉磨。粉煤灰与水泥熟料共同粉磨是水泥厂普遍采用的工艺，其优势在于能够简化粉磨流程，且无需额外设备即可生产下列3种GB 175 2023规定的含粉煤灰硅酸盐水泥：可添加至少5%但不大于20%的普通硅酸盐水泥；可添加至少20%但不大于40%的粉煤灰硅酸盐水泥；与其他水泥活性混合料共同添加至少20%但不高于50%的复合硅酸盐水泥。粉煤灰掺量低于15%时可提高磨机效率，但超过20%则可能导致物料流速增快，降低粉磨效率和细度，进而影响水泥的需水量和早期强度。

（2）分别粉磨后再混合。当粉煤灰的添加比例较大时，采用先分别进行粉磨然后再混合的工艺更为合适。这种方法可以根据材料的特性来调整研磨介质的配置，从而提升粉磨的效率。此外，更细的粉煤灰虽能提高其活性和填充性能，但会增加能源消耗和生产流程的复杂性。

5.1.1.3 粉煤灰特种水泥

粉煤灰作为水泥工业的原料代替黏土和作混合材生产粉煤灰硅酸盐水泥外，根据粉煤灰物理化学特性和加入不同的外加剂，采用不同的工艺方法，可以生产出具有特殊性能的水泥，统称粉煤灰特种水泥。

1. 粉煤灰筑砌水泥

我国水泥厂普遍生产 325 号及以上水泥，因而存在用高标号水泥配置低标号的砌筑砂浆（20 ～ 100 号）的不经济现象。粉煤灰砌筑水泥的发展恰好可以填补低标号砌筑水泥（125 号～ 275 号）的需求，用粉煤灰配制的砌筑砂浆在稠度和黏性均可满足水泥性能要求。粉煤灰砌筑水泥可分为纯粉煤灰水泥、无熟料粉煤灰水泥、少熟料粉煤灰水泥和磨细双灰粉。

（1）纯粉煤灰水泥。纯粉煤灰水泥的生产方法有两种：利用化学成分比较稳定且氧化钙含量在 15% 以上的粉煤灰与适当的外加剂共同磨细到一定细度后直接制备质量比较好的纯粉煤灰水泥，该生产方法简便、成本低廉；利用人工增钙粉煤灰生产，即按一定比例在燃煤中配入石灰或石灰石，一起混合磨细后喷入锅炉燃烧，排出的粉煤灰再加入定量的石膏做激发剂，进行球磨即得成品。

（2）无熟料粉煤灰水泥。无熟料粉煤灰水泥又称石灰—粉煤灰水泥，是以粉煤灰（掺入占比 65% ～ 70%）为主要原料，配以适量的石灰（25% ～ 30%）、石膏（3% ～ 5%），有时加入部分化学外加剂或矿渣等，共同磨细而制成的水硬性胶凝材料。生产这种水泥不需要煅烧用的窑炉（见图 5-2），生产方法简单投资少，生成的水泥标号可达 225 号～ 275 号，可用来配置 25 号～ 50 号砂浆，也可用来生产蒸汽养护的非承重构件。无熟料粉煤灰水泥要求粉煤灰的活性越高越好，含碳量小于 8%，且必须是干灰。

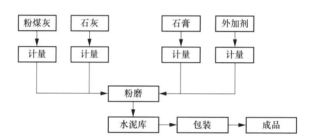

图 5-2 无熟料粉煤灰水泥生产工艺流程

（3）少熟料粉煤灰水泥。与无熟料粉煤灰水泥生产工艺大致相同，少熟料粉煤灰水泥也是以粉煤灰（掺入占比 65% ～ 70%）为主要原料，加少量熟料（25% ～ 30%）与石膏（3% ～ 5%），有时也加入部分石灰或部分矿渣，磨制而成的水硬性胶凝材料。水泥标号一般可达 275 ～ 325 号。由于用熟料代替了无熟料水泥中的石灰，水化产物与无熟料水泥不同，凝结硬化规律也不一样，但生产工艺大致相同。该水泥可用来配制 25 ～ 100 号砂浆及低标号（200 号以下）混凝土构件。少熟料粉煤灰水泥要求粉煤灰的活性越高越好，含碳量小于 8%，且必须是干灰。

（4）磨细双灰粉。将粉煤灰和石灰按一定比例磨细后制成的水硬性胶凝材料，一般用于砌筑砂浆和装修用灰等。

2. 低温合成粉煤灰水泥

低温合成粉煤灰水泥是将粉煤灰（掺入占比 70% 左右）和磨细的生石灰（有效钙含量在 70% 以上，石灰掺比 25% ～ 30%）及其他品种混合并加水消解后，经轮碾、成型、蒸汽养护、700 ～ 850℃低温煅烧，最后再加入 5% ～ 7% 石膏，共同粉磨制成的水泥。低温合成粉煤灰水泥标号可达 325 号，具有早期强度较好、水化热低等特点。生产这种水泥，从原料、配料直至蒸养成半成品，除原料和配合比不同外，其工艺与粉煤灰常压蒸养砖完全相同，故可利用粉煤灰蒸养砖的设备生产。低温合成粉煤灰水泥的烧成温度不宜超过 850℃，温度过高时蒸养过程中生成的主要水化产物立方晶型的水化铝酸三钙和高碱性的水化硅酸二钙能相互作用生成钙铝黄长石，致使水泥强度下降。

3. 粉煤灰彩色水泥

粉煤灰彩色水泥是一种经济实惠的中低档墙面装饰材料，是以低温合成粉煤灰水泥为基料，由大约 75% 的粉煤灰与少量激发剂混合，经过水热合成和低温煅烧成熟料后，再与石膏共同粉磨并加入颜料制成的新型水泥。

4. 粉煤灰喷射水泥

粉煤灰喷射水泥主要用于各种坑道、隧道、地下防空工程、水利水电地下工程等锚喷支护方面。粉煤灰喷射水泥是以低温合成粉煤灰水泥为主要成分，外掺约 30% 的硅酸盐水泥熟料，或掺入 40% 的普通硅酸盐水泥和适量的煅烧石膏共同粉磨制成的。粉煤灰喷射水泥生产工艺简单，粉煤灰用量大，产品性能良好，是粉煤灰资源开发利用的较为有效的途径之一。

5. 粉煤灰低热水泥

中国建材研究院研制的粉煤灰低热水泥是用粉煤灰（掺入占比 36%～52%）、矿渣（20%～36%）和少量硅酸盐水泥熟料（18%～20%）、硬石膏（10%）等配置而成，水泥标号可达 325～425 号，具有熟料用料少、粉煤灰产量多、水化热较低、微膨胀等特点。

5.1.2 粉煤灰混凝土

20 世纪中叶，美国俄马坝工程首次将粉煤灰应用于混凝土，开启了粉煤灰混凝土技术的新篇章。随后，我国于 50 年代开始研究主要应用于大坝和干硬性的混凝土。粉煤灰因其优异的胶结活性、低渗透率和水化热、高表面光洁度、可加工性、化学惰性等特性，成为混凝土工业中重要的矿物掺合料。粉煤灰可单独加入混凝土中，也可作为波特兰粉煤灰水泥的一种组分随水泥一同加入混凝土中。若用粉煤灰替代水泥单独掺入，必须对粉煤灰进行必要的检测，粉煤灰品质需满足 GB/T 1596—2017《用于水泥和混凝土中的粉煤灰》的各项指标要求（见表 3-4），且使用的水泥不能是粉煤灰硅酸盐水泥或复合硅酸盐水泥，粉煤灰的投加量根据 GB/T 50146—2014《粉煤灰混凝土应用技术规范》确定（见表 3-6）。当使用波特兰粉煤灰水泥生产混凝土时，对粉煤灰本身无具体要求，但波特兰粉煤灰水泥需要符合标准。通常在量大的商业混凝土配方中，粉煤灰掺量不超过 25%～30%。

5.1.2.1 粉煤灰喷射混凝土

喷射混凝土是借助喷射机械，利用压缩空气或其他动力，将按一定比例配合的拌合料，通过管道输送并以高速喷射到受喷面上凝结硬化而成的一种混凝土。与普通混凝土相比，喷射混凝土的凝结时间短、早期强度高、耐疲劳、高韧性，在铁路、公路隧道和边坡防治工程中得到广泛的应用。粉煤灰喷射混凝土已有的研究成果主要集中于研究粉煤灰掺量对喷射混凝土力学性能的影响，粉煤灰合理掺量介于 15%～30% 之间。

张露晨等为了解决现场喷射混凝土普遍存在强度低、喷层易开裂、回弹量大、粉尘浓度高等问题，在喷射混凝土中加入硅灰（8%）和粉煤灰（15%）替代水泥，制品的强度提高了 13.3%、回弹量降低了 14.1%、节省水泥用量 23%，有效节约成本，提高劳动强度，减少废弃物的排放。刘小飞等对粉煤灰喷射混凝土的最优掺量进行了研究，在养护 1 天后粉煤灰掺量为 6% 的喷射混凝土抗压强度最高为 23.1 MPa，在养护 7 天后，不掺粉煤灰的混凝土几乎都低于掺入了粉煤灰的抗压强度。丁莎等通过试验研究了喷射粉煤灰混凝土的微观结构和力学性能，指出养护龄期对喷射粉煤灰混凝土微观结构和力学性能影响大，且微观结构与力学性能之间存在密切联系，粉煤灰的最佳掺量为 20% 左右，超过此掺量喷射混凝土的抗压强度会降低。

5.1.2.2 粉煤灰泵送混凝土

粉煤灰因其具有改善混凝土流动性和可泵性的特性，在泵送混凝土中的应用已取得显著进展。刘海思等成功配制了 52% 掺量的 Ⅱ 级粉煤灰泵送混凝土，并将其应用于倾角 60°、长度 280m 的深斜井衬砌工程，不仅通过了工程质量验收，还突破了国内 Ⅱ 级粉煤灰高掺量（> 50%）应用的局限。马挺等通过使用 Ⅲ 级粉煤灰（掺量占比 25%）和石粉（16%）的双掺合技术成功制备了 C50 泵送混凝土，制品在坍落度、扩展度、压力泌水、排空时间以及抗离析性能等多个关键指标上表现优异。

5.1.2.3 粉煤灰碾压混凝土

我国的碾压粉煤灰混凝土应用研究开始于 20 世纪 80 年代，90 年代将其成功应用于高等级公路。国家"八五"攻关项目"路用碾压粉煤灰混凝土（FRCC）"专题研究表明，FRCC 不但强度高、路用性能好，而且节约水泥、造价低、施工速度快。

我国碾压混凝土坝所用碾压混凝土的胶凝材料平均用量 163.06 k/m^3，平均粉煤灰掺量为 55.46%，目前碾压混凝土大坝中主要采用 Ⅰ、Ⅱ 级粉煤灰。毕亚丽等通过对比试验研究发现，在碾压混凝土中，单掺粉煤灰相较于单掺天然火山灰或复合掺合粉煤灰和火山灰在胶材用量、耐久性、绝热温升和干缩变形等性能指标上具有更佳表现。在我国 329 号国家公路的建设中，使用粉煤灰替代了 33% 的水泥后的混凝土抗压强度可达到 46 MPa，且两年后的磨损率仅为 0.5 g/cm^2，显著低于普通混凝土的 0.73 g/cm^2。

5.1.2.4 粉煤灰加气混凝土

加气混凝土是一种新型建筑材料，具有轻质、强度利用率大、保温隔热性能好、抗渗透性能强、抗振能力强等优点，可用来建造住宅、商业构件和工业构件。粉煤灰可用来替代石英粉和黏结料生产加气混凝土，其中粉煤灰在加气混凝土总重中的占比最大可达 75%。粉煤灰加气混凝土制品是以粉煤灰、石灰、水泥、发气剂、气泡稳定剂、调节剂等原材料通过搅拌、浇筑、静停、切割、蒸压养护等工序制得。李华等研究表明粉煤灰加气混凝土由于其内部有大量的气孔，故而有良好的隔热保温性能，其导热系数是黏土砖块的 1/4 ～ 1/5，0.2 m 厚的加气混凝土墙可以达到 0.49 m 厚的普通实心黏土砖墙的保温效果。张志国等通过机械粉磨、添加安定剂和陈化消解的方法，改善了高钙粉煤灰的安定性，消除了高钙灰对蒸压制品的不良影响，研制了高钙灰掺量达到 55% 的 A3.5 B06 等级蒸压加气混凝土，产品满足国家建材标准 GB 11968—2020《蒸压加气混凝土砌块》的要求。杜鹏程采用水泥（4% ～ 6%）、石灰（15% ～ 18%）、粉煤灰（70% ～ 80%）、石膏（3%）、发泡剂（0.07%）、稳泡剂等研制出阻燃型粉煤灰加气混凝土，产品在受热 1000℃ 以下不会损失强度，具有一定的耐热性能，比普通加气混凝土和混凝土高得多；导热系数为 0.11 ～ 0.16W/（m·k），隔热保温性是红砖的 5 倍多，是传统加气混凝土的 1.2 倍。

5.1.3 粉煤灰砂浆

粉煤灰砂浆是利用粉煤灰取代部分（或全部）传统建筑砂浆中的水泥、石灰膏和砂等组分配制而成的砂浆，按用途分类可分为砌筑砂浆和抹灰砂浆。粉煤灰砌筑砂浆即在普通砌筑砂浆中掺加 15% ～ 20% 的粉煤灰，制品可节约 10% ～ 30% 水泥、10% ～ 50% 的砂，并且和易性好、裂缝少，便于施工操作。粉煤灰抹灰砂浆分为白灰型和水泥型两种，白灰砂浆即在石灰砂浆中掺合与白灰量相当的磨细粉煤灰，可节约 $50 \sim 100 \, kg/m^3$ 的白灰、$200 \sim 450 \, kg/m^3$ 的砂，同时防止抹灰面干缩裂缝；水泥砂浆即在水泥抹面砂浆中掺合与水泥量相当的磨细粉煤灰，既可以达到节省建筑主材水泥 $35 \sim 50 \, kg/m^3$ 的目的，又可以降低抹面工程的造价。

粉煤灰砂浆中掺用的粉煤灰主要有原状粉煤灰和磨细粉煤灰：前者配制砂浆可就地取材，只需要花费运输成本，是我国目前应用比较广泛的一种；后者配制砂浆可以代替较多的水泥和白石膏，但磨细成本较高，运输及储存也不如原状粉煤灰方便。砂浆对掺用粉煤灰的品质要求见表 5-3，其余参数需满足 GB/T 1596—2017《用于水泥和混凝土中的粉煤灰》的规定。

表 5-3　　　　　　　　　　　　砂浆对掺用粉煤灰的品质要求

参数	性能要求（%）
细度（80 μm 方孔筛筛余量）	≤ 25
烧失量	≤ 15
需水量	≤ 115
含水量	不规定
SO_3 质量分数	≤ 35

我国早在 1983 年就出台了《粉煤灰在混凝土和砂浆中的应用技术规程》，促进粉煤灰用于砂浆的工艺制备及粉煤灰砂浆产品的推广应用。徐州煤矸石综合利用研究所以粉煤灰、铸造废型砂和石粉等工业废渣，取代传统砂浆原料的部分水泥、大部分砂和全部的石灰膏，研制并生产出商品粉煤灰砂浆，其技术性能、早期强度、后期强度、保水性及和易性均优于传统的砂浆，完全达到 GB/T 203—2008《用于水泥中的粒化高炉矿渣》对砌筑砂浆的技术要求。吉林省建材工业设计院以粉煤灰和钙质石灰为主要原料，加入活性剂制成了适用于建筑砂浆的胶凝材料 FMS-A 型粉煤灰双灰粉，可以代替传统的石灰水泥混合砂浆，部分取代水泥砂浆，从而节约石灰和水泥用量。湖北金竹山电厂用粉煤灰、筛分炉渣、生石灰和适量外加剂、砂石为原料，研制生产了一种砂浆粉，用其进行混合砂浆的配制便于精确控制砂浆混合比，同时也可节约水泥和石灰。

5.1.4　粉煤灰砖

粉煤灰砖是以粉煤灰、石灰或水泥为主要原料，掺加适量石膏和集料经胚体制备、压制成型、高压或常压蒸汽养护或自然养护而成的砖体。相比于灰砂砖，粉煤灰砖的硅质材料为更具活性的粉煤灰，因此其养护方式不仅仅限于蒸压养护，更加灵活，并且耐久性更好。相比于混凝土砖，虽然两者都有水泥，但是粉煤灰砖水泥含量较少，且生产的地域适应性更强。

5.1.4.1 烧结粉煤灰砖

粉煤灰烧结砖是以粉煤灰和黏土为主要原料，再辅以其他工业废渣，经配料、混合成型、干燥及焙烧等工序而成的一种新型墙体材料（见图 5-3）。自 1964 年起，我国开始探索使用烧结粉煤灰砖，但直到 20 世纪 70 年代这种砖才真正投入生产。最初，生产过程中采用的塑性挤出工艺限制了粉煤灰的掺混比例，粉煤灰掺比通常不超过 25%。随着技术的进步，通过使用塑性更强的黏土和硬塑挤出工艺，粉煤灰的掺混比例得以提升至 45%。为了进一步提高粉煤灰的掺混比例，研究人员着手进行压制成型技术的研究，并成功将粉煤灰的掺混比例提高到 70% ～ 80%，但这同时对黏土的塑性提出了更高的要求。

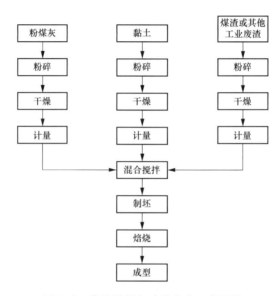

图 5-3　烧结粉煤灰砖的生产工艺流程

烧结粉煤灰砖对粉煤灰的性能要求不严，但粉煤灰的含碳量对烧结性能有一定影响。根据烧结粉煤灰砖掺灰量的多少，可分为低掺量（≤ 50%）烧结粉煤灰砖和高掺量（> 50%）烧结粉煤灰砖。粉煤灰是无塑性原料，粉煤灰的掺量随黏土塑性指数的提高而增多：每掺入 1% 粉煤灰，配合料的塑性指数降低 0.1% ～ 0.13%，因此当胶结材料（黏土、页岩等）塑性指数小于 7 时不能掺加粉煤灰；胶结材料塑性指数在 7 ～ 10 时，掺灰量应控制在 30% 以下；胶结材料塑性指数在 10 ～ 13 时，掺灰量应控制在 50% 以下；胶结材料塑性指数在 13 ～ 16 时，掺灰量应控制在 70% 以下。烧结粉煤灰砖的成型工艺主要有挤出成型工艺和半干压成型工艺两种：前者易于生产多孔砖和空心砖，产量高，但是当粉煤灰掺量大于 50% 时成型困难；后者能够较容易地使塑性较差原料成型，粉煤灰掺量可达 85% 以上，制品外观质量好但产量低。

我国生产的烧结粉煤灰砖包括普通实心砖、大块空心砖、普通空心砖、拱壳砖以及挤出瓦等，被广泛应用在工业厂房、烟囱、水塔、住宅、街道上。产品质量应符合 GB/T 5101—2017《烧结普通砖》的要求。烧结粉煤灰砖与普通黏土砖相比有如下优点。

（1）环保与资源节约方面。烧结粉煤灰砖的生产过程中，黏土的使用量减少了 40%。以每万块砖计算，可以节省 8 m³ 的黏土，这不仅有助于保护环境，也节约了土地资源。

（2）能源效率方面。与普通黏土砖相比，烧结粉煤灰砖在焙烧过程中的能耗更低。普

通黏土砖每万块需要消耗大约 0.7 t 的标准煤。而当烧结粉煤灰砖中的粉煤灰掺量超过 50%
且热值达到 2508 kJ/kg 以上时，几乎可以不使用煤炭进行焙烧，并且能够回收焙烧过程中的
余热进行人工干燥。

（3）建筑负荷方面。每块烧结粉煤灰砖的平均质量为 2.0 kg，比普通黏土砖轻 0.5 kg，
这有助于减轻建筑物的整体重量，从而降低对基础和结构的要求。

（4）生产效率方面。烧结粉煤灰砖在干燥和焙烧的周期上都比黏土砖要短，这意味着
生产效率更高，可以更快地满足市场需求。

（5）产品质量方面。烧结粉煤灰砖在耐久性方面表现出色，其力学性能与普通黏土砖
相当；烧结粉煤灰砖在保温隔热性能上优于普通黏土砖，同时具有更小的表面密度，这使
得它们在建筑应用中更加理想。

5.1.4.2　蒸压粉煤灰砖

蒸压粉煤灰砖是一种利用电厂粉煤灰、生石灰等碱性激发剂和可选的石膏、煤渣或水
淬矿渣等骨料，通过混合、搅拌、消化、轮碾、压制成型，并在蒸汽养护下固化的环保墙
体材料。蒸压粉煤灰砖可消耗大量的燃煤固废，1 亿块砖可消耗掉 18 万～ 20 万 t 粉煤灰和
炉渣，制品抗压强度可达 100 ～ 200 kg/cm²，满足承重墙体的要求。图 5-4 所示为蒸压粉煤
灰砖生产工艺流程。

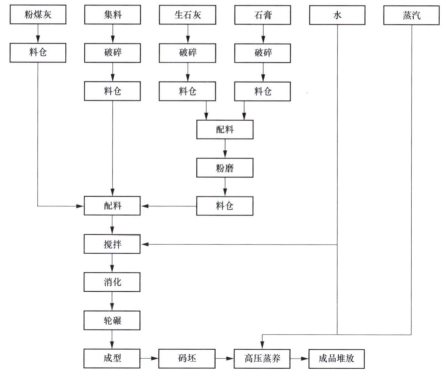

图 5-4　蒸压粉煤灰砖生产工艺

蒸压粉煤灰砖对配料的选择原则主要有：①应满足砖体的各项物理力学性能要求，特
别是强度和耐久性；②尽量选用石灰、石膏用量的下限，以降低产品成本和确保产品质量；
③应优先利用各种工业废渣和天然资源；④原材料种类宜少不宜多，一般粉煤灰与集料用

量比为 2 : 1 ~ 2.5 : 1，石膏用量为生石灰用量的 10% 左右。蒸压粉煤灰砖的一般配方见表 5-4。用于生产蒸压粉煤灰砖的粉煤灰应当符合 JC/T 409—2016《硅酸盐建筑制品用粉煤灰》、GB/T 36535—2018《蒸压粉煤灰空心砖和空心砌块》、JC/T 239—2014《蒸压粉煤灰砖》等相关标准的要求。

表 5-4 蒸压粉煤灰砖的原料配比

原料	粉煤灰	集料	生石灰粉	掺合料
配比（%）	50 ~ 75	10 ~ 35	10 ~ 15	3 ~ 5

5.1.4.3 免蒸免烧粉煤灰砖

免蒸免烧粉煤灰砖是近几十年开发出的新型墙体材料，是以粉煤灰为主要原料，用水泥、石灰及外加剂等与之配合，经搅拌、半干法压制成型、自然养护制成的一种砌筑材料。其生产工艺流程如图 5-5 所示。

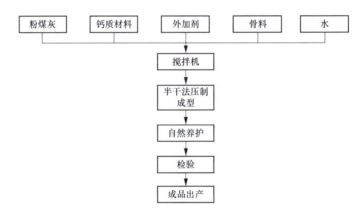

图 5-5 免蒸免烧粉煤灰砖生产工艺流程

粉煤灰在免蒸免烧粉煤灰砖中，一方面作为骨料起骨架作用，另一方面作为黏结料的一种组分，因此不仅要求粉煤灰的化学成分满足硅铝含量在 60% 以上，含碳量小于 15% 等，对于其细度还应根据试验结果加以确定，其他参数应满足 JC/T 409—2016《硅酸盐建筑制品用粉煤灰》的要求。制作免蒸免烧粉煤灰砖的粉煤灰宜采用干排灰，采用湿排灰时应把含水量控制在 25% 以下。

免蒸免烧粉煤灰砖以固化剂种类进行分类可分为水泥—外加剂系列（水泥掺量在 12% 以上，选用 425 号水泥）、水泥—石灰—外加剂系列（水泥、石灰用量占 12% ~ 15%）、石灰—外加剂系列（生石灰 + 石膏 + 掺配物约占 30%）。免蒸免烧粉煤灰砖比传统的压制烧结粉煤灰砖、蒸制粉煤灰砖的能耗低，粉煤灰掺量高（可达 80%），且不用黏土，设备投资少，生产成本低，便于小规模生产，生产工艺较为简单。免蒸免烧粉煤灰砖的规格和普通黏土砖相同，强度可达 15 MPa，各项性能可达到 JC/T 239—2014《蒸压粉煤灰砖》的要求，可用于填充墙、隔墙、园护墙等非承重墙，在一定构造措施下可作承重墙。

5.1.4.4 粉煤灰彩色地面砖

粉煤灰彩色地面砖是由底层和面层复合组成的，是以粉煤灰为原料（掺量占比 70%），以水泥、生石灰等为胶结料，以碎石、河沙为骨料，再辅以适量颜料、外加剂，经加工后按一定配合比计量加水搅拌、机压成型、自然养护等工艺而制成（见图 5-6），成品强度可达 20～40 MPa。粉煤灰彩色地面砖对粉煤灰化学成分要求不严格，含碳量在 12% 以下且含水量不应太高即可。

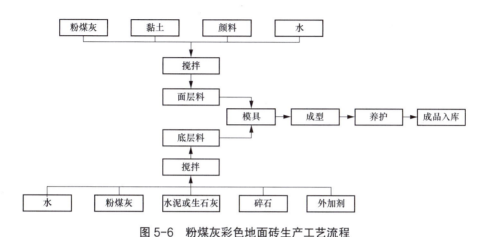

图 5-6　粉煤灰彩色地面砖生产工艺流程

5.1.5　粉煤灰砌块

粉煤灰砌块是指以水泥、粉煤灰、各种轻重集料、水为主要成分（也可加入外加剂）拌合制成的砌块，其中粉煤灰用量不应低于原材质量的 20%，水泥用量不应低于原材质量的 10%。我国利用粉煤灰研究生产的砌块主要有蒸养粉煤灰硅酸盐砌块、蒸压粉煤灰加气混凝土砌块、粉煤灰混凝土小型空心砌块、粉煤灰泡沫混凝土砌块等。

5.1.5.1　蒸养粉煤灰硅酸盐砌块

蒸养粉煤灰硅酸盐砌块是以粉煤灰、石灰、石膏为凝胶材料，以煤渣、高炉硬矿渣、膨胀矿渣等工业废渣或砂石等其他骨料为骨料，按比例配合，经加水搅拌、振动成型、常压蒸汽氧化制成的以硅酸盐为主要成分的墙体材料（见图 5-7）。生产蒸养粉煤灰硅酸盐砌块用粉煤灰以干排灰为好，烧失量应控制在 15% 以下，45 μm 筛筛余不大于 55%，SiO_2 含量不低于 40%，Al_2O_3 含量不低于 15%，其他参数应满足 JC/T 409—2016《硅酸盐建筑制品用粉煤灰》的要求。

蒸养粉煤灰硅酸盐砌块质轻、强度高、耐久性不亚于黏土砖，可用于使用年限为 50～100 年的多层民用与工业建筑的承重和非承重墙，也可用作框架结构的填充墙及围护墙。蒸养粉煤灰硅酸盐砌块对外界温度、湿度等比较敏感，不宜用于具有酸性侵蚀介质的建筑物、密封性要求较高的建筑物、有较大振动影响的建筑物。

5.1.5.2　蒸压粉煤灰加气混凝土砌块

蒸压粉煤灰加气混凝土砌块是一种由粉煤灰、水泥、石灰等原料配合铝粉发气剂，经过搅拌、浇注、切割和高压蒸汽养护制成的多孔轻质建筑材料（见图 5-8），具有轻质（0.5～0.7 g/cm²）、防火、高强度、低弹性模量、优良保温隔声效果及良好的可加工性等特性。蒸压粉煤灰加气混凝土砌块中粉煤灰所占比例一般为 60%～75%，每生产 1 m³ 蒸压粉煤灰加气混凝土砌块可利用粉煤灰 300～500 kg，粉煤灰的性质应满足 JC/T 409—2016《硅酸盐建筑制品用粉煤灰》的要求，蒸压粉煤灰加气混凝土砌块的品质应符合 GB 11968—2020《蒸压加气混凝土砌块》的要求。表 5-5 为蒸压粉煤灰加气混凝土砌块典型配方。

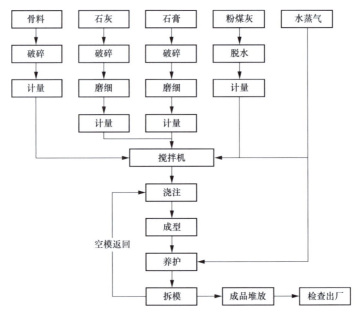

图 5-7　蒸养粉煤灰硅酸盐砌块生产工艺流程

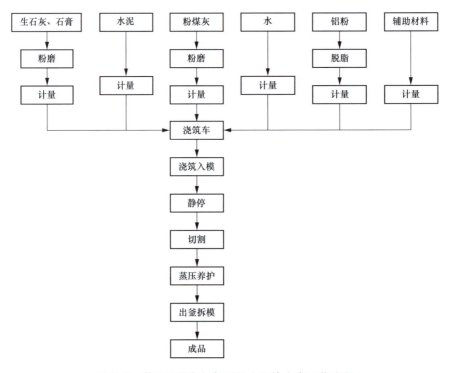

图 5-8　蒸压粉煤灰加气混凝土砌块生产工艺流程

表5-5 蒸压粉煤灰加气混凝土砌块典型配方

原料	粉煤灰	水泥	石灰	石膏	铝粉
配比（%）	65～70	7～10	15～19	3～5	0.07

蒸压粉煤灰加气混凝土砌块主要用于框架结构建筑的内、外墙，工业厂房的围护墙，普通建筑及3～5层民用建筑的承重墙体材料，寒冷地区的保温材料和地震区的防振材料。但该砌块的生产要求技术较高，需要大型钢模具、切割机、高压釜等设备，建厂投资较大。

5.1.5.3 粉煤灰混凝土小型空心砌块

粉煤灰混凝土小型空心砌块是一种使用粉煤灰、水泥、砂和石等原料加水搅拌后，通过振动或加压成型并经过自然或蒸汽养护制成的建筑材料，每立方米产品可回收利用50～80 kg粉煤灰。粉煤灰的性质应满足GB/T 50146—2014《粉煤灰混凝土应用技术规范》的要求。制得砌块的主要规格为390 mm ×190 mm×190 mm，孔洞率为35%～45%，抗压强度可达150 MPa，密度小，可用作民用和工业建筑的承重和非承重墙。

5.1.5.4 粉煤灰泡沫混凝土砌块

粉煤灰泡沫混凝土砌块是以粉煤灰（掺量占比67%～76%）、磨细石灰（21%～38%）、石膏（3%～5%）与泡沫剂（废动物毛或纸浆液等配制，泡沫产量不低于15 L/kg）为主要原料，经加水拌合成型后，根据具体条件选用自然养护、常压蒸养、蒸压养护等不同的养护手段而制成的一种新型轻质多孔墙体材料。由于泡沫剂的作用，在砌块内部形成许多小孔洞，因此密度较小（300～1200 kg/m³）且具有良好的保温、隔热、吸声和易加工等性能。粉煤灰泡沫混凝土砌块的抗压强度一般为7～10 MPa，有时为了加强粉煤灰泡沫混凝土砌块的强度，在生产中向浆体中加入外加剂，以便缩短砌块的初凝时间，增加泡沫的稳定性，使砌块内空隙分布更加均匀。粉煤灰泡沫混凝土砌块对粉煤灰的要求为含碳量小于10%，细度要求4900孔/cm²筛筛余量小于40%。

5.2 粉煤灰中有价元素回收

5.2.1 提取氧化铝

为解决我国铝资源短缺和依赖进口的困境，粉煤灰中丰富的铝资源提供了提取铝的新途径。粉煤灰中的氧化铝（Al_2O_3）和二氧化硅（SiO_2）主要以莫来石和石英的形式存在，Al-Si键结合很牢固，使粉煤灰活性很低，这一直是提取铝和硅的技术难点。提取Al_2O_3和SiO_2的实质是使莫来石中的Al进入溶液，Si进入渣中，实现Al和Si的分离后再分别提取。提取氧化铝要求粉煤灰中$SiO_2+Al_2O_3+Fe_2O_3$的总含量≥80%，且Al_2O_3含量≥35%。

我国利用粉煤灰提取Al_2O_3的研究起步较晚，为了实现粉煤灰的综合开发利用，国家发展改革委等部门对《粉煤灰综合利用管理办法》进行修订。我国科研院校、大中型企业也相继开展了高铝粉煤灰提取Al_2O_3技术的研究，并取得了不错的科研成果，部分工艺技术已经进入了工业化阶段或中试阶段，一定程度上可以缓解我国铝土矿资源短缺的现状，对增强我国铝产业可持续发展能力有重要的现实意义。我国开发的提取 Al_2O_3 的技术可分为酸法提取法和碱性提取法。

5.2.1.1 碱法提取氧化铝

1.石灰石烧结法

石灰石烧结法是最早提出的从粉煤灰中分离铝的研究方法。该方法与铝土矿烧结法生产氧化铝工艺相似，技术成熟，工艺和设备可靠性高，对原料的适应性强，易实现。石灰石烧结法是利用石灰或石灰石粉与粉煤灰配料后在 1300～1400℃ 下进行烧结，使存在于莫来石（$3Al_2O_3 \cdot 2SiO_2$）相中的铝转变成易溶于 Na_2CO_3 溶液的可溶性的铝酸钙（$12CaO \cdot 7Al_2O_3$）和不溶的硅酸二钙（$2CaO \cdot SiO_2$），然后通过浸出实现铝硅分离。石灰石烧结法主要包括烧结、熟料自粉化、浸出、碳分、煅烧等主要工序，其基本流程如图 5-9 所示。

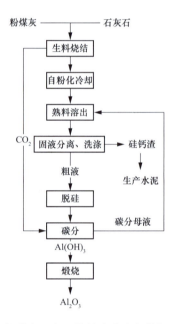

图 5-9　粉煤灰石灰石烧结法生产氧化铝工艺流程

Grzymey 教授利用粉煤灰和煤矸石为原料，以石灰烧结法联产氧化铝和波特兰水泥并投入工业化生产。内蒙古蒙西集团 1998 年在国内率先进行了粉煤灰提取 Al_2O_3 的研发工作，经过粉煤灰提铝机理研究、实验室试验、中试试验和小型工业化生产试验等，于 2004 年完成工业化生产试验。2013 年，内蒙古蒙西鄂尔多斯铝业有限公司采用石灰石烧结—拜耳法工艺建成年产 20 万 t 的 Al_2O_3 粉煤灰提铝项目一期工程，成为全国首条采用石灰石烧结法从粉煤灰提取 Al_2O_3 的工业化生产线。由于受技术、市场成本及原料等因素限制，该公司年产 20 万 t 粉煤灰氧化铝厂运行时有间断。直至 2017 年 2 月，20 万 t 粉煤灰氧化铝厂重启试车，后期顺利完成后进入稳定生产，过程中产生的废渣全部用于联产水泥熟料，形成了低成本、低排放、低污染的循环产业链。

石灰石烧结法烧结温度高、能耗高、石灰石消耗量大、物料流量大，属于渣增量的工艺流程，因此需配套水泥生产工艺流程，一定程度上增加了成本，而且水泥销售属于区域销售，受销售半径及经济制约，若不能及时消纳，则会造成更大量的固废堆积，对环境造成更严重的影响。

2. 碱石灰烧结法

碱石灰烧结法最早是由 Kaiser 公司开发的用于铝硅分离的一种烧结工艺（见图 5-10）。为解决石灰石烧结法存在的能耗大、副产渣量大的缺陷，可采用 NaOH、Na_2CO_3 等钠盐部分或全部替代石灰石作为烧结助剂，其烧结机理为：在低温阶段（1000℃以下），烧结钠盐和粉煤灰时可以生成化合物 $Na_2O \cdot Al_2O_3$，SiO_2 和 $Na_2O \cdot Al_2O_3$ 生成硅铝酸钠（$Na_2O \cdot Al_2O_3 \cdot 2SiO_2$）；在高温阶段（1000℃～1250℃），硅铝酸钠和 CaO 发生反应生成易于酸碱反应的铝酸钠和不溶物硅酸二钙，从而提取其中铝、硅等有价元素。

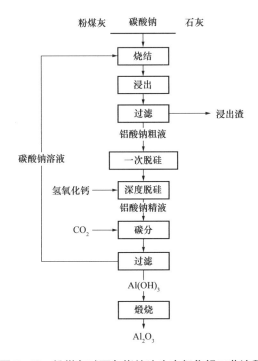

图 5-10　粉煤灰碱石灰烧结法生产氧化铝工艺流程

3. 预脱硅—碱石灰烧结法

预脱硅—碱石灰烧结法是在碱石灰烧结法基础上发展而来的，目的为降低 SiO_2 对烧结过程的影响，并降低硅钙渣的产生量，可将铝硅比由 0.8～1.0 提高到 1.6～2.0。高铝粉煤灰预脱硅工艺的理论基础为：煤粉炉高铝粉煤灰主要含铝物相为莫来石和刚玉，而含硅主要物相为莫来石、石英和无定形 SiO_2，其中无定形 SiO_2 总量占 40%～50% 且易溶于低浓度稀碱液，据此可以实现无定形 SiO_2 的脱除。蒋周青通过预脱硅处理可以脱除粉煤灰中42.13% 的二氧化硅，可以将其铝硅比从 1.3 提高到 2.9。Li 等通过预脱硅处理除去粉煤灰中 57.56% 的玻璃相二氧化硅，处理后的渣相中二氧化硅含量可以从 40.20% 降至 26.96%。脱硅后得到的含硅碱液被用来制备沸石产品，也可以用加钙处理的方式制备活性硅酸钙材料。

内蒙古大唐国际再生资源开发有限公司（鄂尔多斯准格尔）采用预脱硅—碱石灰焙烧

法提取 Al_2O_3 工艺（见图 5-11），设计建成了年产量 20 万 t 的 Al_2O_3 生产线，同时联产活性硅酸钙等产品。该项目于 2008 年兴建，2009 年建成，2010 年成功打通全流程，2013 年 10 月实现稳定运行，2014 年大唐集团"高铝粉煤灰提取氧化铝多联产工艺技术优化与产业示范"项目通过科学技术部验收，成为我国首个进入商业化阶段的高铝粉煤灰提铝项目。预脱硅工艺中硅提取率达 40.0%，Al_2O_3/SiO_2 比提高 1 倍。富硅滤液用于制备活性硅酸钙，可作为水泥生产的原料。该工艺 Al_2O_3 提取率可达 90%，Al_2O_3 产品达到冶金品位标准。

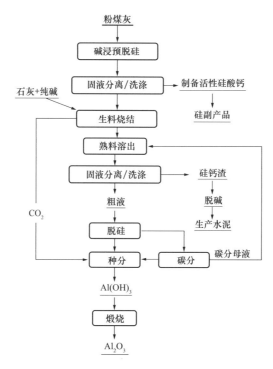

图 5-11　预脱硅碱石灰烧结法工艺流程

4. 亚熔盐法

中国科学院过程工程研究所摆脱"末端治理"的传统思维模式，从生产源头着手，开发了亚熔盐清洁生产技术。亚熔盐介质的定义为可以提供化学活性和高活度负氧离子的碱金属高浓度离子化介质，具有蒸汽压低、沸点高、流动性好等优良物化性质和活度系数高、反应活性高、分离功能可调等优良反应分离特性。粉煤灰在亚熔盐体系中，其稳定的含铝物相结构被破坏，铝元素被活化以 $NaAlO_2$ 的形式浸入到亚熔盐介质中，而绝大多数杂质进入渣中，实现铝与其他组分的分离，使传统烧结法中粉煤灰与 CaO 的固固烧结反应转变为粉煤灰与液态亚熔盐介质之间的液固反应，从而极大促进了固液两相传质，改善反应的动力学过程，强化 Al_2O_3 溶出反应，从而提高 Al_2O_3 溶出效率（浸出率可达 90% 以上）并降低能耗（见图 5-12）。亚熔盐法处理粉煤灰时 CaO 添加量是烧结法的一半，大大降低了尾渣量，而且尾渣经过脱钠处理后，可获得性能优异的硅酸—钙新材料。

丁健针对传统亚熔盐法一次高温溶出过程中耗能较高、高压蒸汽消耗量大、成本较高的问题，通过优化提铝技术，提出了高铝粉煤灰亚熔盐二段法提铝新技术。其工艺包括一段低温溶出和二段高温溶出两个溶出单元:一段低温溶出过程中得到溶出液中硅含量较低,故溶出液可直接蒸发结晶得到 Al_2O_3;溶出渣再用于二段高温溶出中,简化了工艺流程。通过工业化试验,获得了初步成功,在百吨级试验中,在钙硅比为 1.05 : 1.00,NaOH 浓度为 45%,260℃下反应 60 min 的条件下 Al_2O_3 溶出率达到了 93%。

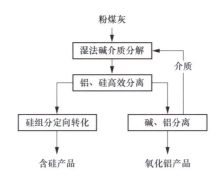

图 5-12 亚熔盐法高铝粉煤灰提取氧化铝技术路线

5. 水热活化法

水热活化法是根据粉煤灰矿物特性和化学组成特点所研究的一种工艺方法。该方法先将粉煤灰同适量的碳酸钠混合后煅烧活化,再将活化产物放到反应釜中,加入适量的 NaOH 溶液、CaO 进行高压水热反应,使其与粉煤灰霞石中的 SiO_2 形成水合硅酸钙钠;CaO 的加入有利于水合硅酸钙的生成,促使霞石彻底分解;铝以铝酸钠的形式进入溶液,进而实现铝和硅的分离;铝酸钠溶液蒸发结晶,再溶解,经过种分获得 $Al(OH)_3$,最后煅烧得到 Al_2O_3。董宏等采用高压水热活化法对预先烧制的粉煤灰进行碱溶实验,通过对溶出工艺的优化,达到 Al_2O_3 溶出率 95% 以上的效果。

5.2.1.2 酸法提取氧化铝

1. 盐酸浸出法

盐酸浸出法利用盐酸溶液对粉煤灰进行酸浸,得到 $AlCl_3$ 溶液后经过除杂(盐析结晶除杂、树脂除杂)、浓缩结晶得到 $AlCl_3$ 晶体,最后经过焙烧得到 Al_2O_3,HCl 气体经过回收、加水调节浓度后用于酸浸工序。该方法也可以先将粉煤灰粉碎后经湿法磁选除铁,然后将除铁后的粉煤灰与盐酸反应浸出 Al_2O_3。

神华准能资源综合开发有限公司于 2011 年 8 月建成了 4000 t/年的"一步酸溶法"粉煤灰提取 Al_2O_3 中试装置,Al_2O_3 溶出率达到 85% 以上,制备出的 Al_2O_3 产品纯度达 99.39%,达到国家冶金一级品标准。该方法的主要流程为:粉煤灰经过磁选除铁后与 HCl 溶液混合,将粉煤灰中的活性 Al_2O_3 转变为可溶的 $AlCl_3$;料浆经沉降分离后实现硅、铝分离;滤液经过树脂除杂系统除去铁和钙等离子后浓缩结晶,焙烧后得到 Al_2O_3 产品,如图 5-13 所示。

盐酸浸出法工艺流程短,可以实现白泥、镓、铁和 HCl 的回收利用,结晶 $AlCl_3$ 分解温度低,更为节能;缺点是对循环流化床粉煤灰提取率高,而对煤粉炉粉煤灰提取率偏低,且溶出过程选择性差,除杂工艺较为复杂,高温盐酸对设备材质和密封性要求较高。随着有效除杂技术、耐腐蚀关键设备、完善的气液固处理技术的开发,盐酸法的工艺成本将会大幅度降低,使其具有更强的市场竞争力。

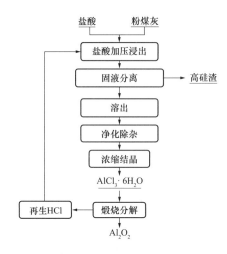

图 5-13　粉煤灰盐酸浸出法提取氧化铝工艺流程

2. 硫酸浸出法

硫酸浸出法是将粉煤灰细磨或细磨—焙烧活化后，于 200 ～ 300℃用浓度 90% 以上的浓硫酸浸出（铝浸出率可达 85%），随后对 $Al_2(SO_4)_3$ 进行除杂获得较为纯净的 $Al_2(SO_4)_3$ 晶体，再经过焙烧获得冶金级 Al_2O_3 产品，浸出渣为高硅渣，可用于碱浸进一步提取 SiO_2。其工艺流程如图 5-14 所示。

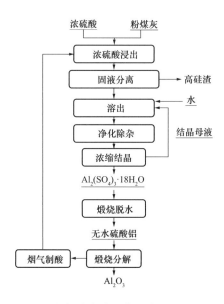

图 5-14　粉煤灰浓硫酸浸出生产氧化铝工艺流程

硫酸法虽然可以实现较高的 Al_2O_3 回收率，但面临硫酸盐溶液中杂质离子种类繁多带来的除杂精度要求较高的困难，以及对设备防腐要求极高的问题。Shi 等提出利用电解粉煤灰 H_2SO_4 浸出的方法，于阴极形成 $Al(OH)_3$ 沉淀，电解流出物为 H_2SO_4，可返回酸浸流程，为粉煤灰提取 Al_2O_3 提供了一条环境友好、高效的方法。

3. 浓硫酸烧结法

浓硫酸烧结法与硫酸浸出法相比耗酸量更小，通常情况下浓硫酸配比为理论反应量的 1.2 倍，且溶出后生成的硫酸铝铵溶液中硫酸量远小于浓硫酸浸出法。缺点在于烧结法中有酸性气体放出，对烧结设备的选择有一定要求且生产环境恶劣。北京科技大学的刘康具体研究了粉煤灰硫酸烧结法提取氧化铝，将研磨后粉煤灰与一定浓度硫酸按设定酸灰质量比在刚玉坩锅中混合均匀，然后加盖置于马弗炉中，升温至研究温度并保温一定时间；熟料取出破碎后按照一定液固质量比进行热水溶出，经液固分离后对溶出液进行空气两段协同氧化除铁，过程中加入中和剂；除铁后经过滤得除铁后液，对其进行蒸发结晶，得到晶体，并经煅烧得到 Al_2O_3。

4. 氟化物助溶浸出法

为改善原料中铝矿物的活性并提高浸出率，国内外普遍利用氟化铵（NH_4F）等氟化物助溶，促进硫酸或盐酸浸出法的铝浸出率。将粉煤灰溶于酸性氟化铵水溶液中，可破坏 Si–Al 键使硅铝网络结构活化后溶于水中，粉煤灰中的 SiO_2 和 NH_4F 反应生成了氟硅酸铵，使 Al_2O_3 从粉煤灰的内部溶出。然后 Al_2O_3 与烧碱反应，溶液经过除杂去除铁、钙等杂质，再经热解等后续步骤制得 Al_2O_3。图 5-15 所示为粉煤灰氟化物助溶酸法提取氧化铝流程。赵剑宇等采用氟化铵助溶浸出法从粉煤灰中提取氧化铝，提取率可达 97%。Tripathy 等首先利用水热法碱浸脱硅，随后用 $H_2SO_4 + NaF$ 对脱硅粉煤灰进行浸出，破坏莫来石相释放出 Al_2O_3，提取率可达 91%。

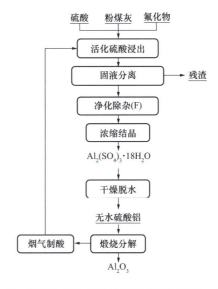

图 5-15　粉煤灰氟化物助溶酸法提取氧化铝工艺流程

此方法提取氧化铝只需在常温常压下操作，避免了高温烧结，降低能耗和成本，但助溶剂氟化物会对环境造成污染，且对容器的材质要求比较高。

5. 硫酸铵、硫酸氢铵烧结法

以硫酸铵烧结法为例（见图 5-16），将细磨后的粉煤灰与硫酸铵按比例混合得到生料，硫酸铵与粉煤灰中的氧化铝的重量比为 $4:1 \sim 8:1$，然后在 $400 \sim 600\,℃$ 焙烧，将粉煤灰中的铝转变成硫酸铝铵或硫酸铝形式，烧成熟料后用水或稀酸溶出，经液固分离得到硫酸铝溶液和高硅渣，硫酸铝溶液经氨水或氨气分解得到粗氢氧化铝和硫酸铵溶液，粗氢氧化铝洗涤后经拜耳法制备冶金级氧化铝，硫酸铵溶液浓缩结晶析出硫酸铵循环使用。

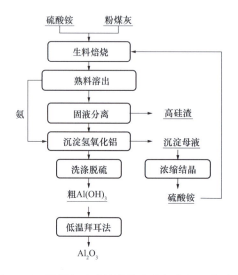

图 5-16　粉煤灰硫酸铵焙烧生产氧化铝工艺流程

相比于前述其他烧结法处理工艺，无需加钙固化 SiO_2 的硫酸铵法反应后产生的硅渣量低很多；相比于酸法，硫酸铵法对设备的腐蚀性也明显减弱；硫酸铵法生产过程中的得到的高硅副产物可以用于生产白炭黑等硅产品；硫酸铵焙烧法的流程较短，氨可循环使用，残渣量少，设备腐蚀小，氧化铝回收率达到 85% 以上。

硫酸铵焙烧因需要配入大量硫酸铵，导致焙烧、浸出及浓缩结晶等工序的物料流量大，能耗高。而且硫酸铵焙烧副反应多，要求温度范围窄，操作控制困难，焙烧过程中铁等杂质也转变为水溶性的硫酸盐，导致浸出液成分复杂，需要进一步提纯。由于主要工序都处于氨性体系，存在氨泄漏导致的作业环境污染，以及氨氮废水、废渣的难处理问题。

5.2.2　提取氧化硅

粉煤灰中含有大量的硅，其含量一般在 50% 左右，其中非晶态 SiO_2 可通过预脱硅去除，其余的 SiO_2 主要以莫来石（$3Al_2O_3 \cdot 2SiO_2$）和石英（SiO_2）的形式存在，其中的 Al—Si 键结合很牢固、性质稳定、活性很低，常规条件下不与酸碱反应，在提 Al 过程中这部分 Si 元素会残留在固相硅钙渣中，造成大量硅资源的浪费和二次污染。

目前粉煤灰中非晶态硅的主要提取工艺有碱浸法、酸浸法。

1. 碱浸法

1940 年 Purdon 首先采用氢氧化钠及碱金属盐作为激发剂，加入高炉矿渣中，制得矿渣无熟料水泥。20 世纪 50 年代末，苏联 Glukhovsky 等使用氢氧化钠加入到由碎石、锅炉渣及高炉矿渣的混合物中，成功制备出了高强度胶凝材料。采用碱浸法的主要工艺流程如图 5-17 所示，利用 NaOH 溶液浸泡粉煤灰，使其中的非晶态 SiO_2 与 NaOH 发生反应转变为 Na_2SiO_3，从而实现粉煤灰中的硅铝分离，同时反应残留物中铝硅比的显著提高亦有利于后续 Al$_2$O$_3$ 的提取。碱浸法可以有效提取粉煤灰中的非晶态硅，尽管 NaOH 可以循环回收，但其消耗量依然偏高，而且对反应过程精度要求较高。

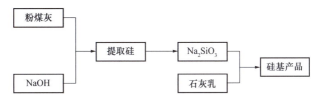

图 5-17 碱浸法提取粉煤灰中非晶态硅的工艺流程

2. 酸浸法

酸浸法工艺流程如图 5-18 所示，粉煤灰经研磨、焙烧或加入助剂（如氟化铵、碳酸钠）等手段活化处理，再使用强酸（如硫酸，盐酸）溶液浸泡粉煤灰，使得硅铝分离，从而达到提取非晶态硅，联产氧化铝的目的。

图 5-18 酸浸法提取非晶态硅的工艺流程

5.2.3 提取镓

粉煤灰中不仅含有 Al$_2$O$_3$、SiO$_2$，还有少量的镓（Ga）、锗（Ge）等稀有金属。镓主要存在于粉煤灰非晶相或 SiO$_2$-Al$_2$O$_3$ 玻璃体内。因镓的性质特殊，地壳中不存在以其为主要成分的矿物质，主要是与其他矿物共生，提取相对较困难。粉煤灰中大部分的镓以自有的氧化物存在，少部分以类质同象的形式存在于矿物里面，还有的包裹在 Si-Al 四面体中。将镓从粉煤灰中浸出是从粉煤灰中提取镓的关键，我国镓提取路线大致分为酸法和碱法两种途径，可从粉煤灰生产 Al$_2$O$_3$ 过程的浸出液中经过多次富集、电解得到高纯度的金属镓，一般酸法的提取率为 95% ~ 95%，碱法为 60% ~ 86%。国外提取镓的方法有还原熔炼—萃取法和碱熔—碳酸化法。

5.2.3.1 直接碱浸法

直接碱法浸出是采用 NaOH、Ca（OH）$_2$ 等碱性溶剂作为浸出介质与粉煤灰反应，粉煤灰中的镓与碱溶剂反应生成镓酸钠（NaGaO$_2$）。由于不同粉煤灰物相组成和镓赋存形式的不同，碱浸效率也有所不同，循环流化床（CFB）粉煤灰和整体煤气化联合循环发电（IGCC）粉煤灰中镓的浸出率较高，而煤粉炉（PC）粉煤灰中镓的浸出率较低。

Font 等和 Arroyo 等考察了 IGCC 灰中镓的浸出行为，发现用 0.5 mol/L 的 NaOH 浸出，镓浸出率达到 60% ~ 86%。张丽宏等考察了用 NaOH 直接浸出煤粉炉粉煤灰，当 NaOH 浓度为 5 mol/L 时，镓的浸出率仅为 22%，提高碱浸温度可以促进镓的浸出，但当碱浸温度超过一定限度时，粉煤灰中浸出的 Al$_2$O$_3$ 与 SiO$_2$ 开始大量与 NaOH 反应，生成副产物羟基方钠石，导致镓的浸出率下降。

5.2.3.2 直接酸浸法

酸浸法利用了镓及其盐容易与强酸反应生成可溶性盐，在一定条件下（高温、高压）将镓浸出到酸溶液中，粉煤灰中的硅、钛等进入白泥，然后过滤除去固体杂质。与碱法浸出技术相比较，酸法可用于浸出铝硅比低的粉煤灰或其他矿物，提取成本低、产品纯度高、产生的废渣少，但是容易产生一些污染性气体，并且对设备的防腐要求极高。该方法主要用于循环流化床粉煤灰的浸出。研究表明，酸的种类对镓的浸出率影响较大，溶出率由高到低依次为盐酸、硫酸、硝酸。硫酸浸出法中粉煤灰表面会生成 $CaSO_4$ 沉淀，阻塞在粉煤灰颗粒浸出区域，成为阻碍粉煤灰中铝、镓浸出的首要因素。

神华集团自主研发了循环流化床粉煤灰"一步酸溶法"（见图 5-19）生产氧化铝、镓等产品，盐酸浸出工艺流程短、技术条件宽泛、易于实现工业化，在整个过程中不使用任何助溶剂，成渣量较低，白泥进行无害化及资源化处理技术，产生的 HCl 气体和冷凝水均可回收循环使用，镓的浸出率达到 80% 以上。

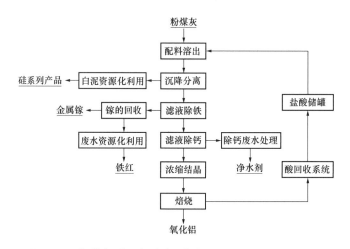

图 5-19　粉煤灰"一步酸溶法"提取镓和氧化铝工艺流程

5.2.3.3 助剂活化浸出法

由于煤粉炉粉煤灰中莫来石、石英等晶相化学结构稳定，不易和酸碱反应，因此在直接酸浸和碱浸时镓的浸出率较低。为了进一步提高煤粉炉粉煤灰中镓的浸出率，可通过在活化过程中加入化学助剂以打破晶相中 Al-O-Si 的稳定结构，通过矿相重组形成具有较高反应活性的新物相，从而提高镓的浸出率。活化过程常用助剂类型有钙助剂（如 CaO、$CaCO_3$ 等）和钠助剂（如 Na_2CO_3、Na_2O、$Na_2S_2O_7$ 等），其中以 Na_2CO_3 研究最为广泛，经 Na_2CO_3 助剂活化后粉煤灰中镓的浸出率可达到 90% 以上。

5.2.4　提取锗

从粉煤灰中提取锗的方法有：沉淀法、萃取法、氧化还原法、碱熔-中和法、氯化蒸馏法等。

5.2.4.1　沉淀法

沉淀法主要是利用强酸性溶液（pH < 2）中锗可与沉淀剂（如单宁及其衍生物、氧化

镁和硫化物等）反应生成各种锗酸盐的沉淀物（如单宁锗、锗酸镁、硫化锗和硫化锗酸盐等），达到锗与其他杂质分离的目的。沉淀法的选择性高，可达到富集锗的目的，但单宁锗沉淀在过高的酸度和温度条件下会溶解，且溶液中的 Fe^{3+}、Zn^{2+} 也会与单宁酸形成沉淀，从而影响锗的纯度。

5.2.4.2　萃取法

萃取法是通过萃取剂萃取锗来实现锗的提取，常见的萃取剂有胺类萃取剂、α–羟肟萃取剂（LIX–63）、单烷基磷酸萃取剂（P204）、C_{7-9} 异氧肟酸（YWl00）、7–烷基–8–羟基喹啉萃取剂（kelex–100）、二酰异羟肟酸萃取剂（DHYA）、十三烷基叔碳异氧肟酸（H106）、复合萃取剂等。其中 kelex–100 和 LIX–63 萃取剂萃取锗的选择效果最好，但这两种萃取剂都需要在高酸浓度条件下进行，合成、使用条件均较为苛刻，且主要依赖进口，萃取成本较高。我国主要采用 H106、YWl00、DHYA 萃取剂从低酸度粉煤灰浸出液中提取锗，提锗后的灰渣还可以用酸法提取铝及其他相关产品。

5.2.4.3　氧化还原法

氧化还原法是将粉煤灰处理后使锗以 GeO_2 的形式存在，再经还原和化学处理得到锗。先将粉煤灰进行分选，以尽可能去除非锗的化合物；将处理后的粉煤灰制成小球，并放入氧化性气氛的炉中直接加热，去除易挥发的砷、硫元素化合物，而锗则以 GeO_2 的形式留在粉煤灰中；在还原性气氛下（如 CO 和 CO_2 的混合气氛）加热，将锗从高价氧化物 GeO_2 还原为低价氧化物 GeO；低价 GeO 经挥发后冷凝或吸收，得到锗含量较高的体系；再进行化学处理，便可得到纯度较高的锗化合物。

5.2.4.4　碱熔–中和法

碱熔–中和法主要用于从含量较高的富锗粉煤灰中提取金属锗。提取过程中需在粉煤灰中加入活化剂 NaOH 或 Na_2CO_3，并经高温活化生成锗酸盐，随后水浸溶出并调节 pH 值，使 SiO_2 与 Al_2O_3 先沉淀除去，继续加酸调节 pH 值为 5 时，锗以 $GeO_2 \cdot nH_2O$ 形态的沉淀存在，对其进行氯化蒸馏即可提取锗。该方法得到的金属锗回收率可达 80%，但是需要多次中和，酸碱消耗量大，且固液分离操作较多，不适宜大规模工业化生产。

5.2.4.5　氯化蒸馏法

氯化蒸馏法是利用 $GeCl_4$ 沸点比其他杂质元素氯化物低这一特点，从而实现快速的蒸馏分离方法。工艺上先用浓盐酸浸出含锗煤灰生成 $GeCl_4$，在 80 ~ 100℃下蒸馏浸出液，通过冷凝收集得到粗 $GeCl_4$；经精馏提纯后用超纯水水解即可得到 GeO_2，二氧化锗在 600 ~ 650℃下用氢气还原还可得到金属锗粉。含锗煤灰经过氢氧化钠加热预处理后再采用氯化蒸馏法可以使锗回收率提高到 94.68%。该工艺适合烧失量较大的粉煤灰，具有锗回收率高、工艺流程简短、设备简单、可操作性强、辅料消耗较少、运行成本低等优点，适于大规模工业化生产。产品质量可满足半导体器件的要求，是目前工业化应用较为广泛的方法。

5.2.5　提取锂

粉煤灰中的锂主要赋存于玻璃体中，从粉煤灰中提取锂的技术工艺分为预处理、焙烧、浸取、沉锂等工序。

1. 预处理

包括脱硅、磁选两个步骤。脱硅的目的是在提高粉煤灰中硅的利用率同时减少低价值含硅固体废渣量和工艺过程中的物料流量。磁选的目的是去除粉煤灰中的铁氧化物。经过上述两个步骤，粉煤灰内锂的相对含量有所增加，同时也提高了粉煤灰的活性，从而实现更高效地从粉煤灰中提锂。

2. 焙烧

将预处理后的粉煤灰与特定的烧结剂在高温的条件下进行反应，焙烧后的粉煤灰得到了进一步活化。常用的烧结剂有碳酸钠、碳酸钙等。

3. 浸取

焙烧后的粉煤灰用酸或者碱进行浸取，粉煤灰中的锂离子被转移到浸出液中，进一步对粉煤灰中的锂离子进行了富集。酸法是将烧结活化后的粉煤灰冷却后与硫酸进行酸化焙烧，焙烧后的样品与盐酸进行酸浸，在最佳试验条件下，此工艺锂的浸取率为 96.69%。碱法是碳酸钠作为烧结剂先将粉煤灰进行活化处理，之后转移到碱溶液中碱浸 2h，此条件下锂的浸取率为 85.30%。

4. 沉锂工艺

（1）碳酸盐沉淀法。碳酸盐沉淀法的原理是向锂的富集溶液中加入一种或多种适当的沉淀剂进行沉淀得到碳酸锂，再对碳酸锂进行进一步的提纯。酸法浸出液先除杂及沉铝操作后，将得到的锂母液进一步地蒸发浓缩和结晶，净化除杂，再加入沉淀后得到含锂的碳酸盐沉淀。碱法的浸出液进行碳化操作后，再通过蒸发浓缩，最后进行锂的沉淀。

碳酸盐沉淀法工艺的优点在于操作简单且技术成熟，但由于粉煤灰中含有复杂的金属离子杂质，沉淀时会出现金属的共沉淀现象，进行分离提纯的成本较高，影响工艺的经济效益。

（2）吸附法。吸附法主要是采用离子筛和各种不同的树脂将锂从粉煤灰碱性溶液中吸附提取出来的工艺。

（3）溶液萃取法。萃取法提锂的原理是根据锂离子在两种互不相溶的溶剂中的溶解度不同，使得锂离子从溶解度较小的溶剂中转移到溶解度大的溶剂中。溶剂萃取法有着可连续操作、分离率高、设备简单等优点，但存在部分有机萃取剂污染环境的问题，需要不断优化改进和完善萃取剂的选择。图 5-20 所示为粉煤灰提取溶剂萃取工艺。

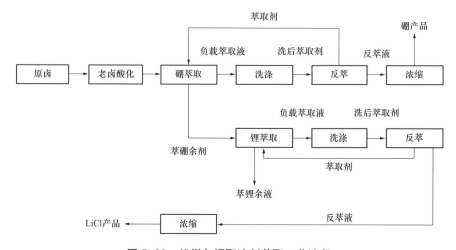

图 5-20　粉煤灰提取溶剂萃取工艺流程

内蒙古准格尔煤田和山西平朔矿区煤炭中富集大量的锂，锂含量分别达到 116 μg/g 和 121 μg/g，这些地区的煤炭经燃烧后形成粉煤灰，锂进一步得到富集，锂元素分别达到 408 μg/g 和 350 μg/g，均超过国家和行业推荐的工业品位标准限值 200 μg/g，具备进行上述提取锂的工艺应用条件。

5.3 粉煤灰在道路中的应用

粉煤灰用于道路，具有投资少、用量大、见效快的特点，是我国粉煤灰综合利用的重要途径。早在 20 世纪 80 年代，我国就开始大面积推广粉煤灰在道路工程领域的利用，利用方式包括：①填料用途用于路堤回填；②以胶凝材料用于软基处理和路面基层；③以粉煤灰混凝土形式用于道路路面和特殊道路的应用等。

5.3.1 路基应用

粉煤灰在路基施工中的应用包括两个方面：①作为轻质填料填筑路堤；②处理软土路基。在道路工程中利用粉煤灰最为广泛的是粉煤灰路堤，粉煤灰的用量在路堤填筑中可采用全粉煤灰填筑，也可以采用一层土一层灰的间隔灰方式填筑，或采用石灰粉煤灰混合灰比例（6：94）填筑。徐万金采用粉煤灰全灰填筑建设了 16 km 长的高速公路，共利用粉煤灰 120 万 t。粉煤灰在软土路基中的应用主要是在换填、袋装砂井、砂桩、塑料排水板、粉喷桩、加固土桩、水泥粉煤灰碎石柱等方法中代替或部分代替水泥等胶结材料，主要作用是固结使整体稳定，提高承载能力。

根据 JTG/T 3610—2019《公路路基施工技术规范》，粉煤灰用于公路路基施工时有以下要求：

（1）不得用于高速公路、一级公路的路床和二级公路的路床。

（2）用于路基填筑，烧失量宜不大于 20%，SO_3 含量宜不大于 3%，不得含团块、腐殖质及其他杂质。

粉煤灰路堤施工质量的优劣，尤其是粉煤灰的压实度能否满足要求，取决于摊铺厚度、含水量控制、压实机械的种类及碾压遍数这四个基本因素。如果处理不好上述关键因素，粉煤灰路堤的压实质量就不可能达到要求。粉煤灰路堤建筑工艺流程如图 5-21 所示。

粉煤灰作路堤填料具有下列优点：极易压实，试验表明在粉煤灰填料碾压第四遍后，其压实系数大部已达到 85% 以上，从而可节省大量人力物力；最大干容重对含水量的敏感性较小，含水量的控制范围较大，为现场碾压提供了便利；粉煤灰属中等压缩材料，压实后产生的后期沉降量比其他填料小；粉煤灰颗粒轻，是一种典型的轻质材料，对地基的附加应力小，可适用于地基承载力较低的地区。在软弱地基路段，由于粉煤灰路堤自重较轻，较弱地基和路堤的沉降变形得到改善，总沉降量可减少 20%～30%，相应地也提高了地基的抗滑稳定性，粉煤灰路堤的极限高度也可增加 30%～40%，从而可大大节省地基的处理费用。

粉煤灰作路堤填料具有下列缺点：粉煤灰的冻敏性强，毛细水上升高度大，容易发生管涌；饱和粉煤灰在极小的静、动荷载作用下就易液化，液化后的强度降低，导致路堤失稳；粉煤灰的透水性好，为保证路堤的稳定，在施工中要施行严格的隔水、排水措施；粉煤灰没有黏性或黏性极小，极不耐冲刷，因此用粉煤灰填筑路堤时必须要设计一定厚度的护坡土。

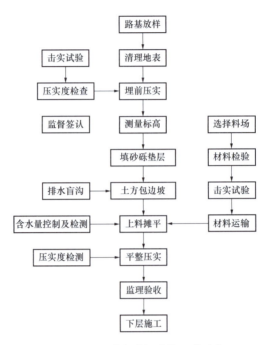

图 5-21 粉煤灰路堤建筑工艺流程

5.3.2 路面面层应用

粉煤灰在路面面层中的应用主要是以粉煤灰混凝土的形式，替代水泥用于水泥混凝土路面或替代矿粉用于沥青混凝土面层。表 5-6 为我国粉煤灰应用在路面面层的发展脉络。粉煤灰用于混凝土路面工程时，其掺量一般在 15% ～ 30%，与在普通混凝土的掺量一样。通过掺加外加剂、激发剂或者使用超细粉煤灰，可以克服高粉煤灰掺量导致混凝土早期强度低的问题，粉煤灰掺量可达到 30% ～ 50%。

表 5-6　　　　　　　　　　　我国粉煤灰应用在路面面层的发展脉络

时间	发展脉络
20 世纪 50 年代	我国首次将粉煤灰作掺合料进行路面施工，应用效果不佳
20 世纪 70 年代	由于粉煤灰处理技术和质量不断提高，多地进行了试验工程
20 世纪 80 年代	粉煤灰在碾压混凝土路面中得到应用
1994 年	粉煤灰应用于高速公路混凝土路面

用于路面混凝土面层的粉煤灰，根据 JTG F30—2003《公路水泥混凝土路面施工技术规范》，应满足表 3-13 中的 Ⅰ、Ⅱ 级粉煤灰的要求，不得使用Ⅲ级粉煤灰。贫混凝土、碾压混凝土基层或复合式路面下面层应该满足Ⅲ级或者Ⅲ级以上粉煤灰的要求，但不得使用等级外粉煤灰。

5.3.3 铁路应用

粉煤灰在铁路中的应用主要包含两个方面：①粉煤灰用于铁路路堤；②粉煤灰用于铁路用高性能混凝土。我国粉煤灰在铁路路堤的施工应用较晚，于 2002 年由铁道部第一勘测设计院主持，兰州铁道学院和呼和浩特铁路局共同完成的铁道部工程建设应用项目《粉煤灰填筑铁路路堤》通过科技成果鉴定，标志着我国首次把粉煤灰用作铁路路堤获得成功。但近年来粉煤灰在铁路路堤建筑方面的研究及应用仍较少。

随着我国高铁建设的发展，粉煤灰在铁路中的应用主要集中在高性能混凝土方面。粉煤灰是高速铁路高性能混凝土常用的矿物掺合料，尤其是含碳量低、需水量小、细度模数大的粉煤灰。根据《客运专线高性能混凝土暂行技术条件》（科技基〔2005〕101 号）规定，用于高铁高性能混凝土矿物掺合料的粉煤灰应满足表 5-7 所示技术要求。京沪高铁济宁市至邹城段全长 20.38 km，施工方利用邹县电厂生产的 I 级粉煤灰（掺量占比 20%）和 S95 矿渣粉（20%）为矿物掺合料，配置高性能混凝土，共浇筑 9.5 万 m³，合计墩身、承台 465 个。

表 5-7　　　　　高铁高性能混凝土矿物掺合料对粉煤灰技术要求　　　　　%

参数	技术要求	
	C50 以下混凝土	C50 及以上混凝土
细度	≤ 20	≤ 12
氯离子含量	≤ 0.02	
需水量比	≤ 105	≤ 100
烧失量	≤ 5.0	≤ 3.0
含水量	≤ 1.0	
SO_3 含量	≤ 3.0	
CaO 含量	≤ 10	

5.3.4 机场道路应用

粉煤灰在机场道路中的应用包括两个方面：①粉煤灰以二灰混合料或水泥粉煤灰稳定碎石的形式用作机场道路的路面基层或底基层；②粉煤灰以粉煤灰混凝土的形式用于机场混凝土路面。

机场跑道的建设和维护是一个复杂且技术要求极高的工程，随着航空业的发展，飞机的体积和重量不断增加，对跑道的承载力、稳定性和耐久性提出了更高的要求。传统的基层材料，如普通级配碎石、级配砂砾和石灰土，可能无法满足这些要求。为了应对这些挑战，现代机场跑道的建设越来越多地采用半刚性基层材料，如二灰混合料（石灰和粉煤灰的混合物），可通过石灰和粉煤灰的化学作用，提高材料的早期强度和耐久性；水泥粉煤灰稳定碎石，结合了水泥的快速硬化特性和粉煤灰的填充作用，提高了基层的承载能力和抗变形能力。这些半刚性材料相比传统材料具有更好的力学性能和耐久性，能够更好地适应重载飞机的频繁起降，同时也能抵抗恶劣气候条件的影响。此外，这些材料还具有良好的施工性能和经济性，有助于降低机场建设和维护的成本。在景德镇罗家机场扩建工程中，机场场地基层结构中采用二灰土（石灰、粉煤灰、黏土）和二灰碎石（石灰、粉煤灰、碎石）的半刚性基层，共利用粉煤灰 6 万 t，经国家民航局验收，抗压强度、水稳定性、抗冻性、弯拉强度等都完全达标。

机场道面要求道面水泥混凝土具有较强的抗弯拉强度，在道面水泥混凝土中掺入粉煤灰，可以提高水泥混凝土的和易性、降低混凝土早期的水化温度。其二次水化作用能提高混凝土后期的强度，同时能改善道面水泥混凝土的耐久性。在机场水泥混凝土道面工程中要求使用干排粉煤灰，且需达到 GB/T 1596—2017《用于水泥和混凝土中的粉煤灰》中 II 级以上粉煤灰的技术要求并采用磨细粉煤灰。

5.4 粉煤灰用于造纸

粉煤灰的化学成分和吸附性可满足作为造纸填料的基本要求，达到节省成本的目的，但由于粉煤灰本身是灰色、白度低且颗粒大，目前多用于白度要求较低的箱纸板类。可通过筛分、浮选等方法提高粉煤灰的白度，以扩大其作为造纸填料的适应性。粉煤灰也可经过重熔、纤维化制成以无机矿物为基本成分的无机质纤维（在性能上与植物有机纤维相似），与有机植物纤维进行混合作为造纸原料。

5.4.1 粉煤灰用作造纸湿部填料

利用粉煤灰作为造纸填料时，纸张白度随着粉煤灰添加量的增加而降低，但是纸张的不透明度却随之显著提高，且高于高岭土。从强度性能来看，加填粉煤灰纸张的强度变化趋势与高岭土相当，但是强度明显优于高岭土加填纸张。与常规造纸填料相比，利用粉煤灰作为造纸填料，具有以下两个优点：粉煤灰比常规造纸填料来源更加广泛、成本更加低廉，可以节约纤维原料，降低生产成本；粉煤灰具有较高的折射率，能够显著改善加填纸张的不透明度，并且强度较高。

粉煤灰加填纸张的白度偏低使其在造纸应用范围受限，可应用于对不透明度要求较高，而白度要求不高的纸张，如箱板纸、瓦楞原纸和新闻纸等棕褐色、灰色及其他深色制品。付建生等将粉煤灰应用于对白度要求不高的瓦楞纸，在不影响纸张使用性能的前提下，粉煤灰在瓦楞纸中的添加量可达 10%，并且阳离子淀粉的添加能显著改善粉煤灰加填纸张的强度性能。

造成粉煤灰白度不高的主要原因是粉煤灰中含有的未燃尽炭、少量的有色金属离子（如铜离子、铁离子等），可通过物理或化学的方式提高粉煤灰的白度，使其达到满足正常填料的要求。Fan 等采用 $Ca(OH)_2$–H_2O–CO_2– 粉煤灰体系，在粉煤灰颗粒表面沉淀生成碳酸钙以制备粉煤灰基复合填料，粉煤灰经改性后，表面能产生有效的包覆层（厚度可达 1.61μm），相比于原始粉煤灰填料，粉煤灰基复合填料的白度提高了 50% 以上。张明等研究了利用粉煤灰制备碳酸钙用作造纸填料的工艺，白度得到了很大改善。

5.4.2 粉煤灰基硅酸钙造纸填料

高铝粉煤灰提取氧化铝的工业中以非晶态氧化硅为原料得到的副产品硅酸钙不仅白度得到改善，其粒径、形貌等物理特性也容易控制，为其在造纸领域的应用开辟了新的空间。

张美云研制了粉煤灰基硅酸钙（fly ash based calcium silicate，FACS）新型造纸填料，其具体工艺流程如图 5-22 所示。

（1）将高铝粉煤灰与一定浓度的 NaOH 溶液在调配槽混合配制成粉煤灰浆液，采用离心泵送至脱硅套管，通过蒸汽加热和保温发生脱硅反应，使其中的硅以钠盐的形式存在于液相中。

（2）经固液分离，固相为脱硅后的粉煤灰，用于后续提取附加值较大的 Al_2O_3，脱硅后的溶液与石灰乳充分混合后，生成 $CaSiO_3$ 和 NaOH，再经过滤后得到含水硅酸钙。

（3）经过干燥处理，得到硅酸钙粉末。

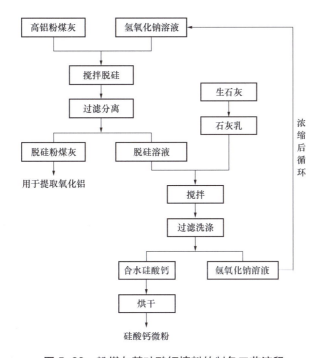

图 5-22 粉煤灰基硅酸钙填料的制备工艺流程

由于硅酸钙在制备过程中添加了 $Ca(OH)_2$，导致填料 pH 值较高，在后续的使用过程中对造纸湿部会产生影响，比如与木素发生反应降低浆料白度。因此，可对分离出硅酸钙进行脱碱洗涤处理，降低产品 pH 值至 10 以下，以满足造纸填料酸碱性的要求，如图 5-23 所示。

表 5-8 列出了 FACS 填料与造纸工业常用填料重质碳酸钙（GCC）和轻质碳酸钙（PCC）的物理特性，与 GCC 和 PCC 相比：FACS 的平均粒径较大，但粒径分布较窄，有助于改善成纸的光学性能，但不利于改善成纸的强度性能；FACS 的比表面积较大，有利于改善加填纸的光散射系数和油墨吸收性；FACS 的白度与 GCC 填料白度相近，低于 PCC 填料，

但已远高于普通粉煤灰的白度，使得粉煤灰转为造纸填料用于文化用纸成为可能；FACS 的沉降体积较高，具有更好的分散性能，有利于填料的均匀输送；FACS 的游离水含量较高，可能会造成纸张返潮问题。

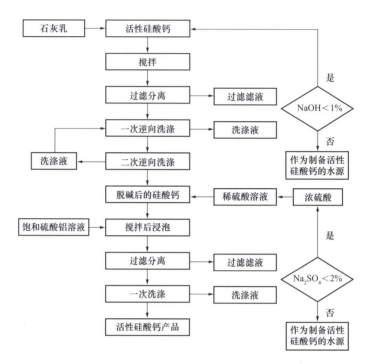

图 5-23 降低粉煤灰基硅酸钙填料 pH 值工艺流程

表 5-8 不同填料的物理特性

填料特性	FACS	GCC	PCC
平均粒度（μm）	21.6	4.4	2.7
相对密度（g/cm³）	1.3 ～ 1.4	2.4 ～ 2.6	2.6 ～ 2.9
堆积密度（g/cm³）	0.31	1.10	0.52
比表面积（m²/g）	121	2.4	11.6
吸油值（g/g）	2.178	0.789	0.924
白度（%ISO）	91.5	92.4	96.4
pH 值	9.7	9.2	9.7
水分（%）	7.23	0.04	1.45
灼烧损失（%）	10.17	0	0
沉降体积（mL/g）	5.6	1.6	2.8

5.4.3 粉煤灰超细纤维在造纸上的应用

粉煤灰纤维是由粉煤灰加工成的一种无机纤维材料，可以深加工为附加值更高的粉煤灰超细纤维，从而同玄武岩纤维、玻璃纤维一样用于特种纸的生产。

粉煤灰超细纤维的生产包括成纤阶段、纤维收集阶段、产品纤维阶段。

（1）成纤阶段。粉煤灰经过预压后加入到冲天炉中，在此过程中添加 CaO 作为助溶剂，混合物在冲天炉中熔融后喷成纤维。

（2）纤维收集阶段。在纤维收集室中，利用吸风机将成纤阶段漂浮的粉煤灰纤维送至传送带，同时喷洒一定的表面处理剂或冷却剂。

（3）产品纤维。将收集室收集的粉煤灰纤维压实，再添加黏合剂并焚烧，最后裁切至需求的尺寸。

经过上述工艺制得的粉煤灰纤维，整体上表现出一定脆性、易折断、抄造性能差，需要通过对粉煤灰纤维进行改性和软化来满足工艺要求。比如，通过添加一定量的改性剂、分散剂和软化剂，将粉煤灰纤维和有机纤维按照一定比例配抄，可使纸张具有与植物纤维相当的物理性能，同时还有较好的防火、防腐和耐水性。

陈建定利用粉煤灰纤维（掺量占比 20% ～ 80%）、软化剂（1% ～ 10%）、分散剂（1% ～ 8%）、表面改性剂（1% ～ 10%）、有机纤维（20% ～ 80%）制成粉煤灰纤维纸浆后，采用常规的方法输送至造纸机上配抄制品，所获得的纸张材料的物理性能达到植物纤维纸张的同等性能，耐水性、耐腐蚀和防火性能优于植物纤维纸张。

苏芳等通过添加阳离子聚乙烯醇对粉煤灰纤维进行改性，再将改性后的粉煤灰纤维与植物纤维混合造纸。图 5-24 所示为粉煤灰纤维改性前后 SEM 对比图，因为粉煤灰纤维是由高温熔化、喷丝而成的无机纤维，所以未改性前粉煤灰纤维表面光滑，而粉煤灰纤维经过改性后，氧化阳离子聚乙烯醇改性剂在粉煤灰纤维表面通过电荷吸附，形成了一层絮状包覆，这层包覆较均匀的絮状物就是改性剂。添加了改性后粉煤灰纤维的混合纤维纸张与添加未改性的粉煤灰纤维的混合纤维纸张的性能相比较，纸张的抗张强度、撕裂度、耐折度、挺度、耐破度、抗水性都有了显著的提高。

粉煤灰纤维在特种纸的生产上有较广阔的应用前景。由于粉煤灰纤维具有良好的隔音性能、绝缘性能及防振性能，因此利用粉煤灰纤维产出工农业需要的特殊用纸，也是今后重要的研究方向。

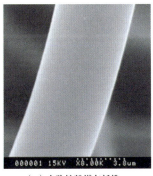
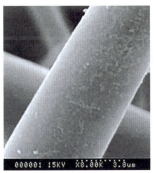

（a）未改性粉煤灰纤维　　　（b）改性后粉煤灰纤维

图 5-24　粉煤灰纤维 SEM 图

5.5 粉煤灰在环保领域的应用

5.5.1 污水处理

粉煤灰对污水的净化处理主要通过物理吸附和化学吸附作用。粉煤灰含有的多孔玻璃体及多孔炭粒使其有着较大的表面积，促进了其对污水中成分的吸附作用，可吸收废水中的耗氧物质、悬浮物质，降低废水的色度。粉煤灰中的活性基团（CaO、MgO、未燃尽的炭粒、SiO_2、Al_2O_3等），能与吸附质通过化学键结合，发生化学吸附作用：低钙粉煤灰的活性基团与废水中的磷、氟反应通过凝聚作用和吸附作用净化；高钙粉煤灰通过钙离子和废水中的磷酸根离子反应生成磷酸钙沉淀作用净化。另外，粉煤灰的高碱度使其在处理废水时表面带负电荷，通过沉淀作用或静电吸附去除废水中带正电荷的重金属离子。粉煤灰主要应用于生活污水、印染废水、造纸废水、电镀废水，以及含酚、含铬、含氟等废水的处理。

5.5.1.1 处理城市污水

随着城市的发展，城市污水的排放量大幅度增加，污染物浓度增高，而且工业废水和生活污水常混在一起，成分日趋复杂。城市污水的主要污染物呈悬浮状和胶体状，包含有氰化物、重金属、硫化物、油污等。粉煤灰用于处理城市污水主要通过直接吸附处理及制成成品的间接吸附处理两种途径。粉煤灰用于城市污水处理时，会产生数倍的污泥增量，无毒污泥可以用于制砖，达到综合利用的效果；有毒污泥则要考虑其再利用时的无害化处理及其堆放时对环境的二次污染问题。

（1）直接吸附处理。张玉宝等利用粉煤灰直接处理城市排污口的污水，对污水中的COD、氨氮和总磷都有一定的去除效果：COD的去除率达到79.4%，氨氮去除率为37.6%，总磷的去除率为73.5%。研究人员同时利用电子束辐照与粉煤灰吸附两种方法对城市污水处理进行了研究，结果表明：先进行辐照处理，然后再进行粉煤灰吸附，有助于城市污水中的COD、BOD_5和氨氮等污染物的去除，显示出一定的协同效应；电子束辐照对污水中的大肠菌群灭杀效果显著，而粉煤灰吸附能有效去除污水中的总磷，二者的结合能够实现其优势互补；当辐照剂量20 kGy、灰水比1:20时综合处理效果能够达到城市污水排放一级B标准。

（2）间接吸附处理。利用粉煤灰作为主要原料，通过添加黏土和外加剂的方法在高温下烧结成粉煤灰陶粒，与传统的黏土陶粒和页岩陶粒相比，不仅原料低廉易得，而且对污水中污染物质具有较好的去除效果。谢跃等用粉煤灰、黏土、脱水污泥和碳酸钙等原料制备粉煤灰陶粒进行城市污水的处理，其中总磷、总氮、COD的去除率最高分别可达64%、73%和97%。彭位华等以电厂粉煤灰为主要原料，辅以外加药剂（水泥、石灰、石膏、水玻璃），经混合、成球、陈化和养护等工序，制得免烧粉煤灰陶粒，并将其作为曝气生物滤池（BAF）工艺的载体填料处理城市污水，COD和氨氮平均去除率分别为93.1%和99.3%，出水COD和氨氮浓度均值分别为15.0 mg/L和0.215 mg/L，二者均达到GB 8978—1996《污水综合排放标准》和GB 18918—2002《城镇污水处理厂污染物排放标准》的一级标准。江西省万年中南环保产业协同研究院有限公司将建筑垃圾、粉煤灰、丙烯酰胺接枝共聚的甲壳素、木质素磺酸钠、腐殖酸联合制成四元共聚物，并辅以天然矿物质和无机絮凝剂等，最终制成一种适用于城市污水且兼具价格低廉和环保特性的处理剂。

5.5.1.2 处理印染废水

印染废水是我国目前主要的有害及难处理的工业废水之一，主要污染物有燃料、助剂、油剂、纤维杂质、酸碱无机盐等，主要特点是废水量大、水质复杂、有机物浓度高、色度深、难生物降解等。目前处理印染废水的主要方法有物化法、生化法、化学法等。近年来，也有学者利用粉煤灰的混凝作用、吸附作用来处理印染废水，可实现 COD 去除率 85%、色度去除率平均高于 85%、悬浮物去除率 96% 的效果。粉煤灰用于处理印染废水时，也可对粉煤灰进行改性，以便达到更好的处理效果。利用粉煤灰处理印染废水，具有效果好、费用低、占地少和易于开展等特点，很适合中小型纺织印染厂家。

龚真萍制备了氯化铝改性粉煤灰并用其处理活性翠兰废水，当氯化铝改性粉煤灰用量为 20 g/L，搅拌时间为 30 min，pH 值为 10 时，处理活性翠兰废水的脱色率为 68%，COD 去除率为 75%。南京大学李磊等以南京某热电厂的除尘干灰、稀硫酸及氯化钠为原料经加热搅拌制得粉煤灰混凝剂处理印染废水，印染废水 COD 去除率可达到 70% 以上，且这种方法处理的成本仅为无机混凝剂处理成本的 10% ~ 20%。侯芹芹等以超细研磨的粉煤灰为吸附材料，采用超声振荡吸附法对甲基橙、碱性品红、酸性品红和孔雀石绿等模拟有机印染废水进行吸附实验，粉煤灰对这些染料化合物有着良好的吸附效果，去除率均可以达到 97% 以上。佳木斯纺织印染厂用本厂电站排放的粉煤灰对生产废水进行治理：1 t 粉煤灰可处理 100 m³ 污水，处理后污水 pH 值为 7，COD 为 50 mg/L，BOD_5 为 4 mg/L，硫化物为 0.1 mg/L，脱色率接近 100%。

5.5.1.3 处理造纸废水

造纸业中的制浆和抄纸工段是造纸废水的两大主要来源，废水排量大，处理难度高，是造纸企业在环境治理力度不断加大的大背景下面临的共同难题。制浆中的蒸煮、清洗、筛分和漂白等工段产生的废水（又称造纸黑液）是污染最严重的废水，含有大量的无机盐、纤维素及色素，废液色度深，COD 高，悬浮物多并伴有硫醇类恶臭气味；抄纸工段经抄纸机排出的废水中含有大量的纤维素及在生产过程中添加的各种填料和胶料，属难生化降解废水。

1. 单独使用粉煤灰处理造纸废水

粉煤灰具有极强的吸附作用，因此可直接用于造纸废水处理。单独使用粉煤灰处理造纸废水成本低廉，而且是利用火力发电厂的废弃物，因此可实现循环经济，以废治废，适合于附近可提供大量粉煤灰，且处理要求不高的造纸厂。杜高潮等利用粉煤灰处理造纸废水，其对 COD、氨氮和色度的最高去除率分别为 39.4%，48.9% 和 44%。王维等利用粉煤灰去除竹子制浆废水中的挥发酚，实验结果表明，经过粉煤灰处理后的废水 pH 值由 9.8 下降至 8.6，COD_{Cr} 去除率达 75.8%，SS 去除率达 27.9%，挥发酚去除率达到 76.5%。保定市环保局用废水进入灰场法处理造纸废水取得良好效果，工艺流程如图 5-25 所示。该系统平均日处理量污水 3.7 万 t，污水主要污染指标 COD、BOD、Zn、SS 的去除率分别达到 69.0%、81.7%、93.7% 和 51.3%。

2. 改性粉煤灰处理造纸废水

对粉煤灰进行适当的改性可以提高处理效果，也能大幅度地减少粉煤灰投加量。目前，粉煤灰的酸法改性主要采用硫酸等无机酸，同时也可以选用两种或多种酸的混合溶液进行处理。通常，使用混合酸的改性效果优于单一酸处理，因此混合酸改性方法在粉煤灰的酸法改性中更为常见。

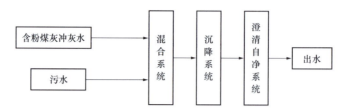

图 5-25　灰场处理造纸废水的工艺流程

何文丽等用盐酸和硫酸（1：3）的混合酸粉煤灰进行改性后，再利用 K_2FeO_4（高铁酸钾）处理经过改性粉煤灰混凝后的造纸废水，出水水质可达到造纸用水标准。李莉利用硫酸对粉煤灰进行改性制得用于处理造纸废水的处理剂，该改性粉煤灰制备成本为 520 元 /t 左右，远远低于活性炭和其他水处理剂（见图 5-26），经改性粉煤灰处理后，pH 值介于 6.5 ～ 7.0 之间，COD 含量介于 50 ～ 80 mg/L 之间，其他核心指标均能达到 GB 3544—2008《制浆造纸工业水污染物排放标准》的排放标准。

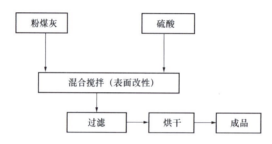

图 5-26　改性粉煤灰制备工艺流程

此外，还可采用混合改性，即添加有机高分子絮凝剂协同改性，可同时改变粉煤灰的带电性质。邓书平采用 H_2SO_4 和高分子絮凝剂聚二甲基二烯丙基氯化铵（PDMDAAC）对粉煤灰进行混合改性，通过正交实验研究改性粉煤灰吸附处理造纸废水，结果表明，改性粉煤灰对造纸废水中 COD_{Cr}、BOD_5、悬浮物的去除率均比较理想。

3. 与其他工艺联合处理造纸废水

粉煤灰若能与其他处理工艺联合，则可使处理效果大大提高。比如与单独采用混凝剂处理黑液的方法比较，采用"粉煤灰 + 混凝剂"的联合处理方法处理效果更好，且大大节省了混凝剂的用量。粉煤灰也可与助凝剂进行复配使用，或者与其他生化处理工艺联合应用，提高粉煤灰对造纸废水的处理效果。

张安龙等以聚合氯化铝（PAC）为混凝剂、聚丙烯酰胺（PAM）为助凝剂联合处理经过粉煤灰预处理后的造纸废水，探讨粉煤灰协同 PAC、PAM 处理造纸废水的工艺。研究结果表明：在中性条件下，粉煤灰用量 150 g/L，搅拌 1 h，造纸废水处理效果最明显，上清液再用含铝量 10% 的 PAC 和 1 g/L 的 PAM 处理，投加量分别为 1 mL/L 和 1.5 mg/L，出水 COD_{Cr} 小于 100 mg/L，满足造纸行业的排放标准。

张守凤探究高铁粉煤灰对厌氧生物法处理造纸废水的强化效用，添加高铁粉煤灰后，厌氧生物降解效能有所提高，COD 去除率可以达到 72.73%，高铁粉煤灰还可提高微生物活性，提高活性污泥胞外聚合物（EPS）含量。

5.5.1.4 处理含氟废水

在工业上，含氟矿石开采、金属冶炼、铝加工、玻璃、电子、电镀、化肥、农药等行业排放的废水中常常含有高浓度的氟化物，若不降低氟的含量会造成环境污染，并影响饮用水质量。我国规定工业废水中含氟量在 10 mg/L 以下才能达到排放标准。

含氟废水传统去除工艺分为加药和吸附两种方法，如加入石灰、镁盐、铝盐处理，或用羟基磷灰石、骨炭、活性氧化铝等吸附，但多数工艺复杂，成本较高，而用粉煤灰治理含氟废水可以达到资源综合利用和以废治废的目的。粉煤灰处理含氟废水，可直接往废水里投加，但去除氟的效率较低，粉煤灰投加量大，通常每升废水需投加 40 ~ 100 mg 粉煤灰才能使废水中含氟量达到排放标准。以粉煤灰为原料、添加 $MgCl_2$ 和 $Al_2(SO_4)_3$ 制成粉煤灰复合吸附剂来处理含氟工业废水，其除氟效果比直接用粉煤灰除氟效果好，用量可减少到单独使用粉煤灰时用量的 1/10 左右。

周珊等利用粉煤灰生石灰体系，对冶金含氟废水进行了处理，在室温 20℃时，每升废水中加入粒径为 74 μm 的粉煤灰 60 g，水样中氟离子浓度由 220 mg/L 降至 2 mg/L 以下，出水 pH 值为 8，可达到 GB 8978—1996《污水综合排放标准》的一级排放标准，吸附饱和后的粉煤灰及氟化钙等固体废弃物可用于制砖，整个工艺不会产生二次污染。刘晓伟用粉煤灰作为吸附剂，进行了粉煤灰处理含氟废水的试验研究，能使含氟 260 mg/L 的废水的除氟率达 68.2%，同时对酸性废水具有一定的中和能力。

需要注意的是除氟后粉煤灰的氟溶出量占原吸氟量的 14% ~ 27.5%，若将其随意弃置，经雨水淋溶可能会造成土壤和水体的二次污染。

5.5.1.5 处理焦化废水

焦化废水具有成分浓度高、降解难度大、毒害成分较高等特点，成分中含有的污染物类型较多，具有较差的生化活性，常规处理方法无法有效对其进行处理。焦化废水的形成有两个过程：①焦炉煤气在首次冷却形成的废水；②焦化生产环节添加的蒸汽冷凝后产生的废水。目前国内外多数焦化企业对废水处理采用"预处理＋二级处理＋深度处理"的生物处理工艺，而在工艺中添加吸附性物质可以明显地改善生物处理的总效率，污染物的脱除率随吸附性物质吸附能力的大小在 20% ~ 80% 之间变化。粉煤灰可显著降低焦化废水中 COD、挥发酚、油等含量，并对焦化废水进行脱色，若粉煤灰用量为 10 g/100 mL 时，硫化物的脱除率也可接近 100%。

刘丽娟等研制了 Fe/GO（氧化石墨烯）—粉煤灰混合深度净化处理剂（海绵铁／氧化石墨烯—粉煤灰），充分发挥了海绵铁和氧化石墨烯比表面积大、表面能高、化学活性好及铁碳微型原电池氧化降解有机物效率高的优势，净化后废水中 COD 含量为 52 mg/L，低于 GB 16171—2012《炼焦化学工业污染物排放标准》中 COD 含量低于 80 mg/L 的要求，净化后废水 pH 值调节至 6 ~ 7，可直接排放。

5.5.2 噪声防治

国内吸声材料的生产目前主要依赖于矿棉和岩棉，但矿渣作为水泥生产原料的需求日益增加，资源变得紧张；同时，岩棉生产所需的玄武岩、辉绿岩等原料通常距离生产厂较远，导致运输成本迅速上升。粉煤灰作为一种潜在的补充材料，与其他吸声材料相比，粉煤灰具有成本更低、耐用性更强、耐高温低温以及耐腐蚀等优点，使用粉煤灰制成的纤维棉吊顶板在与矿棉板和岩棉板的竞争中具有明显优势。

曹寰琦等以粉煤灰为主要原料，采用 NaOH 作为碱激发剂，研制开发新型多孔吸声材料，该产品的吸声性能几乎不随时间的推移而发生改变，可长期保持吸声能力。另有研究者将 70% 粉煤灰、30% 硅质黏土材料及发泡剂等混配后，经二次烧成工艺制成粉煤灰泡沫玻璃，产品具有耐燃防水、保温隔热、吸声隔声等优良性能，可广泛应用于建筑、化工、食品和国防等部门的隔热保温、吸声和装饰等工程中；将 70% 粉煤灰加黏结剂、石灰、黏土等制成直径 80 ～ 100 mm 料球放入高温炉内熔化成玻璃液态，经过离心喷吹制成粉煤灰纤维棉，再经深加工可制作高档新型保温吸音板等建材产品。

南京新源天节能技术实业有限公司兴建一座年产 100 万 m² 高级矿棉装饰吊顶吸声板项目（见图 5-27），原料采用南京附近电厂排放的粉煤灰（掺量占比 70%）：将粉煤灰和其他辅料成型为块状原料，经高温熔化、离心成纤，将粉煤灰制成纤维棉；将原棉制成粒状棉，再将粒状棉加上黏结剂、添加剂等经搅拌成浆料，经抄取成型、真空脱水、烘干、热压、表面喷涂、切割、包装几十道工序制成吸声板。生产过程全部机械化，粉煤灰纤维棉装饰吊顶吸声板具有防火、吸声、隔热、轻质、装饰、无毒等综合功能。该项目具有技术含量高，产品附加值高的特点。项目每年利用粉煤灰 1 万 t，1 t 粉煤灰深加工后，产值可达到 2000 元左右，利润率达 40%。

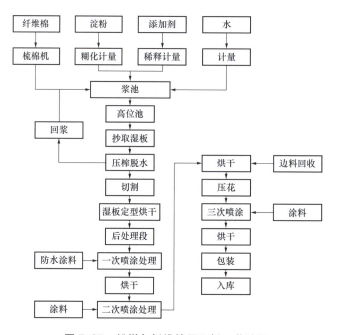

图 5-27　粉煤灰纤维棉吊顶板工艺流程

5.5.3　废气净化

粉煤灰在处理废气时主要依靠其高碱性和未燃尽的炭粒。粉煤灰中含有的 CaO、MgO 等碱性物质，可与烟气中硫的氧化物等发生中和反应实现烟气净化。粉煤灰中含有的未燃尽炭，可作为废气处理的吸附剂，吸附烟气中固体颗粒和脱硫除氮；也可作为活性炭吸附氮氧化物的前驱体；炭粒经活化后，可去除汞蒸气和有机物等有害物质。

5.5.3.1   烟气脱硫

将粉煤灰代替石灰石用于烟气脱硫，既可以省去石灰石的运输费用，又能以废治污。利用粉煤灰开发的脱硫工艺主要有粉煤灰干式脱硫、喷雾干燥脱硫和增湿活化脱硫。

粉煤灰用于湿法脱硫的机理为：当粉煤灰加入水中后，所含的碱性物质迅速溶出大量的 Ca^{2+} 和 OH^-，形成富含钙的强碱性浆液；在这种环境下，粉煤灰中玻璃体结构被破坏，SiO_2 和 Al_2O_3 溶出至液相与 $Ca(OH)_2$ 反应形成 C-S-H 与 C-A-H，这些化合物可通过增大比表面积的方式促进气体扩散。当含硫烟气通入粉煤灰浆液中时，SO_2 从气相扩散至液相后快速溶解在水中生成 H_2SO_3，H_2SO_3 不稳定易分解为 H^+、HSO_3^- 和 SO_3^{2-}。HSO_3^- 和 SO_3^{2-} 氧化后生成稀硫酸，生成的 H^+ 与粉煤灰反应使粉煤灰中含有的 Ca^{2+} 和 Fe^{3+} 等金属元素浸出到浆液中。SO_2 气体溶解在粉煤灰浆液中后在 Ca^{2+}、Fe^{3+} 作用下，被催化氧化为 H_2SO_4 与 $CaSO_4$。所生成的 $CaSO_4$ 与浆液中水分子结合以 $CaSO_4 \cdot 2H_2O$ 形式析出，此外 $CaSO_4 \cdot 2H_2O$ 还能与水化铝酸钙结合生成 $CaO \cdot Al_2O_3 \cdot 3CaSO_4 \cdot 32H_2O$（钙矾石）晶体。粉煤灰湿法脱硫机制如图 5-28 所示。孙佩石等在粉煤灰净化低浓度 SO_2 烟气试验研究中，利用粉煤灰与蒸馏水配成吸收液，在 pH 值控制在 6 以上、温度为 20℃ 的试验条件下，脱硫效率可达到 91%。鞠恺等利用响应面分析得到粉煤灰用于湿法脱硫的最佳实验条件，得出单位质量粉煤灰浆液对 SO_2 的最大吸附量为 10.41 mg/g。

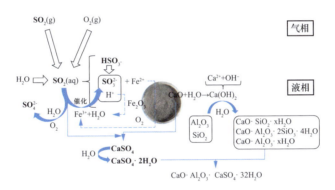

图 5-28   粉煤灰湿法脱硫机理

粉煤灰应用于干法脱硫的基本思路是将粉煤灰作为载体，以熟石灰作为脱硫剂，以石膏作黏结剂，造粒成型制成。其工艺流程为：经除尘器后的烟气在脱硫器中与颗粒状粉煤灰脱硫剂反应，脱硫产物主要为粉煤灰、石膏，脱硫产物一部分掺入粉煤灰中用于循环制作粉煤灰脱硫剂，其余则为产品出售。日本北海道电力公司于 1986 年开始研究开发此技术，于 1991 年同三菱公司联合开发了 LILAC 工艺，至今已正常运转二十几年，脱硫率高于 90%，石灰利用率高于 80%，不产生废水、废渣和二次污染，但整套设备的投资和运行费用较高。

5.5.3.2   烟气脱硝

吴亚昌开发出了两种粉煤灰活化新方法，并以活化粉煤灰为原料分别制备了适用于中温区（250 ~ 400℃，机械化学耦合活化方法）和高温区（450 ~ 550℃，粉煤灰碱熔酸浸联合活化方法）的选择性催化还原（SCR）催化剂。制得的中温区粉煤灰基催化剂在 250 ~ 375℃ 范围内可获得 90% 以上的脱硝效率，制得的高温区粉煤灰基催化剂在

450 ～ 525℃范围内可获得 80% 以上的脱硝效率。

SCR 反应系统一般布置于空气预热器和除尘器之前，烟气中未经除尘的飞灰会对 SCR 产生磨损和堵塞，同时，高浓度的 SO_2 也易造成催化剂中毒。为使 SCR 可在比较干净的烟气下工作，可将脱硝系统置于除尘和脱硫系统之后，但需研发在低温下有很好脱硝效果的催化剂。宣小平等研究在低温下以酸改性粉煤灰为载体，通过负载 Fe、Cu、V、Ni 制得可达 90% 以上的脱硝效率催化剂，而未负载活性组分的粉煤灰脱硝活性只有 10% 左右。贾小彬等以粉煤灰和凹凸棒石黏结成型作为载体负载锰氧化物，发现其在 150 ～ 250℃下具有良好的脱硝活性。

将粉煤灰应用于烟气脱硝还需要进一步完善和解决下列问题：由于脱硝装置入口烟气中 SO_2 的浓度不稳定，浓度过大的 SO_2 会对粉煤灰催化剂产生毒害作用，随着反应时间的延长，脱硝活性大大下降；粉煤灰催化剂的再生工艺及再生后脱硝活性低的问题。

5.5.3.3 烟气脱汞

目前，烟气中 Hg^0 的脱除主要利用吸附法，主要的吸附剂包括活性炭、TiO_2、粉煤灰、钙基吸附剂以及其他新型吸附剂。粉煤灰与其他吸附剂相比价廉易得，具有一定的汞吸附能力，表面有大量可形成偶极 – 偶极键的 Si–O–Si 键、Al–O–Al 键，且经过改性可以增强其汞吸附性能；粉煤灰中含有丰富的金属氧化物，对 Hg^0 具有一定的氧化作用，有利于后续烟气净化设备对汞的脱除。改性粉煤灰在烟气脱汞中具有很好的应用前景。

田园梦等以燃煤电厂粉煤灰为主要原料制备了具有一定强度的脱汞吸附剂，并用卤盐溶液 NaCl 和 NaBr 对其进行改性，获得了具有较高单质汞脱除效率的粉煤灰基吸附剂。其中，改性溶液浓度越高，改性时间越长，改性剂越易进入吸附剂内部堵塞孔隙，吸附剂比表面积越小，但改性剂并没有改变吸附剂的物相组成；改性剂会附着在吸附剂孔隙表面，增加微孔数量，并与单质汞反应生成汞的化合物填充于表面微孔中；5%NaCl 溶液浸渍改性 3 h 获得的吸附剂具有最优的汞脱除效果，达到 92.6%，吸附寿命为 1430 min，吸附饱和量为 930 ng/g。姜未汀等在燃煤飞灰对烟气中汞的吸附转化特性研究中，分别用 NaCl 溶液、CaO 溶液、NaCl 与 CaO 按 1 ∶ 1 配比的溶液对飞灰进行改性，与未改性的粉煤灰的比表面积相比，改性后的飞灰比表面积增大，其中以 CaO 溶液改性后的比表面积最大（32.45 m^2/g），对烟气汞的脱除效率以 CaO 溶液改性后的飞灰最高。孟素丽等在研究烟气成分对燃煤飞灰汞吸附的影响中发现，在模拟烟气（含 N_2、O_2、CO_2）下汞的吸收量在 1.8 μg/g 以下；在模拟烟气中单加入 HCl 或 NO 时汞的吸收量提高，最大分别可达 4.13 μg/g 与 3.42 μg/g。

5.6　粉煤灰在农业中的应用

粉煤灰在农业中的应用主要是通过改良土壤、覆土改造及灰场种植、粉煤灰化肥等手段，促进种植业的发展，以便达到提高农作物产量、绿化生态环境、培植优良饲草等目的。粉煤灰的农业利用具有投资少、容量大、需求平稳、见效快、无需提纯等特点，且大多对灰的质量要求不高，是适合我国国情的一条综合利用途径。粉煤灰在农业方面的应用应注意其重金属的积累量，如铬、镉、砷、硒等，以及全盐量、氯化物和土壤的 pH 值。我国在粉煤灰用于农业方面的研究工作始于 20 世纪 60 年代中后期，现如今粉煤灰综合利用中约 5% 用于农业，主要应用方向有土壤改良、合成磁性肥料和复合化肥、覆土造田、纯灰种植等。

5.6.1 土壤改良

粉煤灰用于土壤改良主要集中在对土壤物理性质的改良、对土壤化学性质的改良、提供农作物所需营养元素、调节土壤温度、改善土壤含水量等方面。粉煤灰在土壤改良及修复方面的应用，具有成本低、容量大、需求平稳、对粉煤灰的质量要求不高等特点，国内外已有大量的研究表明粉煤灰在土壤改良修复方面具有巨大的应用潜力。在宁夏农垦贺兰山农牧场，中国科学院过程工程研究所和北方民族大学联合研发的"粉煤灰基土壤调理剂盐碱地改良技术"已取得了显著的成效，通过使用粉煤灰基改良材料，试验田的水稻亩产从 248kg 增加到了 719.5kg，充分展示了粉煤灰在土壤改良方面的巨大潜力。

5.6.1.1 对土壤物理性质的改良

粉煤灰中的硅酸盐矿物质和炭粒具有多孔结构，是土壤本身的硅酸盐矿物质所不具备的。粉煤灰中含有一定量的铁，膜状氧化铁的胶结作用及铁在腐殖质和黏土矿物晶格间的桥梁作用，是土壤团聚化的重要机制。经磁化的粉煤灰中的铁磁性颗粒会使土壤颗粒发生"磁化活化"，减少僵硬的大土块，增加微团聚体的生成，从而改善土壤结构性和同期透水性。将粉煤灰施入土壤后，可以明显改善土壤结构，降低土壤容重，增加孔隙度，缩小膨胀率，增强土壤微生物活性，有利于养分转化，有利于保湿，使水、肥、气、热趋向协调，有利于植物根部加速对营养物质的吸收和分泌物的排出，能为作物生长创造良好的土壤生态环境。高硬凝性粉煤灰能硬化土壤颗粒，降低土壤透水性，在施用时应当注意。

5.6.1.2 对土壤化学性质的改良

粉煤灰的化学性质是决定其利用价值的重要指标，主要包括化学元素的组成和含量、pH 值、电导率（EC）等，这些指标在土壤化学性质的改良中起着重要作用。粉煤灰施入土壤能为作物提供一定数量的微量元素，如 Fe、Zn、Cu、Mo、B 等植物生长发育必需元素；粉煤灰的阳离子交换量（CEC）大于土壤，较高的 CEC 能改善土壤对养分离子的储存能力，还能提高土壤中养分的有效含量；粉煤灰中的钙、镁等碱性物质可以作为石灰代用品来降低酸性土壤的酸度；磁化粉煤灰可以改变土壤的氧化还原状态，加快有机物质的矿化和其氧化过程的进行，促进农作物的呼吸、代谢过程，使土壤中的 N、K 和 P 等营养元素的有效性增加。相较而言，有机质含量高、阳离子交换量大、缓冲能力强的土壤的化学性质受粉煤灰的影响要小些。

粉煤灰中的重金属元素（Pb、Cd、Cr、Hg、As 等）含量应该满足 GB 15618—2018《土壤环境质量　农用地土壤污染风险管控标准》中筛选值及管控值的要求，避免造成对土壤、农作物的污染。

5.6.1.3 提供农作物所需营养成分

粉煤灰本身含有多种植物可利用的营养成分，平均含氮 0.06%，含磷 0.3%，含钾 0.7%，含硅近 60%，是很高的硅、钙肥及其他微量元素资源。亩施 5000 kg 粉煤灰，相当于施氮素 3 kg、磷 15 kg、钾 35 kg、硅 3000 kg。此外，由于粉煤灰具备多孔、表面积大、吸附性好等特性，可吸附某些养分离子和气体，调节养分释放速度，从而起到增加土壤养分元素的作用。

5.6.1.4　调节土壤温度

黏质土壤的一个显著特点是导热性能好。在冬季，由于昼夜温差显著，土壤温度较低，这可能导致小麦遭受冻害。而在夏季，土壤温度往往较高，这可能对作物的生长产生不利影响。粉煤灰吸热快、导热性差，在冬季可起到提高地温的作用，预防冬小麦等农作物受冻，促进早稻、棉花等作物返青和出苗；粉煤灰质地疏松，热容量大，在夏季可以降低地温，使土壤适宜农作物生长。试验表明，气温较低时在棉花地施用粉煤灰，可使 1 ~ 5 cm 深处地温上升 1 ~ 2.4℃，亩施 15000 kg 比亩施 7500 kg 可使地温多增高 0.7 ~ 0.8℃；在气温较高的夏季，亩施粉煤灰 35000 kg 时温降 1.2℃。图 5-29 所示为粉煤灰不同施用量与不同季节地温关系。

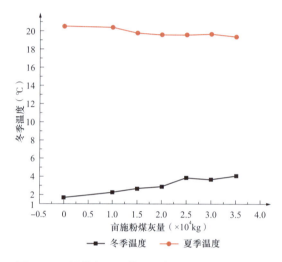

图 5-29　粉煤灰不同施用量与不同季节地温关系

5.6.1.5　改善土壤含水量

粉煤灰是一种质量轻、体积大、孔隙率大的固体，它的含水率在 57.7% 左右。试验发现，黏质土壤每亩施灰量增加 5000 kg，土壤视密度下降 0.11%，孔隙率增加 3.53%，含水量增加 1.14%，经过改良后的黏质土壤提高了自身的保水供水性能。

5.6.2　粉煤灰制化肥

粉煤灰含有植物生长所需的 16 种元素和其他营养物质，被人们称为长效复合肥，但各类元素含量较少，需经过加工处理，才可以当化肥原料。利用粉煤灰生产肥料，是随着农业生产的需求不断提高而兴起的，目前已开发出粉煤灰硅钙肥、粉煤灰复合肥、粉煤灰磁化肥、粉煤灰钙镁磷肥等。但粉煤灰的化学组成使粉煤灰在用作植物养料源的同时，存在的污染元素也可能造成土壤、水体与生物的污染。

5.6.2.1　粉煤灰复合肥

传统的复合肥是以 N、P、K 为原料，按特定的比例进行配制，用凹凸棒作为添加剂，经过一定的生产工序，制成合格的复合肥料。粉煤灰复合肥的生产工艺和普通复合肥生产工艺基本相同，粉煤灰作为原料直接加入其中，既代替凹凸棒土，又利用了含有微量元素的废物。粉煤灰的掺入量一般占 10%，N、P、K 的含量不低于 25%，经检验符合国家复合肥产品标准。实践证明，在 N、P、K 养分相同的情况下，粉煤灰复合肥综合质量优于普通复合肥。河南省农科院制成的粉煤灰复合肥与普通复混肥相比，多种作物增产幅度在 2.0% ~ 13.5%，表现出"等量等效"作用。合肥工业大学研制的粉煤灰复合肥经大田试验，优于等养分的常规施肥，也优于 25% 低浓度氮磷钾复合肥，分别增产 19.1% 和 8.9%。粉煤灰复合肥的施用量与农作物的种类、复合肥的含量有关，一般施用量为 750 ~ 1800 kg/hm²，平均增产 10% ~ 15%。

5.6.2.2 粉煤灰磁化肥

粉煤灰磁化肥是在粉煤灰中添加适量的 N、P、K 等养分和其他微量元素，经造粒、磁化得到的一种新型复合肥，集粉煤灰、磁效应和常规化肥作用于一体，是一种具有较全元素的物理化学性质的肥料。粉煤灰磁化肥是土壤磁学理论与优化配方和施肥技术相结合的产物，产生于 20 世纪 80 年代初期。磁化肥的生产工艺与粉煤灰复合肥的工艺基本相同，不同的是磁化肥生产工艺流程中多了一道磁化工艺，不但使复合肥中增加了一些粉煤灰固有的微量元素，而且粉煤灰中的富铁玻璃微珠受磁化作用后的剩磁也能够使土壤的某些性能得以改善，这样就增加了复合肥的综合肥力。粉煤灰磁化肥对农作物有明显的增产作用，在肥效、促进作物生长方面优于普通复合肥。每亩施用 50 kg 粉煤灰磁化肥，可使作物增产 5% ~ 30%，施肥成本下降 10% ~ 30%。

5.6.2.3 粉煤灰硅钙肥

粉煤灰硅钙肥是燃煤电厂液态排渣炉烧出的增钙液态渣经水淬磨细而得到的含有硅、铝、铁为主要成分的玻璃相，以及以可溶性硅酸钙为主的多种微量元素的一种碱性肥料。制肥原料一般要求可溶性硅含量达 20% 以上，而一些烧高钙煤的固态排渣炉排出的渣及含 SiO_2 可达 40% ~ 60% 的低钙粉煤灰，由于其可溶性硅含量分别为 10% 左右和 1% ~ 2%，均不能成为粉煤灰肥料。粉煤灰硅钙肥的作用在于它施入缺硅土壤后，对水稻、甘蔗等需硅作物能提供有效硅，同时还能使酸性土壤的 pH 值提高，改善作物生长条件。粉煤灰硅钙肥一般作基肥使用。

5.6.3 覆土造田

粉煤灰除氮含量较低外，其他化学成分及营养成分与黄褐土基本相同，使其可直接用于造地还田。粉煤灰用来填充山谷、洼地、低坑、塌陷地等作为灰场，储满灰后的灰场上覆盖 20 ~ 50 cm 厚的土层即可成为田地，开展农牧业。

唐山市区的大城山占地 $6.0 \times 10^6 \, \mathrm{m}^2$，多年来由于各厂矿、企业和个人在山上采石，使大城山的植被、地面遭到严重破坏。唐山电厂用粉煤灰充填这些石头坑，累计覆土造地 400 余亩（1 亩 ≈ 666.667m²）。这些再造地经大城山园林处播种育苗，树木成活率达 90%，覆盖面积达 $3 \times 10^6 \, \mathrm{m}^2$，并建成大城山公园供游人观赏。

淮北发电厂将淮北煤矿塌陷区设计为粉煤灰储灰场，首先利用挖泥船和水利挖塘机将煤矿塌陷坑整理成池塘状，周围用土筑高呈堤坝形，而后将电厂粉煤灰用大型输灰管道按水灰比 15 : 1 的比例，将粉煤灰充填到煤矿塌陷区（填充厚度 4 m），再将周围土堤坝及附近的土壤覆盖在粉煤灰灰层上（覆土厚度 30 ~ 50 cm），构成煤矿塌陷区粉煤灰复田。通过引种 8 个树种、130 多个天性系品种，形成上、中、下结合的复层生态结构，建立复层营林环境生态体系，可提供木材原料和林副产品，获得显著的经济效益。

5.6.4 纯灰种植

纯灰种植与覆土造田相比，不需要动用土方，成本较低，特别是在旧灰场上进行种草植树压尘是治理粉煤灰污染的一条有效途径，但要比覆土种植的种植效果差、技术性强、对植物的选择性也更强，在纯灰上覆土厚 5 ~ 10 cm 可有效改善纯灰的种植条件。在纯灰上种植作物可采用点播或条播，不适宜撒播。在播种前应施加一定数量的有机肥料作为基肥，假若是种植蔬菜类作物，由于育种期短，还应同时施加一定数量的化肥以补充氮素的不足。在灰场上种植植物的病虫害比土壤上种植要少得多。

5.7 粉煤灰用于回填

粉煤灰用作回填材料是粉煤灰资源化利用的重要途径之一。粉煤灰用作回填材料具有用灰量大，对灰的质量要求低，干、湿灰均可直接利用，投资少，见效快，技术成熟，易推广等特点。粉煤灰在回填领域的应用技术主要包括两个方面：①用于工程回填，即用粉煤灰代土或其他材料在建筑物的地基、桥台、挡土墙做回填，由于其密度小（比大多数土轻 25% ~ 50%），可在较差的底层土上应用，减少基土上的荷载，降低沉降量；②用于特殊用途的回填，包括围海造田（地）和矿井回填，其中围海造地是结合电厂灰池造地或造田，矿井回填是对废弃矿井的回填、充实。

5.7.1 工程回填

粉煤灰是一种可以替代传统砂土材料的工程填充物。使用粉煤灰进行土壤回填，可以显著增强其抗压性能，使其不仅适用于作为垫层材料，也适合作为工程基础，同时具备优异的防水密封功能。根据粉煤灰回填用料可分为以下三种工程回填方式。

（1）素灰回填。指直接使用Ⅲ级粉煤灰，无需任何加工，即可在工程中使用，夯实后能够达到一定的强度标准。

（2）灰土回填。将粉煤灰与生石灰按 8 ∶ 2 的比例混合，经过均匀搅拌和分层夯实后形成的垫层，其承载力可超过 100 kPa。

（3）渣土回填。将粉煤灰、石灰和碎石混合后进行搅拌和压实，形成的板状结构在抗压强度等各项性能指标上远超传统施工技术。

5.7.2 港口回填

粉煤灰在港口工程的回填应用包括港口地区的工程填筑（码头后方堆场、道路、建筑物地基、建筑物回填工程等）以及港口造地绿化等。粉煤灰很早就被应用于许多港口工程中，比如上海外高桥新港区一期工程中用粉煤灰作回填材料，填筑面积达 10 万 m^2，用灰量达 20 余万 t；上海港罗泾煤码头的建设中用灰量 150 万 t。

港口工程对粉煤灰的品质要求需满足 JTJ/T 260—1997《港口工程粉煤灰填筑技术规程》，具体要求如下。

（1）电厂排放的硅铝型低钙粉煤灰，都可作为港口工程填筑使用。

（2）粉煤灰化学成分 $SiO_2+Al_2O_3$ 总含量宜 ≥ 70% 或 $SiO_2+Al_2O_3+Fe_2O_3$ 总含量宜 ≥ 70%；SO_3 含量不宜 ≤ 3%；烧失量 ≤ 12%。

（3）用于港口工程填筑的粉煤灰粒径应控制在 0.001 ～ 2 mm 之间，且小于 0.074 mm 的颗粒含量宜大于总量的 45%。

（4）粉煤灰的含水量应予以控制，对于过湿的粉煤灰应沥干至接近或略低于最优含水量。

（5）填筑粉煤灰必须符合 GB 6566—2010《建筑材料放射性核素限量》。

港口工程应用的粉煤灰主要是低钙粉煤灰，高钙粉煤灰遇水后会出现体积安定性不良或膨胀开裂等现象，不利于港口工程的建设。粉煤灰在港口工程进行填筑时一般采用湿法吹填或压实建筑方式。

5.7.3 矿井应用

粉煤灰在矿井工程中的利用方式主要包括井下充填开采、注浆防灭火、注浆堵水、注浆堵漏、构筑井下建筑物等。

（1）粉煤灰用于井下充填。用粉煤灰作为回填材料充填矿井采空区，可大批量利用电厂产生的粉煤灰。粉煤灰在井下充填中有多种利用方式：以粉煤灰等固体废弃物为原料，添加专用胶结料配置成膏状浆体，通过运输系统充填到井下采空区；利用粉煤灰和少量添加剂配置高水膨胀充填材料进行充填；将粉煤灰与煤矸石以一定配比混合后直接干法充填等。粉煤灰用作充填材料时对粉煤灰品质无特殊要求，应用过程中根据粉煤灰的成分和性能指标制定相应的配方即可。由于矿井采空区与地下水有着广泛连通，而用粉煤灰进行矿井回填时，不可能边回填边压实，这样势必造成部分粉煤灰自然松散地浸入地下水中，因此在粉煤灰用作矿井回填材料之前，首先要进行粉煤灰水浸试验，如果水中有害物含量大，且超过国家规定的饮用水标准，则不宜用粉煤灰回填矿井。粉煤灰的用量根据充填工艺不同而不同，可完全以粉煤灰为填料或将粉煤灰与煤矸石配合使用（比例一般为 1：3 ～ 1：4）。

（2）粉煤灰用于煤矿井下注浆灭火。粉煤灰自身理化性质满足井下灭火注浆材料一般需要具备以下五个基本性能：不含可燃或助燃物质；易成浆；利于管道水力输送；具有必要的稳定性和脱水性；具有足够的密封性能。粉煤灰用于煤矿井下注浆灭火，可以起到隔绝、包裹、降温作用，但烧失量过大、含较多可燃物质的粉煤灰不宜用作注浆灭火材料。用粉煤灰替代黄土作为防火注浆材料具有以下优点：节约材料费，仅需投入小部分运输费；资源稳定，我国粉煤灰产量巨大，而黄土很容易受气候的影响，从而造成供不应求的局面；可节约大量黄土资源；粉煤灰凝固性好，可快速封闭采空区。

（3）利用粉煤灰构筑井下建筑物。粉煤灰构筑井下建筑物，是粉煤灰综合开发利用的又一新方向。将粉煤灰应用于构筑通风设施、墙体及密闭内充填物等，为矿上节约大量的材料费。粉煤灰的强度、黏度虽略逊于水泥，但是在墙体裂缝防渗、增加后期强度、抗压、堵漏等方面效果比水泥、黄土更好。

5.7.4 采矿塌陷区回填

我国采矿业每年占用和破坏的土地约 3.4 万 hm^2，其中煤炭开采形成的地面塌陷约达 3 万 hm^2。用粉煤灰回填复垦采煤塌陷地是我国采煤塌陷地充填复垦的主要技术之一，早在 20 世纪 80 年代，该技术就在我国安徽淮北等地得到应用，回填复垦了大量土地。粉煤灰用于采矿塌陷区回填时对粉煤灰无特殊品质要求。

5.8　粉煤灰空心微珠的分选利用

粉煤灰中含有的颗粒微小、呈圆球状，颜色由白到黑、由透明到半透明的中空玻璃体，统称为空心微珠。空心微珠主要包含漂珠、沉珠、磁珠和炭粒。作为一种新兴多功能材料，空心微珠具有颗粒细微、中空、质轻、耐高温、绝缘（漂珠、沉珠）、隔热保温、耐磨、耐酸等特性，是新型复合材料工业的优良原料和填充剂，已应用在建材、塑料、橡胶、涂料、化学、冶金、航天等各方面。粉煤灰是由上述多类固体颗粒构成的集合体，因此所有形态和元素混杂在一起的利用价值较低，对其各成分进行分选后的利用则更具有经济效益和环境效益。粉煤灰中各个组分均是以单体形式游离于粉煤灰中，同时各种空心微珠所表现出的物理性质有较为明显的差异，这给粉煤灰空心微珠的分离提供了基础。微珠的分选根据介质可分为以空气为介质的干法分选工艺（见图 5-30）和以水为介质的湿法分选工艺。

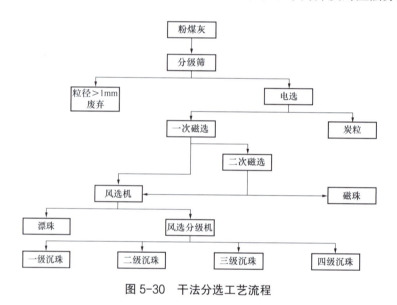

图 5-30　干法分选工艺流程

5.8.1　漂珠的综合利用

漂珠是从粉煤灰中分选出来的具有硅铝酸质空心的珠体，是一种高附加值产品，具有壁薄中空、质轻、耐磨、高强度、隔热保温等特点。漂珠在粉煤灰中含量占 1% ～ 5%，密度 0.4 ～ 0.8 g/cm³，漂珠中 SiO_2 和 Al_2O_3 的含量达 90% 以上。表 5-9 为漂珠的主要物理性质，图 5-31 所示为漂珠的微观形貌。

表 5-9　　　　　　　　　　　　　　漂珠的主要物理性质

指标	显微结构	粒径（μm）	堆积密度（g/cm³）	密度（g/cm³）	导热系数[W/(m·K)]	熔点（℃）
物理性质	空心球壳	1 ～ 300	0.25 ～ 0.40	0.40 ～ 0.75	0.08 ～ 0.11	1400 ～ 1500

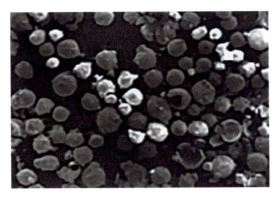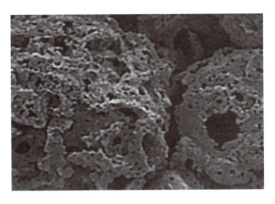

图 5-31 漂珠的微观形貌

由于漂珠的密度很小，因此常采用浮选法来制备漂珠。得到高回收率的漂珠混合物之后，再通过筛分—焙烧—筛分工艺对漂珠进行提纯，最后得到纯度在 95% 以上的漂珠。张开元等在磁选出精铁矿砂后的干粉煤灰中加入 NaOH 溶液并搅拌，待液面上浮起漂浮物后利用浮选设备收集漂珠，后经除碳以及再次分选、洗涤获得白色漂珠产品。

漂珠的利用途径主要包含以下几个方面。

（1）轻质高温隔热耐火材料。粉煤灰漂珠由于其质轻、隔热、耐高温的特性，有效克服普通轻质耐火砖存在的热导率、密度与力学强度之间的矛盾，被广泛用于制作轻质漂珠砖和其他保温耐火材料，在品质和使用效果均优于普通的隔热材料，在电力、冶金、制药等行业中也有着重要的应用。

（2）塑料和橡胶填料。在塑料和橡胶工业中，漂珠作为填料相对于其他填料如碳酸钙等可以降低成本，减轻产品质量，并改善其电绝缘性和热学性能，提高塑料和橡胶的硬度和耐磨损性。

（3）建筑材料。漂珠可作为掺料用于超轻混凝土和低密度水泥，大幅度减轻质量并提高其保温性能；用于生产人造大理石和其他建筑组件，可提高材料的抗裂和抗冲击能力。

（4）环境功能材料。漂珠对水中的 COD_{Cr} 和重金属具有一定的吸附作用，可以用作废水处理的吸附材料，研究表明活性漂珠对水中重金属的首次吸附本平均近似于 70%。

（5）吸波材料。粉煤灰漂珠在电磁波吸收方面显示出潜在的应用前景，可以用于军事和民用领域的电磁兼容性改善。

（6）土壤改良剂。粉煤灰漂珠可以用作土壤改良剂，改善土壤结构，提高土壤的通气性和保水性。

（7）涂料。在涂料工业中，漂珠的添加可以改善涂料的流变性能和干燥速度，同时降低成本。

（8）陶瓷材料。漂珠在陶瓷制品中作为原料，可以提高陶瓷的机械强度和热稳定性。

5.8.2 沉珠的综合利用

沉珠占粉煤灰总量的 30% ～ 70%，密度 0.8 ～ 2.4 g/cm^3，其化学成分主要为 SiO_2 和 Al_2O_3。粉煤灰沉珠具有质轻、中空、熔点高、热导率小、热稳定性强及耐压强度大等优点，具有的形态效应及微集料效应能够广泛用于建筑材料的生产与建设工程。粉煤灰沉珠同样是一种良好的矿物填充材料，经表面活化或改性后，可以作为橡胶等高分子材料的补强剂，广泛应用于塑料、橡胶、树脂、人造大理石等多种材料的生产。图 5-32 所示为沉珠的微观形貌。

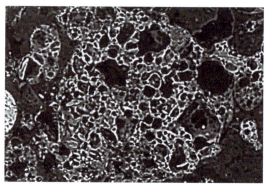

图 5-32　沉珠的微观形貌

粉煤灰在提取完漂珠、磁珠、炭粒之后，还剩下沉珠、石英单体及少量杂质等，它们之间在密度、粒径、形状和表面特性等方面都存在着明显差异性，可以选用重分法进行分离。张权笠等采用摇床重选粉煤灰中的沉珠，确定好矿浆浓度及其他因素后，选出率可以保持在 90% 以上。

金立薰等利用超细化沉珠制备了橡胶等高分子材料的补强剂，其拉伸强度为 16.4 MPa，撕裂强度为 56 kN/m，1.61 km 磨耗为 0.90 cm³，各项指标均高于高岭土做填料时的使用效果。陈寿花等以粉煤灰沉珠作为酚醛塑料的一种填料，在一定填充范围内，随着沉珠填充量的增加，酚醛塑料的电学性能、尺寸稳定性、耐热性、耐水性能均有所提高，但材料的弯曲强度、冲击强度下降。任新乐等把不同质量分数的沉珠加入到隔热涂料中，取代涂料中原有的玻璃微珠，随着沉珠加入量的增加，涂料的体积密度由原来的 1.41 g/cm³ 降至 0.92 g/cm³，显气孔率从 41.8% 上升到 54.0%，隔热涂料的关键性能得到显著提高。

5.8.3　磁珠的综合利用

磁珠具有良好的磁性和多孔结构，在粉煤灰中含量占 4% ～ 18%，密度一般为 3.1 ～ 4.2 g/cm³，主要矿物组成为 Fe_2O_3 与 Fe_3O_4，其次是 SiO_2、莫来石和 Al_2O_3，可将磁珠作为 Fe_xO_y–Al_2O_3–SiO_2 系统进行研究。表 5-10 为磁珠的物理特性，图 5-33 所示为磁珠的微观形貌。因磁珠特有的磁性，工业上常采用磁选法来分选磁珠。

表 5-10　　　　　　　　　　　　　　　磁珠的主要物理性质

指标	堆密度（g/cm³）	孔隙率（%）	磁性物含量（%）	比磁化率（cm³/g）
物理性质	0.25 ～ 0.40	0.40 ～ 0.75	0.08 ～ 0.11	1400 ～ 1500

5.8.3.1　磁珠在重介质选煤中的应用

我国选煤行业一直使用原生磁铁矿作重介质选煤的加重质，虽然效果好，但存在浪费矿产资源、加工成本高等不足。将磁珠通过恰当的处理，可以代替磁铁矿粉作为选煤重介质，具有成本低、耐磨性、耐氧化、社会效益和环保效益高等优点。肖泽俊等利用磁珠（掺量占比 25% ～ 100%）替代部分磁铁矿粉作为加重质，并通过控制磁珠与磁铁矿粉的不同配比进行系统的工业化试验，粉煤灰磁珠的添加比例对精煤分选效率及灰分等指标没有影响，但新型重介质的回收率略低于磁铁矿粉重介质的回收率。七台河市燃料公司选煤厂将磁珠作为空气重介选煤的加重质，效果优于磁铁矿粉及磁铁矿粉、石英粉、煤粉三合一介质，是空气重介选煤法的一种良好加重质。

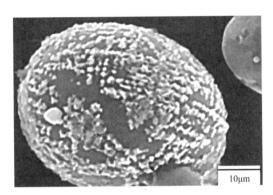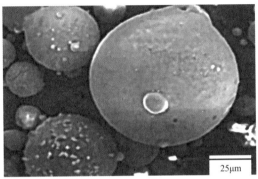

图 5-33　磁珠的微观形貌

5.8.3.2　磁珠在水处理领域的应用

鉴于粉煤灰磁珠良好的磁性和多孔结构，可用作磁种材料、磁性载体、磁性吸附剂的廉价原材料，用于污水的磁絮凝处理、催化降解及重金属吸附。

磁絮凝污水处理技术是指向污水中同时投放絮凝剂和磁种，通过絮凝、吸附、架桥等作用使水中悬浮颗粒与磁种颗粒结合生成磁性絮团，最后利用磁选设备将磁性絮团分离出来，实现污水澄清（见图 5-34）。为解决传统磁絮凝污水处理技术中磁种材料成本高的问题，可采用物理化学性质与磁铁矿粉相近且成本较低的粉煤灰磁珠作为磁种替代材料。同时，粉煤灰磁珠密度低于磁铁矿粉，表面活性基团多，更易于与絮凝剂结合，可有效处理含磷、重金属等的废水。李建军等通过对粉煤灰进行分步磁选、球磨、表面修饰等处理获得微磁珠悬浊液，然后加入聚丙烯酰胺并使其充分溶胀，干燥研磨后即得磁性絮凝剂，成品在室温下具有超顺磁性，其最高比饱和磁化强度可达 9.21×10^{-3} A·m²/g，

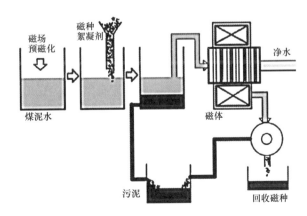

图 5-34　磁絮凝工艺流程

兼具较好的絮凝特性，可通过外磁分离技术实现煤泥絮团的高效沉降。穆超群以火电厂废料粉煤灰磁珠为原材料，分别制备了壳聚糖/粉煤灰磁珠复合吸附剂、硫脲接枝的粉煤灰磁珠吸附剂和脒基硫脲接枝的粉煤灰磁珠吸附剂，并分别应用于不同种类的贵重金属离子的吸附。

磁珠中含有磁性的含铁相可以代替传统合成磁性沸石中需要的纳米 Fe_3O_4 添加剂，使之保持优良的选择性吸附特性及易于磁分离等性质。Jiang 等利用丙烯酸与丙烯酰胺作为交联剂，对磁珠进行表面改性，形成磁珠与聚（丙烯酸–共–丙烯酰胺）复合材料，具备磁性且选择性吸附 Pb^{2+} 的特性。

5.8.3.3 磁珠在其他方面的应用

磁珠可以作为载体负载具有光催化性能的材料复合制备成新型光催化剂。张曙光利用高能球磨法，将纳米 TiO_2 颗粒直接负载于磁珠的表面制备出磁性光催化剂，这种 TiO_2/磁珠光催化剂在光照 7 h 内，对初始质量浓度为 500 mg/L 的 4-氯苯酚溶液去除率可达 95%，并且由于磁珠的磁性，催化剂可被方便地分离回收。

粉煤灰磁珠的另一应用领域是氧化和收集烟气中的 Hg，具有较高的汞氧化率和脱除率。有研究表明，粉煤灰中铁氧化物（Fe_2O_3）对 Hg^0 具有催化氧化活性，并且磁珠本身含有的多种微量过渡金属元素也对催化性能有促进作用。

5.8.4 炭粒的综合利用

粉煤灰中的炭粒主要是无晶质的无机炭，具有质轻、挥发分低、硫含量低、表面积大、具有一定的吸附能力和发热量等特点，密度介于 1.6 ～ 1.8 g/cm³，堆积密度介于 0.6 ～ 0.7 g/cm³。粉煤灰中炭粒的筛选主要有浮选和电选两种工艺，前者利用粉煤灰微珠中各种组分在高压电场中电性差异而实现分选，后者利用炭和粉煤灰与水亲疏关系不同的特点进行分选。炭粒可用于工业与民用燃料，作为砖瓦厂砖坯的内燃燃料和民用型煤的添加料，降低能耗和成本；可用作碳素制品的原料，利用其表面多孔的特点，作为吸附剂或者活性炭原料；也可用作铸铁型砂掺合料及冶炼铁合金炭球还原剂等。

5.9 粉煤灰制作陶粒、陶瓷砖等陶瓷材料

5.9.1 粉煤灰陶粒

粉煤灰陶粒是以粉煤灰为主要原料（掺量占比 80% ～ 95%），掺入一定量的胶结料和水，经计量、配料、加工成球、水化和水热合成反应或自然水硬性反应而制成的一种人造轻骨料（粒径介于 3 ～ 15 mm 之间）。粉煤灰陶粒按性能可分为超轻型（堆积密度 < 500 kg/m³）、结构保温型（堆积密度 500 ～ 750 kg/m³）和高强型（堆积密度 750 ～ 1000 kg/m³）。

粉煤灰陶粒具有密度小、强度高、导热系数低、稳定性好等优良性能，可广泛应用于建材、园艺、食品饮料、耐火保温材料、化工、石油等领域。我国从 20 世纪 50 年代初开始研究陶粒的生产和应用，相继建成了许多粉煤灰陶粒厂。其中，1996 年建成的用烧结机法生产陶粒的天津市硅酸盐制品厂，是我国生产时间最长、影响较大的粉煤灰陶粒厂，产品主要为结构保温型陶粒。之后，随着高强高性能混凝土的发展，人们又研制出了高强型

和超轻型粉煤灰陶粒。

当前，国内外陶粒生产可分焙烧型和养护型（免烧型）两类。前者可分为烧结机法、回转窑法和机械立窑法；后者可分为自然养护、蒸汽养护和发泡蒸汽养护。目前，我国的粉煤灰陶粒以焙烧型为主。焙烧陶粒具有技术成熟、产品强度高等优势，但存在能耗高、投资大、工艺复杂等缺点。鉴于此，众多学者开始了免烧陶粒工艺的探索，克服焙烧法制备陶粒成本高、污染大缺点。目前，粉煤灰免烧陶粒的研究仍处于研制阶段，还未推广使用。

5.9.1.1 焙烧型粉煤灰陶粒

根据焙烧前后体积的变化，可将焙烧陶粒分为烧结粉煤灰陶粒和烧胀粉煤灰陶粒两种。烧结陶粒在焙烧过程中不发生较大的体积膨胀，内部只有少量连通或开放性的气孔；烧胀陶粒会发生较大的体积膨胀，内部有大量的封闭气孔，因此具有更优异的保温性能和更低的堆积密度。烧结陶粒是以粉煤灰为主要原料，粉煤灰掺量约90%；烧胀陶粒的典型配方为粉煤灰（掺量占比70%～90%）、黏土（10%～30%）、助胀剂（3%～5%）。

烧结陶粒是利用高温使粉煤灰中的玻璃体熔融，冷却后粉煤灰颗粒间相互黏结，得到具有一定强度的陶粒。烧胀陶粒与烧结陶粒的不同之处在于：烧胀陶粒存在较大的体积膨胀，即发泡物质在高温下释放气体，产生气体压力；陶粒坯体在高温作用下，会逐渐产生液相，液相具有一定的黏度；在气体压力作用下，坯体会发生塑性变形，可将产生的气体束缚，防止气体外逸；通过坯体变化和坯体内气体的共同作用，使陶粒发生理想的膨胀。通过焙烧，原料转化形成热稳定性更强的新物相：粉煤灰中的 SiO_2 和 Al_2O_3 在焙烧过程中可形成莫来石相，是构成陶粒骨架的成分；CaO、MgO、Fe_2O_3 等可作为焙烧过程中的助熔剂，降低陶粒的烧成温度；粉煤灰中的有机质、$CaCO_3$、$MgCO_3$、铁盐、锰盐或人为添加的可以产生气体的其他高温产气类物质是形成多孔形态的主要成分。图5-35所示为粉煤灰制备焙烧陶粒工艺流程。

原料 → 配料 → 混合 → 造粒 → 干燥 → 预烧 → 焙烧 → 冷却 → 筛分 → 产品

图 5-35 粉煤灰制备焙烧陶粒工艺流程

粉煤灰陶粒产品应满足 GB/T 17431.1—2010《轻集料及其试验方法 第1部分：轻集料》的要求。

根据焙烧设备，工艺可分为回转窑工艺、烧结机工艺、机械立窑工艺。回转窑工艺的粉煤灰掺量一般不大于80%，主要优点是可根据粉煤灰的主要性能调整配比、制定焙烧制度，既可生产超轻陶粒（要求粉煤灰 SiO_2 介于45%～60%、$Al_2O_3 < 24$% 等），也可生产高强陶粒。烧结机工艺中的粉煤灰掺量一般为80%～90%，陶粒堆积密度630～750 kg/m³（筒压强度4～6 MPa），热耗比回转窑低（60%），电耗高于回转窑。烧结机法粉煤灰掺入量一般可达80%～90%，回转窑法最多可达70%～80%，粉煤灰陶粒的吃灰量整体高于粉煤灰烧结砖。表5-11为不同工艺间的优缺点对比。

表 5-11 不同焙烧工艺的优缺点

焙烧设备	优点	缺点
机械立窑	（1）热效率高达 45%。 （2）设备用钢量少。 （3）生产的粉煤灰质量好。 （4）生产成本低	（1）对原材料要求较为严格，选灰困难，不利于普遍推广。 （2）由于窑边部所需热量不同，因此操作比较困难，易在窑内结炉而影响生产。 （3）产量低
回转窑	（1）选灰容易，粉煤灰的含碳量可不受限制，不需掺入补充燃料。 （2）物料在窑内运作条件好，受热较均匀，使焙烧产品质量好	（1）热效率低，仅为 20% ～ 30%。 （2）生料球强度要求高。 （3）烧前需先烘干，出窑时陶粒需冷却。 （4）生产控制不够灵活
烧结机	（1）产量高。 （2）机械化程度高，生产控制方便灵活。 （3）允许原材料质量和配合比波动范围较大。 （4）对生料球强度要求低，燃料消耗也较回转窑系统少	（1）设备耗钢少，能耗较大。 （2）产品质量不如回转窑好。 （3）原料含碳量必须满足焙烧要求。 （4）表层陶粒进出点火器时，易骤热、骤冷，影响陶粒焙烧质量

5.9.1.2 养护型（免烧型）粉煤灰陶粒

养护型粉煤灰陶粒是将粉煤灰与石灰、水泥（或石膏）配合，掺入适量激发剂和黏结剂，经加工、成球，经自然养护或蒸汽养护而成，如图 5-36 所示。粉煤灰自身基本没有水硬胶凝性能，但以粉末状态接触到水时，会在一定温度下与 Ca（OH）$_2$ 或其他碱土金属氢氧化物发生化学反应，生成一种具备水硬胶凝性能的化合物，从而提升陶粒强度和耐久性。影响粉煤灰免烧陶粒性能的主要因素有原料、性质、激发剂掺量、黏结剂用量、发泡剂种类及用量、养护方式、蒸养温度和养护时间等，可通过改变工艺条件，制备出不同性能和用途的产品。

图 5-36 粉煤灰制备免烧陶粒工艺流程

（1）粉煤灰包壳免烧轻质陶粒技术。目前，粉煤灰包壳免烧轻质陶粒技术主要有以下两个工艺：①选择粒径 1 ～ 2 mm 的膨胀珍珠岩粉作陶粒的核，干排粉煤灰、水泥和外加剂混合的胶结料为壳对核进行包裹，制成陶粒坯料，最后经养护而成。该产品轻质、高强、吸水率小、保温性能好、生产工艺简单。②将硬质泡沫塑料在高速搅拌机中破碎成粒，与粉煤灰胶结料混合成球，成球过程中喷胶，制成的坯料在太阳能养护棚中养护，最后分级获得成品。产品粒径为 5 ～ 15 mm，堆积密度 650 ～ 750 kg/m³，24 h 吸水率 < 19%，筒压强度 4 ～ 5 MPa。

（2）荷兰"安德粒"技术。使粉煤灰在蒸汽养护下与石灰混合后制成具有一定凝结硬化能力的粉煤灰陶粒：将粉煤灰和消石灰按比例输入混合器先行干混后再喷水混合，输入成球盘淋水成球，排出的料球埋置在相当于料球 4 倍的干粉煤灰中，一起送入养护仓，蒸汽养护 16～18 h，温度 80℃，最后将物料分离，料球按设定粒径大小分级。产品堆积密度约 1100 kg/m³，筒压强度约 3 MPa，耐久性差，主要用于陶粒混凝土空心砌块和低标号无筋混凝土。

5.9.1.3　粉煤灰陶粒的应用

（1）粉煤灰陶粒以质轻、高强的特点，用作高层建筑和市政桥梁工程时，可缩小构件截面尺寸，减轻下部结构及基础荷重，节约钢材和其他材料用量，降低工程造价、加快施工进度。

（2）粉煤灰陶粒以保温、连续级配、质轻等特点，应用于建筑墙板和建筑砌块时，可减少水泥用量，减轻重量，增加建筑保温、隔声性能。目前我国约有 40% 的陶粒被用于建筑墙板和砌块，高强陶粒还可用作承重墙板和砌块，并省去外墙保温环节。

（3）粉煤灰陶粒混凝土具有隔热、抗渗、抗冲击、耐热、抗腐蚀等优良性能，是地下建筑、造船工业及耐热混凝土等工程的首选骨料。

（4）粉煤灰陶粒混凝土具有良好的耐火性能，可直接用于高温窑炉及烟囱的耐火内衬。

（5）公路声屏材料必须具有耐酸碱、耐水、耐火、强度高、吸收系数高、吸声频带宽等特点，粉煤灰陶粒混凝土完全满足这些要求并得以成功应用。

（6）粉煤灰陶粒以表面粗糙坚硬、耐磨、抗滑、抗冻融等特性，用于筑路工程，可显著提高道路的抗滑性能，提高车辆行驶安全性，适用于软土地基和高寒地区，可延长道路的使用寿命。

（7）粉煤灰陶粒以多孔、吸水和不软化等特点，可用作水的过滤剂、花卉的保湿载体和用于蔬菜无土栽培等。

粉煤灰陶粒部分研究应用见表 5-12。

表 5-12　　　　　　　　　　　　　粉煤灰陶粒部分研究应用

类别	原料	性能	应用领域
粉煤灰烧结陶粒	粉煤灰、黏土、玻璃粉（90：5：5）	容重等级 900、颗粒抗压强度 25 MPa、吸水率 17%	作为吸附剂处理含油废水
	粉煤灰、铝土矿、黏土及矿化剂（60：20：20）	酸溶解度 5.7%、52 MPa 下破碎率 5%、表观密度 2.61 g/cm³	用作支撑剂
粉煤灰烧胀陶粒	板状刚玉粉、α-Al_2O_3 微粉、ρ-Al_2O_3 微粉和金属铝粉为主要原料，锯末作为造孔剂，PVA 溶液为结合剂	随着锯末添加量的增加，试样的气孔率和平均孔径逐渐增大，热导率逐渐减小；孔径小于 2 μm、在 2～6 μm 之间和大于 18 μm 的气孔对试样热导率有显著影响	用作隔热材料
	粉煤灰、污泥、黏结剂及造孔剂（70：20：10）	吸水率 16.69%、堆积密度 704.62 kg/m³、比表面积 0.14 m²/g、颗粒强度 1080 N	用作建筑骨料

类别	原料	性能	应用领域
粉煤灰免烧陶粒	粉煤灰、水泥、膨胀珍珠岩、其他添加剂（熟石膏、细磨生石灰粉、水玻璃等）、三乙醇胺界面改性剂（213：42：19：27：9）	堆积密度 637 kg/m³、筒压强度 1.7 MPa、吸水率 7.4%	用作吸音材料
	粉煤灰、水泥、激发剂（生石灰和石膏）、轻质材料（75：10：8：7）	粉煤灰夹芯陶粒比表面积 4.12 m²/g、孔隙率 52.%、耐静压强度 3.87 kg、直径 5～8 mm、表面粗糙、内部气孔发达	作为生物滴滤塔的填料，净化 NO 废气

5.9.2 粉煤灰陶瓷砖

粉煤灰中含有大量的 SiO_2、Al_2O_3、CaO 和 Fe_2O_3 等氧化物，通常被认为是陶瓷工业的低成本材料。粉煤灰呈细粉末状，使得它可以替代陶瓷黏土并直接与陶瓷浆料混合，几乎不需要进行预处理。粉煤灰中 Fe_2O_3 含量较高，不宜用来生产日用陶瓷，只能用来生产建筑陶瓷。

1995 年日本中部电力公司开发出了一种用粉煤灰生产瓷砖的技术，最多可掺入粉煤灰 30%，并且不添加新的生产设备，但 Fe_2O_3 等成分对瓷砖着色的影响限制了其使用范围。王功勋等通过添加粉煤灰（掺量占比 10%）至陶瓷废砖粒及抛光砖粉中，再用硼砂作为辅助熔剂的条件下制备再生陶瓷墙地砖，较未添加粉煤灰的制品强度提高了 35%，且吸水率也得到了有效控制。张帆等以固体废弃物粉煤灰与 K_2CO_3 为主要原料，通过预烧处理得到活化的粉煤灰原料，分别在 850、875、900、925、950℃进行常压烧结，制备得到粉煤灰陶瓷墙地砖材料。

吕瑞斌以粉煤灰为主要原料（颗粒法的粉煤灰质量百分比＞80.0%，造孔剂法的粉煤灰质量百分比＞66.7%），分别采用了颗粒法（见图 5-37）及造孔剂法（见图 5-38）两种不同的制备方法经高温烧结工艺制备了性能优良的粉煤灰基陶瓷透水砖，产品满足 A 类砖的标准且能有效抑制原粉煤灰中重金属的浸出。

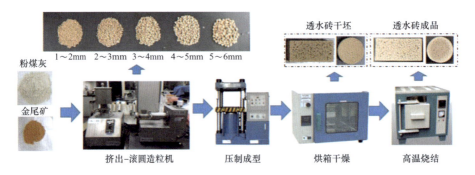

图 5-37　颗粒法制备粉煤灰基陶瓷透水砖流程

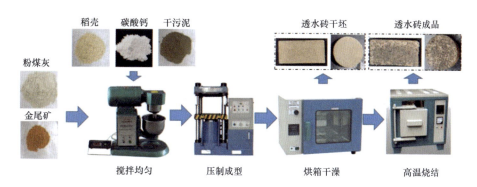

图 5-38　造孔剂法制备粉煤灰基陶瓷透水砖流程

5.10　粉煤灰合成沸石

人工合成沸石主要是利用 Al（OH）$_3$、硅溶胶等工业原料通过水热等方法合成，出于节省能源和环保的目的，研究者从 20 世纪 80 年代中期开始利用粉煤灰等废弃物合成沸石。粉煤灰中的主要组分是 SiO_2 和 Al_2O_3，是合成沸石的理想材料。粉煤灰合成沸石产物的类型、晶体大小和产量取决于粉煤灰原料的化学组成、粉煤灰与碱液的比例以及反应时间。粉煤灰合成沸石在一定程度上改变了粉煤灰的结构，显著改善了粉煤灰的吸附性能，是粉煤灰资源化利用的新用途。目前商业上常用的粉煤灰合成沸石分子包括 X 型沸石、A 型沸石、菱沸石等，主要合成方法有水热合成法及其各种改进方法、碱融—水热法、盐热法等。

5.10.1　传统水热合成法（一步法）

传统水热合成法（一步法）是开发最早、最为简便，也是目前应用最多的粉煤灰分子筛合成方法。用 NaOH 或 KOH 作为活化剂，配成适当浓度的水溶液后和一定质量的粉煤灰混合均匀，在一定温度条件下老化一段时间，在适当温度范围内晶化，然后将溶液过滤，用去离子水洗涤固体（至滤液的 pH 值约为 10），在 100℃下进行烘干，即为沸石产品。通过该方法合成沸石分子筛是一个多相反应结晶过程，通常包括至少一个液相和（非）晶态固相。

Kobayashi 等将粉煤灰与 KOH 溶液混合，采用一步水热法探讨了在不同水热时间条件下合成钾型沸石对 Hg^{2+} 的吸附能力，最佳条件下汞吸附量可达 11.6 mg/g，吸附后的沸石用 NaOH 溶液解吸，解析率达 70%。牛康宁利用一步水热合成了 Fe-SSZ-13 沸石，在合成沸石的过程中就将 Fe 负载上去，省去了传统方法合成沸石后再进行负载的繁琐步骤，将其用于处理氮氧化物，在 300～450℃条件下 NO 转化率接近 100%。Steenbruggen 等在水热条件下合成了 Na-P1 沸石并通过批量实验和吸附柱实验发现其对 Ba^{2+}、Cu^{2+} 等重金属离子具有较好的吸附性。

传统水热合成法（一步法）需要的老化时间长，反应温度高，能源消耗大，并且仍有大量的石英和莫来石不能溶解，生成的沸石还伴有副产物生成，影响产品沸石的离子交换性能。基于上述存在的问题，传统（一步法）水热合成法发展改良出多种合成方法，比如两步水热合成法、微波辅助合成法等。

5.10.2 两步水热合成法

两步水热合成法是先将一定量的粉煤灰分散于 NaOH 或 KOH 溶液中，让粉煤灰中的玻璃相充分溶解，将溶液老化、静置结晶一段时间后过滤洗涤得到部分沸石产品；通过检测滤液中的硅、铝离子的浓度，根据所需相应地添加硅铝源，再在水热条件下晶化，最后得到相应的沸石产品（见图5-39）。这种方法充分利用了传统一步法产生的废液中的硅、铝离子，通过添加铝酸盐再次得到纯度和吸附性能较高的沸石。与传统一步法相比，大大提高了总转化率，但其缺点是反应过程工作量较大，并且需要消耗一定量的硅铝盐，加大了生产成本。

王海龙等采用两步水热合成法制备了 Na-A 型沸石和 13X 沸石，相比一步法，制品杂质含量更少，结晶度更好，纯度更高，吸附性能更好，对 Mn^{2+} 去除率达到 98.19%，但成本也更高。Hollman 等人利用两步法合成出 Na-P1、Na-X 及 Na-A 型沸石，其中 Na-P1、Na-X 型沸石的纯度可以达至 95%，Na-A 型沸石中含有少量的羟基方钠石和无定形物质，三种沸石对重金属离子和铵的吸附性能都很好，尤其是 Na-P1 沸石对铵的吸附可以达至99.8%。

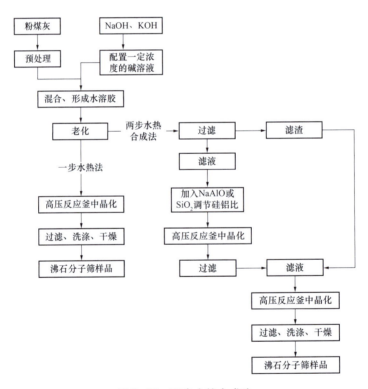

图 5-39 两步水热合成法

5.10.3 微波辅助合成法

Querol 等在 1997 年提出了通过微波辅助粉煤灰合成沸石的方法，工艺与上述传统水热合成法相似（见图5-40），但在晶化步骤中使用微波进行辅助晶化，具有加热快速、均匀和渗透力强的优点，可加快原料与强碱反应的速率，大大缩短合成时间，为粉煤灰合成沸石工业化提供了可能。

Inada 等利用微波法合成了纯度较高的 Na-P1 型沸石，反应 2 h 得到的沸石产品的离子交换容量（CEC）即可达到 200 meq/100g，而在传统加热条件下则需要 5 h，证明了微波辐射可以有效改善沸石的生成。郭永龙等在微波加热条件下合成了 Na-P1 沸石、浊沸石、菱沸石三种沸石，沸石的总转化率可以达到 40%。Behin 等利用粉煤灰和工业废水在较低功率（100 ～ 300 W）的微波辐射下短时间（10 ～ 30 min）合成了高结晶度的 Na-A 型沸石。

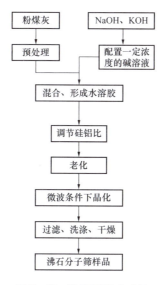

图 5-40　微波辅助合成法

粉煤灰微波辅助合成沸石不仅降低了合成成本，缩短了反应时间，而且效率高、能耗小、为潜在的工业化生产提供了可能性。但是，该方法得到的副产物较多，优质沸石的转化率尚不理想，目前仍停留在实验室研究阶段，具体的工业化生产仍需要大量研究不断进步。

5.10.4　碱融—水热法

碱融—水热法是在传统水热合成法之前添加了一步碱熔融预处理，使用强碱固体与粉煤灰混合煅烧，可以破坏粉煤灰中惰性物质的结构，使粉煤灰中所有硅铝成分都得以活化（包括部分难以溶解的莫来石和石英），之后再向煅烧产物中加入适量蒸馏水，搅拌陈化后置于反应釜中，一定温度下结晶生成沸石（见图 5-41）。经过碱熔融过程，粉煤灰中大部分稳定态的石英和莫来石转化为钠的硅酸盐和铝酸盐，因此得到的沸石产物纯度较高，是目前较为理想的粉煤灰合成沸石的方法。

吴迪秀等以某硅铝比为 1 ：1 的粉煤灰为原料，采用碱融—水热法制备了 A 型沸石。结果表明，在碱灰比为 1.3 ：1、煅烧温度为 650℃条件下焙烧 60 min，并于 100℃条件下晶化 8 h，所制备的沸石对 Cu^{2+} 去除率大于 95%。Molina 将该方法和传统水热合成法进行了比较，发现在相同条件下碱融—水热法更容易在短时间内生成高结晶度的 Na-X 型分子筛，相比传统的水热合成法，碱融—水热法熔解了顽固物质，使原灰得到充分活化，硅铝元素也很好地分离出来，使得晶化时沸石晶体的成核度及生长速率都大大提高，合成的沸石样品具有更好的纯度，大大缩短了反应时间，且离子交换量和产率更高。

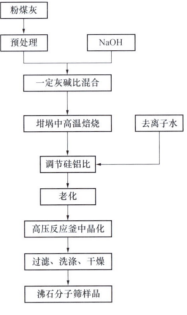

图 5-41　碱融—水热法

5.10.5　盐热法

Park 等为解决粉煤灰沸石制备过程中废液的处理问题，于 2000 年提出了盐热法，即将活化剂（NaOH、KOH、NH_4F）和某种盐（$NaNO_3$、KNO_3、NH_4NO_3）按适当比例混合，代替水作为反应介质加入粉煤灰中，在高温下进行焙烧一定时间后得到沸石分子筛。尽管此方法无需水的介入，但反应产物中含有大量的盐，需用大量的水进行清洗，后续处理非常麻烦，且合成过程所需温度较高，制得的沸石分子筛离子交换性能较差，因此这种方法目前并未得到广泛应用。

5.10.6　晶种法

水热合成过程中引入晶种，可代替昂贵的有机模板剂，缩短晶化时间，提高产物纯度。晶种法是利用沸石晶种作为导向合成的模板与粉煤灰、碱进行混合，再通过水热晶化制备沸石（见图 5-42）。晶种法不仅提高了合成反应的速度，还有利于选择特定类型的沸石合成，提高了沸石的纯度。但此方法无法完全利用粉煤灰中的石英和莫来石等惰性物质，且添加晶种的步骤增加了生产成本，对较难合成的沸石类型也未能体现出高效性和唯一性，还有待进一步改善。Wang 等通过添加晶种，以粉煤灰基方沸石为原料合成 Cu-SSZ-13 晶体，添加晶种减少了 2/3 有机模板剂用量，缩短了晶化时间，降低了产物的晶粒尺寸。曾小强等在碱熔融水热法过程中引入晶种，合成了高纯度的 A 型沸石，发现添加晶种可缩短结晶过程的诱导期，并避免其他晶型杂质的出现。

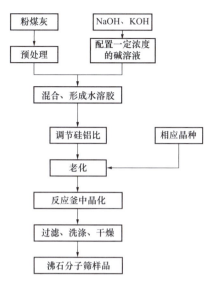

图 5-42 晶种法工艺流程

5.10.7 混碱气相合成法

混碱气相合成法是指将一定比例的粉煤灰和 NaOH 或 KOH 溶液混合均匀，然后干燥成固态前驱态物质，再在水或水和有机胺蒸气中晶化的工艺路线。通过这种方法，在不超过 200℃的条件下，可以将粉煤灰中的大部分硅铝成分（包括莫来石和石英的结晶相）成功转化为钙霞石。这种方法操作简便，但同时也存在处理时间较长和效率不高的缺点。

5.10.8 不同合成方法的比较

表 5-13 为粉煤灰合成沸石主要方法的优缺点对比。

表 5-13　　　　　　　　　粉煤灰合成沸石主要方法的优缺点对比

工艺	优点	缺点
传统水热合成法	所有合成方法的基础，研究最为完善和成熟，操作简单，成本低廉	反应时间长，反应温度高，耗能高，转化率低，粉煤灰中石英、莫来石难以溶解作为残渣混入最终分子筛产物，使得最终产物杂质多、纯度低
两步水热合成法	制备出的沸石产物不含粉煤灰残渣，纯度高，杂质少	用水量大，操作复杂，反应时间长，消耗一定的硅铝酸盐，加大生产成本
碱融－水热法	粉煤灰中的惰性物质可得到利用，转化率高，制备的分子筛产物纯度高，原料适应度高，具备规模化生产潜力	需要煅烧，提高成本和耗能

工艺	优点	缺点
微波辅助合成法	操作简单，提高了晶化反应速率，缩短反应时间，降低了生产成本且所得分子筛产物纯度较高	转化率低，缺乏大规模工业试验
晶种法	促进特定沸石分子筛的合成，缩短了晶化时间，提高产物纯度	操作复杂，提高了生产成本且诱导机理尚不明确
盐热法	没有水参与反应，避免了废水对环境的污染	转化率低，制备的分子筛产物杂质较多且离子交换性能差，产物处理麻烦，不适合规模化生产

5.10.9　粉煤灰合成沸石的应用

目前，关于粉煤灰基沸石分子筛的文献报道主要集中于废水中重金属离子和氨氮离子的去除、氮氧化物选择性催化还原、VOCs 的去除和 CO_2 吸附捕集等。

（1）废水处理。沸石因具有纳米限域和表面酸性，对重金属具有较高的脱除率、选择性和脱除速率，是可循环利用的廉价高效离子交换材料。He 等以粉煤灰为原料合成的沸石对废水中 Ni^{2+} 的脱除率可达 94%。Yang 等以粉煤灰为原料，采用水热法在 75℃下合成了 Na–X 型沸石，用于废水中 As（V）的吸附脱除，在 pH 值为 2.14 时的最大吸附率为 27.79%。

（2）废气处理。用粉煤灰合成沸石后作为吸附剂或催化剂处理工业废气具有良好的处理效果。Ma 等以粉煤灰和含铁废料为原料，采用一步超临界水热法制备了磁性沸石，用于去除烟气中的汞，去除率可达 80% 以上，反应温度达到 200℃时的去除率接近 100%。冯东方等以粉煤灰为原料制备了 Fe–Cu/NFA 脱硫剂，相比粉煤灰原灰，比表面积、孔隙率、吸附能力均大大增加，最大吸附量达到 281.3 mg/g。

（3）粉煤灰合成沸石作为催化剂载体。煤灰合成的沸石分子筛具有孔道结构丰富、比表面积大、化学稳定性强、成本低廉、无二次污染等特点，因此被应用于催化剂制备时的载体，解决了粉末状催化剂无法回收的难题。Izquierdo 等以粉煤灰为原料制备了 Cu^{2+} 和 Fe^{2+} 掺杂的交换 Y 型沸石，用作 SCR 催化剂，具有较高的 NOx 脱除性能。Jin 等以粉煤灰为原料制备了粉煤灰基沸石分子筛，用作选择性催化还原催化剂。Li 等采用二步水热法合成了 ZSM–5 沸石，将合成沸石浸渍在 La（NO_3）$_3$ 和 Mn（NO_3）$_2$ 混合溶液中，经加热、蒸发、干燥处理后于马弗炉煅烧得到 $LaMnO_3$/HZ 催化剂，在低温（200℃）条件下催化氧化烹饪烟气中的戊醛，转化率达 100%。

（4）粉煤灰合成沸石作为土壤改良剂。粉煤灰合成的沸石可用于土壤改良。就物理性质而言，粉煤灰合成沸石具有密度小、空隙大、颗粒大小适中等特点，可用于改善土壤结构。就化学性质而言，粉煤灰合成沸石的成分决定了它具有很强的吸附、凝聚、助凝、沉淀作用，可以很好地治理土壤中重金属带来的污染，并且某些微量元素可为土壤提供营养。李喜林等采用碱融—水热法将粉煤灰制备成沸石，并用于吸附土壤中 Cr^{3+}，最大吸附量可达 22.5 mg/g。Belviso 等在低温条件下用粉煤灰合成沸石，将其混入含有高浓度镍的土壤中，与土壤中有害金属形成稳定的复合物从而实现重金属固化，大大降低了土壤的环境风险。

5.11 粉煤灰各综合利用方式对比

表5-14为粉煤灰各主要综合利用途径的优缺点对比，附加值越高的利用途径往往消耗的粉煤灰量越小。

表 5-14   粉煤灰各主要综合利用途径的优缺点对比

应用	优点	缺点	注意
农业	（1）具有经济效益和环保性，可替代石灰和白云石，但不能替代化肥或有机肥料。 （2）缓冲土壤 pH 值。 （3）增加除有机碳和氮以外的植物养分，减少耕地土壤中的溶解磷。 （4）对土壤理化性质产生有益影响，提高微生物活性，从而提高植物生物量的产量	（1）由于粉煤灰渗滤液中总溶解固体、总硬度、阳离子和阴离子的浓度较高，导致土壤盐度增加。 （2）含有有毒金属会对土壤、植物和地下水造成污染风险。 （3）根据灰和土壤的性质，每种灰的应用都具有局限性。 （4）当使用相对较高的粉煤灰率时，具有潜在的植物毒性效应	（1）使用从灰池收集的风化粉煤灰，而不是新鲜粉煤灰。 （2）添加当地可用的改良剂（农家肥、污水污泥等）和粉煤灰，以从它们的协同作用中获益。 （3）合理控制粉煤灰掺量。 （4）应进行粉煤灰对土壤健康和作物品质影响的长期研究
建材工业	（1）粉煤灰部分替代水泥降低了需水量，提高了混凝土的和易性，降低了混凝土生产成本和水泥生产过程中的温室气体排放。 （2）消耗大量的粉煤灰，是最好的增值用途。 （3）对粉煤灰没有严格的质量要求	（1）建筑业和火力发电厂生产的粉煤灰受季节性因素的影响，运行高峰期不同。 （2）降低早期混凝土的抗压强度，尤其是在寒冷天气条件下或更换超过40%水泥。 （3）从生产地到使用地的粉煤灰运输成本可能会限制其应用。 （4）粉煤灰中的大量未燃烧炭抑制了混凝土的引气性能和流动性	（1）选择合适质量的粉煤灰来增强水泥。 （2）在满足工程需要的前提下增加粉煤灰掺量。 （3）粉煤灰中的未燃炭应小于3%。可通过干或湿的过程，加静电分离、重力分离或泡沫浮选来去除
陶瓷工业	（1）化学成分和尺寸范围的选择使其可直接加入陶瓷浆料中，几乎不需要预处理。 （2）部分替代高岭石、长石和石英，有效节约有限的自然资源	（1）粉煤灰中的氧化铁对产物的热膨胀系数有负面影响。 （2）粉煤灰黏土体烧成后收缩率高。 （3）燃烧收缩可通过添加流化床粉煤灰来补偿，但会增加炉体的多孔性和烟气中的二氧化硫含量。 （4）较高的含灰量会导致瓷砖因极度膨胀而变形和产生缺陷	（1）降低氧化铁含量，可通过酸预处理或磁选去除。 （2）陶瓷体的成分可以改变，加热过程可以调整，改善负面特性

应用	优点	缺点	注意
催化剂	（1）用作各种反应的催化剂或催化剂载体，提供了一种经济、环保的废物回收方式，大大降低了其环境影响。 （2）虽然灰的消耗量相对较少，但它是最好的增值用途之一	（1）粉煤灰催化剂在工业实践中尚未得到应用。 （2）粉煤灰中含有汞等微量元素，在粉煤灰利用过程中会释放出来，造成二次污染	需要进一步研究催化剂的长期稳定性
环境保护	低成本的潜在吸附剂，可直接用于气体和污水净化	（1）粉煤灰吸附剂的吸附能力有限。 （2）粉煤灰的性质是极其多变的，灰之间的吸附能力差异很大	（1）选择合适质量的粉煤灰进行预处理，提高吸附能力。 （2）为了避免二次污染，需要对吸附剂进行再生和处理
分选利用	（1）增加潜在的产业协同机会。 （2）回收微珠、未燃烧的炭灰、最终产品等，以及磁珠，既有经济效益，又有环境效益	（1）通常的湿法分离工艺需要大量的土地、大量的水和浮选药剂，容易造成二次污染。 （2）效率和经济性是各种分离的主要限制因素	深度分选的性能应考虑出灰方式、灰的性质、可利用土地、粉煤灰最终产品等因素
合成沸石	（1）用于各种工程和农业应用的潜在吸附剂，用于水净化、气体净化和土壤改良。 （2）虽然粉煤灰的消耗量相对较少，但它是最好的增值用途之一	（1）所得产物通常是与原始晶相（例如石英、莫来石）共结晶的沸石，特别是对于传统的水热过程。 （2）效率和经济是主要的限制因素	（1）为了避免二次污染，需要对吸附剂进行再生和处理。 （2）改进制备工艺，尝试制备具有较高吸附能力的沸石
有价值的金属提取	（1）增加潜在的产业协同机会。 （2）取得显著的经济效益和环境效益	（1）氧化铝回收方法存在一些缺陷，迄今为止大多数报告的工作都是在实验室范围内进行的。 （2）效率和经济是主要的限制因素	（1）氧化铝回收可实现规模经济。 （2）需要考虑飞灰源和回收场地之间的距离。 （3）同时回收更多有价值的材料，如未燃烧的炭、空心球、氧化铝和镓

粉煤灰用于 CCUS 的研究现状及展望

6.1 粉煤灰用于 CCUS 概述

2020 年 9 月，习近平主席在第七十五届联合国大会一般性辩论上首次明确指出我国碳减排的具体时间表，即力争于 2030 年前达到二氧化碳（CO_2）排放峰值，并努力争取 2060 年前实现碳中和。2020 年，我国 CO_2 排放总量为 98 亿 t，电力行业 CO_2 排放总量最大，占总比 43.98%（约 45 亿 t）。碳捕集、利用和封存（CCUS）是减少全球碳排放的一个重要途径，其中碳捕集的经济成本最大。在我国已投运的各类 CCUS 示范项目中，电力行业碳捕集能耗（以 t CO_2 计）平均值为 1.6 ~ 3.2 GJ。

减少 CCUS 工艺成本可以从发展新型的、低能源密集型的捕集工艺着手，如利用干法吸附尤其是利用工业固废（电石渣和磷石膏等）作为吸附剂可降低传统吸附工艺成本，这主要是因为这些干法吸附不涉及胺基吸附剂的再生，工艺环境不涉及腐蚀，对烟气成分的适应性也更强。这些工业固废可以直接用来吸附或者作为基质物来合成活性炭和沸石等吸附剂。

《中华人民共和国固体废物污染环境防治法》自 2020 年 9 月 1 日起施行，强调了要强化固废的减量化和资源化的约束性规定，提出"任何单位和个人都应当采取措施，减少固体废物的产生量，促进固体废物的综合利用，降低固体废物的危害性"，这倒逼固体废物产生者源头减量和资源化。我国燃煤电厂年产粉煤灰量约为 6 亿 t，平均综合利用效率为 70%，即每年约有 1.8 亿 t 粉煤灰因得不到综合利用而被堆存在灰场，且我国粉煤灰的历史堆存量已经至少有 25 亿 t。"双碳"及 CCUS 为粉煤灰提供了一条新的综合利用途径。粉煤灰具有较大的比表面积，含有 CaO 等碱金属及碱土金属化合物，具备碳酸化吸附固定及利用 CO_2 的可能。燃煤电厂集粉煤灰主产地和 CO_2 主排放源于一身，为粉煤灰用于 CCUS 提供了空间上的便利，减少了交通运输的成本。除此之外，在 CCUS 工艺链上的各可用环节通过使用廉价的粉煤灰有助于降低 CCUS 整体的工艺成本，同时降低与粉煤灰处理及堆存相关的环境风险。粉煤灰的上述特征提高了将其用于 CCUS 的可行性，在提高粉煤灰综合利用的基础上也减少了因粉煤灰堆存造成的环境影响。

国内外粉煤灰用于 CCUS 的研究主要涉及图 6-1 所示的工艺线路。利用粉煤灰进行 CO_2 捕集可分为两种技术路线：①使用粉煤灰直接在不同环境介质下进行 CO_2 的捕集，该过程的捕集和封存是同步进行的，即利用粉煤灰中的碱金属、碱土金属（如 Ca、Mg、Na 和 K）及其氧化物（如 CaO 和 MgO）吸附 CO_2，并与 CO_2 发生矿化反应最终转化为碳酸盐；②使用粉煤灰制成的合成材料进行 CO_2 捕集及封存，比如活性炭、沸石、碱性二氧化硅、介孔二氧化硅等吸附剂。用粉煤灰进行 CO_2 的矿化封存是一条可以代替地质储存的封存路径，且形成的碳酸化产物具有在自然环境中长期的稳定性。粉煤灰的 CO_2 利用途径主要为共同制备材料或制成 CO_2 的化学反应所需催化剂。

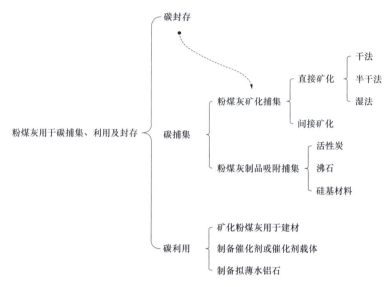

图 6-1　粉煤灰用于 CCUS 线路

6.2　粉煤灰用于 CO_2 捕集及矿化

相较于钢渣、磷石膏和生活垃圾燃烧飞灰等其他工业碱性固废，目前对于煤基固废粉煤灰用于 CO_2 的矿化捕集及封存研究相对较少，这主要是由于粉煤灰自身的碱金属离子较其他工业碱性固废含量低。

粉煤灰直接用于 CO_2 的矿化捕集可分为直接矿化和间接矿化，其中直接矿化工艺又可根据反应物相分为气固干法矿化、半干法和湿法矿化三种工艺。选择 CO_2 矿化途径主要取决于矿化产物的后续应用目的：直接矿化产物适用于水泥添加剂；间接矿化产物适用于产生高纯度的碳酸盐产品。由于间接矿化的回收浸出剂工艺成本太高且粉煤灰自身存在碳酸盐导致实际 CO_2 封存效果低，目前大部分的研究主要集中于粉煤灰的直接矿化工艺。

CO_2 的矿化容量通常使用压力平衡方法进行计算，即利用粉煤灰中的 CaO 碳化产生的压降进行核算。

$$n_{CO_2} = \frac{(p_1 - p_2) \times V}{R \times T}$$

式中：V 为反应器中气体体积，m^3；T 为反应温度，℃；R 为气体常数，8.314 J/（mol·K）；n_{CO_2} 为粉煤灰消耗 CO_2 的物质的量，mol；p_1、p_2 分别为总压降、水压降，Pa。

粉煤灰的矿化效率计算公式为：

$$\eta = \frac{n_{CO_2} \times M_{CO_2}}{M_{CO_2} / M_{CaO} \times M_{CO_2}} \times 100\%$$

式中：M_{CO_2} 为 CO_2 的摩尔质量 44.01 g/mol；m_{CO_2} 为反应器中 CO_2 的初始质量，g；M_{CaO} 为 CaO 的摩尔质量，56.077 g/mol。

6.2.1 粉煤灰直接矿化 CO_2

粉煤灰直接用于 CO_2 矿化的优点在于该工艺便于实施且过程中不需要消耗大量的化学试剂。直接矿化是将 CO_2 气体注入到干或潮湿的粉煤灰或者粉煤灰—水泥浆中，被矿化的 CO_2 最终以碳酸盐的形式沉淀在粉煤灰颗粒的表面。相较而言，湿法的矿化速率比干法的高。

6.2.1.1 直接干法矿化 CO_2

气固直接干法矿化反应为一步反应，即烟气中的 CO_2 与粉煤灰颗粒上的以 CaO 为代表的活化物发生矿化反应并被转化为碳酸盐。虽然粉煤灰中的钙多为非晶相态钙，但成分在高温环境中不稳定，能分解成活性 CaO 并与 CO_2 发生反应生成 $CaCO_3$，实现 CO_2 的干法封存。

$$CaO + CO_2 \rightarrow CaCO_3$$
$$Ca^{2+} + 2OH^- + CO_2 \rightarrow CaCO_3 + H_2O$$
$$CaSiO_3 + CO_2 \rightarrow CaCO_3 + SiO_2$$

Sun 等和 Baciocchi 等的研究表明，在较低的 CO_2 分压条件下，粉煤灰即可直接干法矿化封存 CO_2，但是固化量较小且耗能较大。从表 6-1 可以看出，干式碳化工艺的 CO_2 矿化量与所选择的反应器类别显著相关，接触越充分则 CO_2 的矿化量越高。

虽然粉煤灰的气固干法碳酸法在技术上可行，但即使在高温和高压的条件下，由于动力学较为缓慢且自身具有的可与 CO_2 发生矿化的活性成分含量低，因此在经济成本上制约着该工艺的大规模应用。从表 6-1 可看出，在相同的高压反应釜中，直接干式矿化的 CO_2 矿化量和效率都要低于直接湿法及间接矿化工艺。

6.2.1.2 直接半干法矿化 CO_2

半干法为一种介于干法和湿法之间，即在一个相对较低的液气比环境介质中进行 CO_2 矿化反应。相对于湿法的高液固比环境，半干法耗水量小、易对原材料及产品进行干燥处理，工艺产生的废水处理量也较小。与此同时，半干法工艺路线具备对矿化产品粒度及化学成分的可控性，这有助于根据实际产品应用需求进行针对性的工艺控制。半干法工艺的最佳反应条件一般设置为：液固比 0.12 ~ 0.18；搅拌速率 1500 r/min 左右；CO_2 分压为 15200 Pa。半干法工艺经过 2h 的矿化反应后，理想 CO_2 矿化量为 4.8 mmol/g，其矿化率平均值为 53%。

6.2.1.3 直接湿法矿化 CO_2

直接湿法矿化可通过增加 CO_2 气体湿度或直接向矿化用粉煤灰中加水两种手段实现高的液固比（一般维持在 > 1 水平）。湿法环境下可加速粉煤灰中钙、镁离子的浸出，从而实现更高的 CO_2 矿化量及更快的矿化反应速率。直接湿法矿化主要包含以下三个反应阶段：①粉煤灰中游离态 CaO 向液相中溶解、释放出游离 Ca^{2+} 并提升液相的 pH 值；②碱性环境下，CO_2 与 Ca^{2+} 之间发生碳酸化反应并生成碳酸钙沉淀；③当游离 Ca^{2+} 消耗殆尽时，液相中积累的大量未矿化的 CO_2 会降低液相 pH 值从而促进粉煤灰中游离态 MgO 的溶解，并与积累的 CO_2 反应生成溶解态的碳酸氢镁。具体反应方程式为

$$CaO + H_2O \rightarrow Ca^{2+} + 2OH^-$$
$$Ca^{2+} + 2OH^- + CO_2 \rightarrow CaCO_3 \downarrow + H_2O$$
$$MgO + H_2O \rightarrow Mg^{2+} + 2OH^-$$
$$Mg^{2+} + 2OH^- + 2CO_2 \rightarrow Mg^{2+} + 2HCO_3^-$$

表 6-1　粉煤灰用于 CO_2 矿化封存的不同路径比较

工艺	反应器	反应温度（℃）	压力（kPa）	液相	固液比（g/L）	粉煤灰 ω_{CaO}（%）/ω_{MgO}（%）	反应时间（h）	每吨粉煤灰固定 CO_2 量（kg）	碳化效率（%）
直接干法	高压反应釜	500~750	100	—	—	26.6/0.3	0.5~2.5	43	14
直接干法	高压反应釜	30	200~1000	—	—	4.8/1.3	1	26.3	35.5
直接干法	固定床	530	4500	—	—	24.55/0.42	—	34.81	—
直接干法	固定床	580	4500	—	—	24.55/0.42	—	27.16	—
直接干法	固定床	630	4500	—	—	24.55/0.42	—	13.25	—
直接干法	流化床	45~55	0.88~1.14	—	—	2.31	0.03	207	—
直接干法	气体吸附反应器	45	100~1500	—	—	32/18.9	—	182	74
直接半干法	高压反应釜	25~80	20~30	水	8300	28	2	211	52.8
直接半干法	高压反应釜	40	3000	水	—	39.8/7.3	10	7.6	13.6
直接湿法	高压反应釜	30	100~1000	水	50~500	4.8/1.3	2	50.3	67.9
直接湿法	柱状反应器	30	15	1 mol/L NH_4Cl	100~330	5.1	18	23	34.3
直接湿法	柱状反应器	30	15	海水	100~330	5	18	19	29.2

续表

工艺	反应器	反应温度（℃）	压力（kPa）	液相	固液比（g/L）	粉煤灰 ω_{CaO}（%）/ ω_{MgO}（%）	反应时间（h）	每吨粉煤灰固定 CO_2 量（kg）	碳化效率（%）
直接湿法	高压反应釜	25	0.33	水	50	4.2	2	31.1	—
直接湿法	高压反应釜	30~80	1	水	—	26.6/0.3	1~1.5	42	13
直接湿法	高压反应釜	25	1000	水	200	25.83/2.17	5	39.4	17.37
直接湿法	高压反应釜	80	1000	水	30	25.83/2.17	5	42.3	18.65
直接湿法	高压反应釜	65	2000	水	667	5.68/0.60	2	12.3	1.23
直接湿法	高压反应釜	60	100	水	100	16.4	1.5	66	50.9
间接	高压反应釜	60	1000	乙酸	—	29.7/25.5	1	264	—
间接	高压反应釜	25	1000	水	—	29.7/25.5	1	26.2	—
间接	高压反应釜	60	1000	乙酸	—	29.7/25.5	1	123	—
间接	碳酸铵间接碳化	25	—	1 mol/L NH_4Cl	20	30.5/3	2	111	90~93

续表

工艺	反应器	反应温度（℃）	压力（kPa）	液相	固液比（g/L）	粉煤灰 ω_{CaO}（%）/ω_{MgO}（%）	反应时间（h）	每吨粉煤灰固定CO_2量（kg）	碳化效率（%）
间接	高压反应釜	25	0.33	水	50	4.2	2	28.8	—
间接	高压反应釜	140	2000	0.5 mol/L Na_2CO_3	100	6.99/1.68	2	—	30.3
间接	高压反应釜	140	2000	0.5 mol/L Na_2CO_3	100	13.37/0.54	2	—	48.4
间接	高压反应釜	140	2000	0.5 mol/L Na_2CO_3	100	16.22/1.11	2	—	52.9
电石渣直接干法	固定床	530	4500	—	—	90.9/0.17	—	380.964	—
钢渣直接干法	固定床	530	4500	—	—	51.79/5.95	—	70.78	—
电石渣直接湿法	高压反应釜	65	2000	水	667	90.20/0.17	2	149.4	60.70
钢渣直接湿法	高压反应釜	65	2000	水	667	58.26/6.10	2	607.0	14.94

直接湿法矿化工艺中的液固比参数会显著影响矿化效率，过低的液固比会限制 CO_2 由气相向液相的迁移，过高的液固比则会限制 CO_2 和粉煤灰之间的反应。最佳的液固比需要根据粉煤灰的理化性质进行探索而确定，一般设定为 50～200 g/L。

向液相中添加不同的添加剂可提高湿法工艺的矿化量和矿化效率。Soong 等和 Liu 等添加卤水来提高粉煤灰碳酸化效率，可促进更多的 $Ca(OH)_2$ 向 $CaCO_3$ 转化。Ji 等通过加入 0.5 mol/L 的碳酸钠，将粉煤灰浆液的碳酸化效率由 34.7% 提升至 79%。

6.2.2 粉煤灰间接矿化 CO_2

间接矿化的主要反应为：①利用浸出液（常见为水、硝酸、乙酸、KOH、NaOH、NH_4Cl、盐酸、硝酸铵和乙酸铵等）将粉煤灰中的有效阳离子（主要为 Mg^{2+} 和 Ca^{2+}）浸出并溶解在浸出提取液中；②将 CO_2 气体鼓入浸出提取液并同阳离子形成碳酸盐，最终的碳酸盐成分取决于粉煤灰中富含且浸出的阳离子种类及比例。不同于直接矿化产物以飞灰为主，间接矿化工艺所得碳酸盐产物纯度较高可用于制备进一步的产品。

间接矿化的矿化效率主要取决于提取液种类和粉煤灰中 Ca^{2+} 和 Mg^{2+} 离子的浸出性能，其中酸提取剂因更容易将 Ca^{2+} 浸出故矿化效果最佳。比如醋酸铵提取液不仅能将游离钙释放，还可溶解粉煤灰中的硅酸盐矿物，从而向浸出液中释放更多的游离 Ca^{2+}。除此之外，反应器内搅拌速度、反应温度和 CO_2 分压也对间接矿化工艺的矿化效果有所影响。CO_2 与浸出液中的钙镁离子反应为放热反应，低温环境更有利 CO_2 矿化，因此间接矿化反应温度通常不超过 60℃，且温度会影响最终的碳酸产物：低温时 CO_2 与碳酸氢镁反应更容易分解为碳酸镁而沉降在溶液中，因此产物以方解石为主；高温时以白云石为主。CO_2 分压对 CO_2 矿化量无影响，但是高 CO_2 分压会提高矿化速率。

间接矿化工艺可在较温和的实验条件下实现较高的阳离子浸出率及 CO_2 矿化效率，但是浸出剂的回收成本过高是制约间接矿化大规模推广应用的最主要问题。除此之外，粉煤灰中部分钙、镁元素以碳酸盐的形式存在，当选用酸性浸出液时便会与这些碳酸盐反应并释放出 CO_2，会导致实际的 CO_2 固定效果降低。

高铝粉煤灰提铝后的硅钙渣也可作为 CO_2 矿化原料（每提取 1 t Al_2O_3，产生的硅钙渣的量为 9 t），其钙含量（以 CaO 计）约为 50%。马卓慧等使用硅钙渣固碳得到的矿化产物主要为 $CaCO_3$，晶型全部为方解石，固碳率可达到 9.25%，即固碳量为 92.5 mg/g，实现低成本矿化固定。

6.2.3 不同矿化工艺比较

从表 6-1 中其他常见工业碱性固废对 CO_2 的矿化情况对比可以看出，无论是干法路径还是湿法路径，碱性固废的矿化容量排名皆表现出电石渣＞钢渣＞粉煤灰的规律，排名主要取决于不同固废中 CaO 的含量及存在形态；总体表现为活性的含量越高矿化量越大，电石渣中存在大量的活性 $Ca(OH)_2$，而粉煤灰中的钙更多以硅酸盐形式存在；不同碱性固废的矿化反应过程相似，均为初期化学反应迅速，中后期由于矿化反应形成的致密碳酸盐保护层堵塞吸附剂孔隙造成矿化速率下降。

从不同矿化工艺间的矿化效果比较可以看出，干法矿化过程中接触面积小，且随着产物覆盖在固废表面阻止反应的进一步发生，会导致 CO_2 封存量较低；干法矿化的转化率和转化速率取决于反应的温度和压力，高温高压的反应条件会增加矿化工艺的能耗和成本；

湿法碳酸化过程中水充当反应介质，促进了固废中含钙组分和 CO_2 在液体中的分散和溶解反应更加充分，但当粉煤灰中钙的存在形态以非晶相钙成分占优时，在常温湿法环境下非晶相钙得不到有效分解，会导致 CO_2 封存量较高温高压的干法矿化低；相较于直接矿化，间接矿化的反应条件较温和、矿化效率更高且得到的产物更纯，因此应用更为广泛且同时可采用廉价海水或者可循环助剂降低成本。

6.3　粉煤灰制品用于 CO_2 捕集

粉煤灰制品用于 CO_2 捕集主要有活性炭、沸石、多孔二氧化硅和碱金属硅酸盐，具体制备何种材料主要依据粉煤灰自身的各种成分和理化性质决定：当粉煤灰中未燃尽炭（烧失量）高时可用于合成活性炭；当粉煤灰中未燃尽炭低时可用于合成沸石及硅铝酸盐材料；当粉煤灰中硅铝酸盐玻璃体含量较高时可用于合成介孔硅基材料。不同粉煤灰制品用于 CO_2 捕集的对比见表 6-2。

表 6-2　　　　　　　　　　粉煤灰制品用于 CO_2 捕集的不同路径比较

吸附剂	添加剂	反应温度 （℃）	压力 （kPa）	ω_{CO_2}（%）	PV （cm³/g）	BET S_A （m²/g）	吸附量 （mg/g）
活性炭	3-CPAHCL	25	10	—	—	—	68.6
活性炭	MEA（39%）	30	100	—	0.397	241	37.1
活性炭	DEA（34%）	70	100	—	0.288	265	40.6
活性炭	MDEA（46%）	30	100	—	0.203	204	41.8
活性炭	无	30	100	—	0.665	818	40
活性炭	PEI PEG	75	100	—	—	—	26
活性炭	无	40	92	—	0.148	161.3	169
4A	无	75	10	10	—	—	196
5A	无	75	10	10	—	—	223
13X	无	75	10	10	—	—	30.8
Ca-P1	Na-Ca 离子交换	室温	100	0.3	—	79.2	41.8
Ca-A	Na-Ca 离子交换	室温	100	0.3	—	100.4	5.2
13X	无	—	100	100	2.8	570	17.6
NaP1	无	—	100	100	0.2	38	7.5

吸附剂	添加剂	反应温度（℃）	压力（kPa）	ω_{CO_2}（%）	PV（cm³/g）	BET S_A（m²/g）	吸附量（mg/g）
4A	无	—	100	100	0.2	405	145
Na-A	无	25	100	100	—	—	220
Na-X	无	25	100	100	—	800	100
FAZ	无	50	100	10	0.271	387.75	108
FAZ	无	120	100	10	0.271	387.75	95.9
NaX	NaOH	25	100	100	—	498	5.7
Cancrinite-type	NaOH	30	—	100	0.19	77.7	26
Na-X	PEI	75	100	100	—	270	145
粉煤灰	PEI	90	10	10	0.21	85	110
SBA-15	PEI	75	100	100	0.7	407	111.7
SBA-15	PEI	75	100	100	1.47	645	200
纳米二氧化硅	CaCO₃：SiO₂ =16g：1g	—	100	100	0.84	288.7	26
硅酸铝	AMP	55	100	100	0.21	91.37	68.6

6.3.1 粉煤灰制活性炭吸附 CO_2

当粉煤灰中未燃尽炭含量较高时可用于制备活性炭，所得活性炭具有比表面积高、成本低、容易再生和对水汽（湿度）的容忍度高等优点。随着"双碳"及清洁能源改造，今后燃煤电厂将面临广泛参与灵活性调峰及低负荷运行的常态化现状，由于低负荷燃烧不充分将会进一步增加粉煤灰中未燃尽炭的含量，而富含未燃尽炭（含量＞10%且经浮选后灰分＜15%）的粉煤灰并不适用传统的建材材料但却提高了制备活性炭的适用性。

粉煤灰制活性炭在捕集低浓度 CO_2 时存在吸附量低和吸附选择性低的问题，而在较高的 CO_2 分压（浓度）下或将活性炭进行化学处理后，粉煤灰制活性炭对 CO_2 吸附的捕集效果更佳。Arenillas 等将粉煤灰制活性炭经过聚乙烯亚胺（PEI）浸渍后的 CO_2 吸附容量提升至 40 mg/g，比未处理活性炭提高了 10 倍。Yahia 等对粉煤灰活性炭进行化学活化，在 40℃ 环境下最大 CO_2 吸附容量为 26 mg/g。

6.3.2 粉煤灰制沸石吸附 CO_2

通过水热合成法或熔融法等破坏粉煤灰结构，可将低烧失量且富含硅铝化合物的粉煤灰合成不同类型的人工沸石分子筛，最常见的沸石产品为 Na–X、Na–P1 和 Na–A 类沸石。得到的沸石纯度依赖于沸石制备工艺及粉煤灰的成分。当粉煤灰中的非反应相（如 CaO 和 Fe_2O_3）含量较高时，会显著降低沸石产品的纯度。因此为了合成高纯度的沸石，需要经过前处理手段去除粉煤灰中这些"杂质"成分，如利用酸提取出 CaO 和 Fe_2O_3 等可溶酸成分，磁性分离出 Fe_2O_3 等。

沸石对 CO_2 的吸附过程以物理吸附为主，依靠离子偶极作用和碳酸盐的协同作用。在低浓度 CO_2 环境下，沸石较活性炭的 CO_2 吸附率高，这是由于沸石对空气（烟气）中的 CO_2 的选择吸附性较 N_2 更强。沸石分子筛对极性水分子具有很强的吸附作用，因此沸石只能用于无水环境中的 CO_2 吸附。

具有更大的比表面积和阳离子含量的 X 型沸石和 A 型沸石更适用于吸附烟气中的 CO_2。Margarita 等用粉煤灰合成了 Na–X 沸石并开展 CO_2 吸附实验，研究表明粉煤灰原料中的 Fe 在制成沸石时可部分转变为 Fe^{2+}、Fe^{3+}，而离子态的 Fe 可显著促进沸石酸性吸附位对 CO_2 的吸附。

粉煤灰制沸石的 CO_2 吸附量可通过离子交换处理进一步改善，如通过用 K^+ 或 Ca^{2+} 替换沸石结构中的 Na^+ 可改善沸石的孔径和电荷密度，从而促进沸石对 CO_2 的吸附。Lee 等对粉煤灰制成的 Na–P1 沸石和 Na–A 沸石进行 Mg^{2+} 等二价阳离子交换处理后的吸附 CO_2 含量为未处理的 2 ~ 3 倍。

沸石分子筛材料经过胺基功能化后，也可增加其自身 CO_2 吸附能力，并且适用于水分子存在的环境。Kim 等采用嫁接法将 APTES 负载在沸石上合成胺基固态吸附材料，改性后沸石不仅提高 CO_2 吸附量，同时也提高了 CO_2 的吸附选择性（CO_2、N_2 的分离系数由 40 提高至 177 ）。

6.3.3 粉煤灰制硅基材料吸附 CO_2

介孔分子筛是一类有序孔径介于 2 ~ 50 nm 之间，多为硅基的多孔材料，具有较大的比表面积，并可以容纳用于捕获 CO_2 的胺等化学吸附剂。粉煤灰中富含二氧化硅，可通过将粉煤灰中硅酸盐浸出，再利用有机模板对浸出液进行水热处理便可获得粉煤灰制介孔分子筛材料。粉煤灰制介孔分子筛材料在 CO_2 捕获中的主要应用是作为胺类化学吸附溶剂（如 PEI）的固体载体。相较于沸石材料，介孔分子筛材料的孔容和孔径更大，因此对有机胺的负载量更大。目前在胺基吸附材料中应用较多的介孔分子筛材料主要有 MCM–41、MCM–48、SBA–15 和 SBA–16 等。

Chandrasekar 等利用碱熔法将粉煤灰制备成 FSBA–15 和 FCMK–3 两种介孔物质，经聚乙烯亚胺（PEI）浸渍后吸附 CO_2 的量分别为 110 mg/g 和 120 mg/g。Chen 等用粉煤灰制作的 SBA–15 较传统工艺得到材料的孔径和孔容更大，经 PEI 浸渍后的 CO_2 吸附容量可达 146 mg/g，并且经过 10 个吸附—解吸循环后，其吸附容量损失率不超过 5%。

除此之外，张中华利用粉煤灰制备出新型 SiO_2 多孔"湿载体"，利于 PEI 等有机胺的分散和附着，对 CO_2 的吸附量可达 140 mg/g。

6.4 粉煤灰在 CO_2 利用方面的应用

6.4.1 矿化粉煤灰用作建材

粉煤灰最主要的综合利用途径为制造水泥和混凝土等建材材料，但是当粉煤灰中富含 SO_3、游离 CaO 和游离 MgO 时，便容易吸收水分从而导致制成的建材制品发生膨胀，最终损害建材结构的稳定性。粉煤灰经过 CO_2 矿化后可有效降低粉煤灰中的游离 CaO 和游离 MgO 的含量，使其更适合制作混凝土添加剂。

Pei 等的研究表明，添加矿化粉煤灰作为辅助胶凝材料均可较原硅酸盐水泥提高 20% 以上的强度，可改善和易性和耐久性，并降低水泥的凝结时间，同时核算了当使用 CO_2 矿化粉煤灰为水泥添加剂时，生产 1 t 水泥砂浆可间接减少约 0.065t 的 CO_2 排放。Chen 等通过开展碳化处理和碳化养护的协同作用，改善了因引入矿化粉煤灰后导致的水泥砂浆的孔径结构变化和水化热降低等负面效应。Wei 等探索了一条通过粉煤灰矿化实现无熟料水泥化的新途径，产物性能可满足结构施工的胶凝材料要求，抗压强度与某些普通波特兰水泥（OPC）相当，并随矿化时间增加而增加。已有研究结果表明，矿化粉煤灰可拓宽传统粉煤灰在建材上的利用范围和利用率。

6.4.2 甲烷干法重整所用催化剂

甲烷干法重整是一种潜在的 CO_2 利用途径，即将 CO_2 和甲烷生成合成气（CO 和 H_2 的混合物），并进一步生产氨、甲醇或碳氢化合物燃料。尽管该反应在环境温度下在热力学上是有利的，但甲烷的生产受到其非常缓慢的反应动力学阻碍，这就要求使用具有高活性和选择性的催化剂。

$$CO_2 + 4H_2 \rightleftharpoons CH_4 + 2H_2O$$

$$\Delta H^\theta = -164\text{kJ/mol}$$

该反应过程一般采用以 Al_2O_3、TiO_2 为载体的镍催化剂，粉煤灰由于其热稳定性及富含硅铝，也可用作这种催化剂的载体。Czuma 等利用飞灰合成 X 沸石作为镍催化剂载体，450℃反应温度下 CO_2 的转化率为 50%，由于选择相对较低还原温度来保持沸石结构因此限制了一定的催化活性。Wang 等使用飞灰制成镍催化剂载体并在负载镍之前用多种碱［NH_3、CaO、Ca（OH）$_2$］进行处理，可以大大提高催化剂的催化活性和稳定性，CO_2 转化率接近热力学平衡水平。

6.4.3 制备拟薄水铝石

拟薄水铝石又称为一水合氧化铝，是一种具有广阔应用前途的新型材料，可作生产催化剂载体、活性氧化铝和其他铝盐的原料。

Lu 等选用高铝粉煤灰为原材料，提出了一种烧结 -CO_2 分解法制备拟薄水铝石的工艺：①将高铝粉煤灰烧结熟料晶型溶解和脱硅；②利用 CO_2 对铝酸钠溶液进行碳化分解；③将分解产物进行老化、分离和干燥等处理，得到结晶度好、孔径大和比表面积高的拟薄水铝石。该工艺溶解残渣的主要成分为 $CaSiO_3$，可作为水泥工业的原料。工艺中需注意反应器

内 CO_2 的体积分数控制：当 CO_2 的体积分数 ＞ 35% 时分解产物才为拟薄水铝石；但 CO_2 含量也不宜过高，因为拟薄水铝石的结晶度会随 CO_2 体积分数的增加而降低。CO_2 对铝酸钠溶液的碳化分解主要涉及的五个反应为

$$2NaOH+CO_2 \rightarrow Na_2CO_3 +H_2O$$
$$2NaAlO_2+CO_2+3H_2O \rightarrow 2Al（OH）_3 +Na_2CO_3$$
$$NaAlO_2+2H_2O \rightarrow Al（OH）_3 + NaOH$$
$$Na_2CO_3+CO_2+H_2O \rightarrow 2NaHCO_3$$
$$NaHCO_3 + Al（OH）_3 \rightarrow NaAl（OH）_2CO_3+H_2O$$

6.5 粉煤灰固碳产物制砖的技术探索

6.5.1 实验原料及试剂

选用西北地区燃煤固废综合利用率较低的电厂作为研究目标，该厂粉煤灰及脱硫石膏的 X 射线荧光光谱分析（XRF）组分分析结果见表 6-3，其中粉煤灰主要含有质量分数分别为 47.4% 的 SiO_2、40.35% 的 Al_2O_3、3.17% 的 CaO 以及 3.89% 的 Fe_2O_3；脱硫石膏主要含有48.1% 的 SO_3、39.3% 的 CaO、8.37% 的 SiO_2 以及 2.74% 的 Al_2O_3。相较于粉煤灰，脱硫石膏中的 CaO 含量明显较高，而湿法 CO_2 矿化固定工艺，主要是基于固体废弃物中的碱土金属 Ca 和 Mg 与 CO_2 反应形成对应的碳酸盐来实现的。因此，考虑到粉煤灰中较低的 CaO 含量，本技术同时考虑将粉煤灰与对应电厂产生的脱硫石膏进行混配，且兼顾电厂实际产生的粉煤灰和脱硫石膏的质量比，以提高电厂固废中的 CaO 整体含量，从而达到更高的固定 CO_2 的效率同时协同消纳多种燃煤固废的目的。

表 6-3　　　　　　　　　　粉煤灰及脱硫石膏的 XRF 组分分析结果　　　　　　　　　　　%

样品	SiO_2	Al_2O_3	CaO	Fe_2O_3	TiO_2	K_2O	SO_3	P_2O_5	MgO	其他
粉煤灰	47.4	40.35	3.17	3.89	1.57	1.11	1.1	0.59	0.36	0.45
石膏	8.37	2.74	39.3	—	—	—	48.1	—	—	1.44

6.5.2 粉煤灰液相碳酸化实验

6.5.2.1 浸出剂种类对纯粉煤灰的液相碳酸化影响

为了降低粉煤灰中游离 CaO 的含量，使得最终的碳酸化产物用于建材的稳定性提高，探究不同种类的浸出剂对粉煤灰液相碳酸化的影响，每批次实验样品取粉煤灰 30g，通入 CO_2 的流量为 150 mL/min，N_2 的流量为 850 mL/min，碳酸化反应后的样品通过热重分析（TG）、X 射线衍射（XRD）、扫描电子显微镜分析（SEM）等表征手段加以分析。设计的液相碳酸化实验台架如图 6-2 所示，实验方设计方案见表 6-4，对照组为未加浸出剂的粉煤灰。

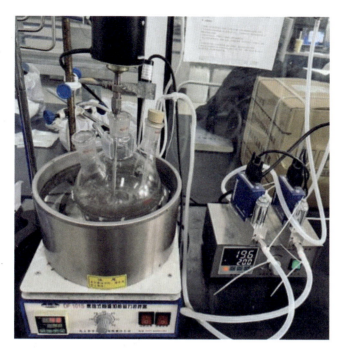

图 6-2　粉煤灰液相碳酸化实验台架

表 6-4　　　　　　　　　　　　　实验一参数设置

实验组	1	2	3
浸出剂（1 mol/L）	NaCO₃	CH₄CI	CH₃COONH₄
温度（℃）	60		
取样时间（min）	15、30、60、90		
取样容量（mL）	10		
固液比	1∶15		

碳酸化实验流程步骤如下。

（1）称取粉煤灰 30g（见图 6-3）。

（2）按照 1∶15 称取去离子水 450mL，与固废一起倒入三口烧瓶，并将三口烧瓶置于水浴锅中，进行磁力搅拌和加热（见图 6-4）。

（3）当加热到既定温度，调整通入气体流量：CO_2 的流量为 150 mL/min，N_2 的流量为 850 mL/min（见图 6-5）。

（4）将混合气体通入三口烧瓶中，并持续磁力搅拌，反应开始，进行取样计时（见图 6-6）。

图 6-3　步骤一

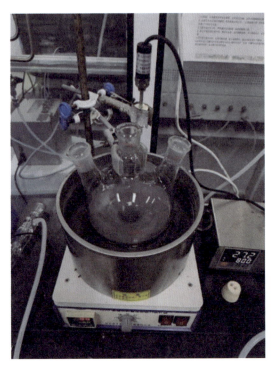

图 6-4　步骤二

图 6-5　步骤三

图 6-6　步骤四

（5）当反应时间到取样时间时，进行取样，取 10 mL 碳酸化溶液（见图 6-7）。

（6）将溶液进行过滤，得到碳酸化产物（见图 6-8）。

（7）过滤后的碳酸化产物放到干燥箱中进行干燥，得到最终的样品，待测热重（见图 6-9）。

图 6-7 步骤五

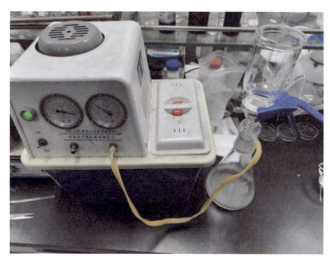

图 6-8 步骤六

图 6-9 步骤七

根据 $CaCO_3$ 的开始进行分解的温度，设计了针对粉煤灰碳酸化产物的热重检测，即取少量各组不同参数下碳化后的固体混合物在氮气气氛下由 30℃ 开始缓慢升温至 935℃。$CaCO_3$ 在 550 ~ 935℃ 温度区间内发生分解，并最终完全分解，并且这段区间屏蔽了水分和 $Ca(OH)_2$ 分解所产生的质量损失。因此根据这段区间内碳酸化产物的质量损失，能够得出碳酸化过程后固废混合产物所具有的 $CaCO_3$ 含量。选取每组反应时间最长的 90 min 进行热重分析对比，根据实验数据，热重分析结果如图 6-10 所示。

从图 6-10 中可以看出，随着浸出剂的加入，碳酸化后产物在碳酸钙分解温度区间失重有提升，即碳酸化后的产物中碳酸钙含量增多，从而验证浸出剂的加入也可提高粉煤灰中的 Ca^{2+} 在溶液中的浸出，从而与溶液中 CO_3^{2-} 反应。浸出剂强化粉煤灰固碳的效果排序为：$NaCO_3 > CH_3COONH_4 > CH_4Cl$，但是当 $NaCO_3$ 作为浸出剂时，因为其本身就含有 CO_3^{2-}，所以其产生的 $CaCO_3$ 并不全是固定 CO_2，浸出效果有待进一步研究。热重分析所得的 TG 曲线两点的差值仅能清晰地表示出碳酸化反应中固定的 CO_2 所占碳酸化产物的质量分数，实际工程应用时则用固碳量进行评价。固碳量 C_{Car}（g CO_2/kg 固废）的具体计算公式为：

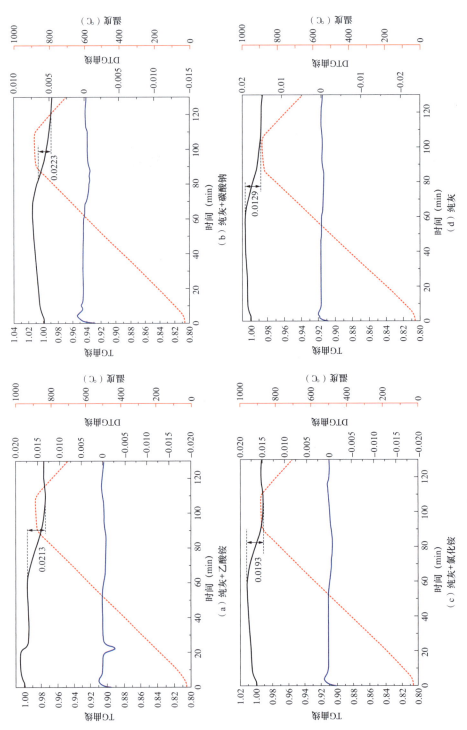

图 6-10 粉煤灰碳酸酸化产物 TG-DTG 热重分析曲线

$$C_{Car} = \frac{\omega_{CO_2}}{100 - \omega_{CO_2}} \times 1000$$

式中：ωCO_2 为粉煤灰碳酸化过程所固定的 CO_2 占碳酸化产物的质量分数，%。

以对照组不加浸出剂的纯灰为例，计算过程为

$$\omega_{CO_2} = 100\% - 97.77\% = 2.23\%$$

$$C_{Car} = \frac{2.23}{100 - 2.23} \times 1000 = 22.81$$

各实验组 90 min 内的 CO_2 固定量：纯粉煤灰固碳量为 13.07 g/kg；纯粉煤灰 – 碳酸钠固碳量为 22.81 g/kg；纯粉煤灰 – 乙酸铵固碳量为 18.70 g/kg；纯粉煤灰 – 氯化铵固碳量为 16.42 g/kg。

通过数据可以发现，Na_2CO_3、CH_4CI 和 CH_3COONH_4 都有一定的浸出效果，使得固碳量提升。但由于粉煤灰本身 CaO 含量不高（3.17%）导致其浸出的 Ca^{2+} 含量不高，从而浸出剂强化固碳效果不是很明显，如果所有的 Ca 都可用于碳酸化，该粉煤灰理论最大的 CO_2 固定能力为 24.92 g/kg。

对粉煤灰的原样、粉煤灰碳酸化产物和选用 Na_2CO_3 作为浸出剂的粉煤灰碳酸化产物进行了 SEM 测试，如图 6–11 所示。从图中可以看出，Na_2CO_3 作为浸出剂提供了丰富的 CO_3^{2-} 促进了 Ca^{2+} 以 $CaCO_3$ 的形式沉淀在粉煤灰颗粒表面，呈块状晶粒形貌。

（a）粉煤灰原样

（b）粉煤灰碳酸化产物

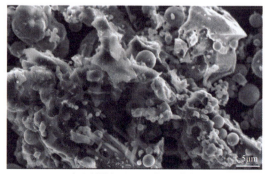

（c）粉煤灰+Na_2CO_3碳酸化产物

图 6-11 　粉煤灰、碳酸化产物以及加 Na_2CO_3 作为浸出剂的碳酸化产物微观形貌（×10 000 倍）

6.5.2.2 粉煤灰与脱硫石膏混配物的液相碳酸化

将 CaO 含量较高的脱硫石膏（39.31%）与粉煤灰进行混配以提升混配固废的整体 CO_2 固定能力（见图 6-12），同时粉煤灰中含有丰富的碱金属元素（1.11% 的 K_2O）可作为浸出剂来提供碱金属阳离子促进脱硫石膏中 Ca^{2+} 的浸出，提升混配固废的 CO_2 固定效果。开展粉煤灰掺混比为 20%、30%、40%、60% 和 70% 的碳酸化试验，其中组 1（纯脱硫石膏）和组 7（纯粉煤灰）为对照组，实验方案见表 6-5。

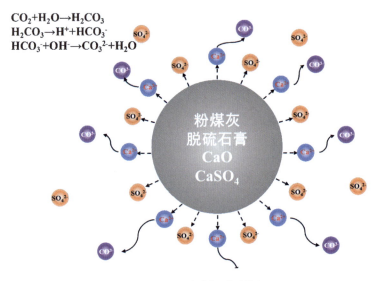

$$CO_2+H_2O \rightarrow H_2CO_3$$
$$H_2CO_3 \rightarrow H^+ + HCO_3^-$$
$$HCO_3^- + OH^- \rightarrow CO_3^{2-} + H_2O$$

图 6-12 混配固废液相碳酸化机理

表 6-5 实验参数设置

参数	1	2	3	4	5	6	7
粉煤灰掺混比（%）	0	20	30	40	60	75	100
温度（℃）	60						
碳酸化时间（min）	90						
固液比	1：15						

混配固废的碳酸化产物的 TG 和 DTG 的测试结果如图 6-13 所示。从图中可以看出，1～6 组质量下降幅度较大的温度区间集中在 200～300℃ 之间，这部分失重显然不是 $CaCO_3$ 的失重，而是由于混配固废中脱硫渣中包含的结晶水失去所引起的，因为在烘箱中，100℃ 不足使其完全脱除；并且从图中 $CaCO_3$ 分解温度区间（800～850℃）可以看出，1～5 组的质量下降得微乎其微，这可以说明，当粉煤灰不掺入或掺入的较少时，即混配固废中脱硫石膏占的比例较多时，其固定 CO_2 的能力很低，几乎可以忽略不计。而当粉煤灰掺混到 75% 即第 6 组和粉煤灰为 100% 即第 7 组时，其在 $CaCO_3$ 温度分解区间质量下降较大，说明粉煤灰在混配固废碳酸化中还是起到了比较关键的作用，并且粉煤灰自身也有一定的固碳能力。

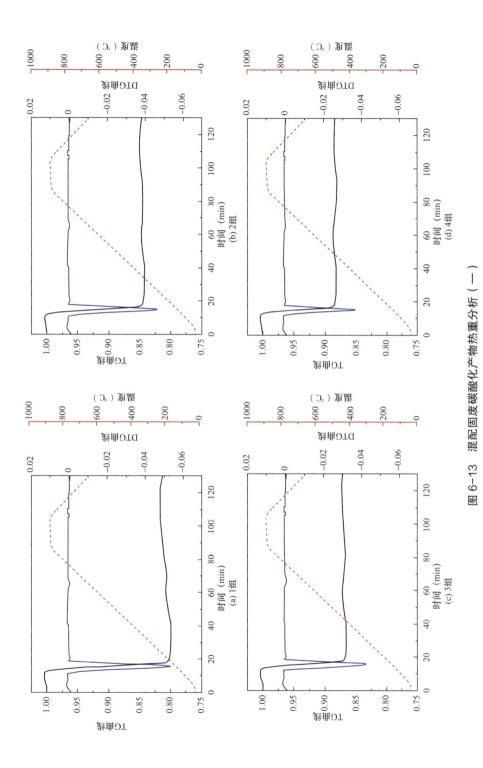

图 6-13　混配固废碳酸化产物热重分析（一）

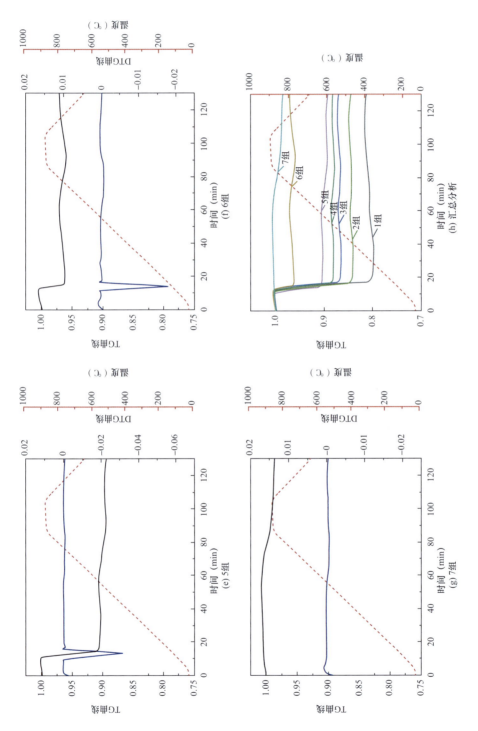

图 6-13　混配固废酸化产物热重分析（二）

经过计算，第 6 组固碳量可达 21.87 g/kg，第 7 组（纯粉煤灰）固碳量 13.07 g/kg。第 6 组是 7 组中固碳能力最高的，即粉煤灰 / 脱硫石膏的混配比为 3 ∶ 1，该比例与该电厂两种固废得到综合利用后剩余的质量比近似。

此外，对第 6 组反应前后进行了 SEM 测试，如图 6-14 所示。可以看出，液相碳酸化后粉煤灰典型的球形颗粒显著减少，出现了较多的大块状 $CaCO_3$ 产物形貌，表明混配物的固定 CO_2 能力显著提升。

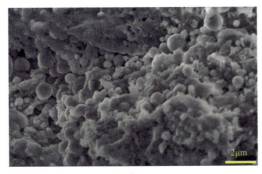
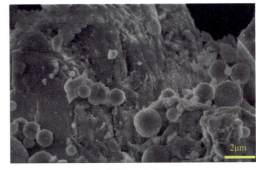

（a）碳酸化反应前　　　　　　　　　　　　　（b）碳酸化反应后

图 6-14　第 6 组实验碳酸化前后电镜图（×20 000 倍）

6.5.2.3　浸出剂添加对粉煤灰与脱硫石膏混配物的固定 CO_2 能力影响

从所述实验得出第 6 组（粉煤灰掺混 75%）的固碳潜力很高，本部分进一步选用碳酸钠（Na_2CO_3）、氯化铵（NH_4Cl）和乙酸铵（CH_3COONH_4）作为浸出剂加入到第 6 组中来提高 Ca^{2+} 的浸出。实验方案见表 6-6，实验结果如图 6-15 ～图 6-17 所示。

表 6-6　　　　　　　　　　　　　　　　实验参数设置

实验组	1	2	3
浸出剂（1 mol/L）	$NaCO_3$	CH_4Cl	CH_3COONH_4
粉煤灰∶脱硫石膏	3 ∶ 1		
温度（℃）	60		
碳酸化时间（min）	15、30、60、90		
取样容量（mL）	10		
固液比	1 ∶ 15		

当碳酸钠作为浸出剂时涉及的主要反应如下。

（1）碳酸钠的溶解。碳酸钠在水中溶解，电离出钠离子和碳酸根离子。

$$Na_2CO_3 \rightarrow 2Na^+ + CO_3^{2-}$$

（2）CO_2 的溶解。通入 CO_2 以后，与水发生反应生成碳酸。

$$CO_2 + H_2O \rightarrow H_2CO_3$$

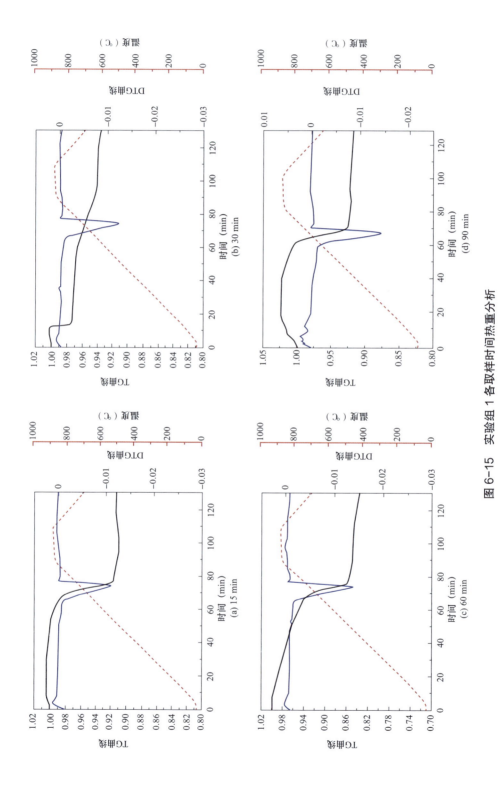

图 6-15　实验组 1 各取样时间热重分析

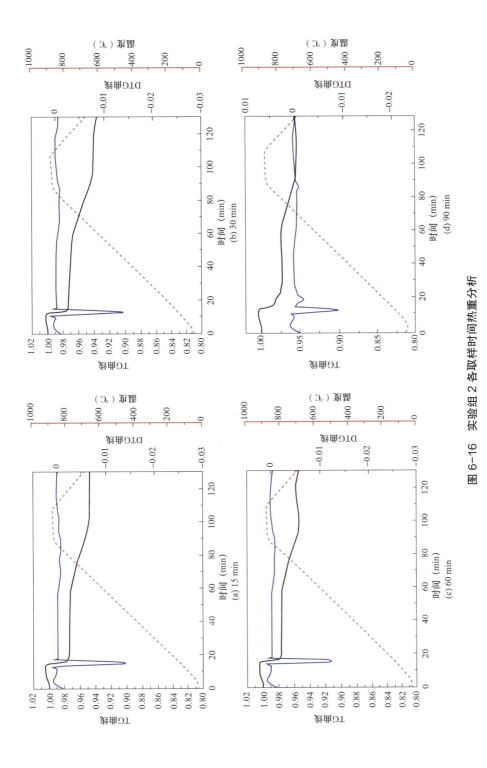

图 6-16 实验组 2 各取样时间热重分析

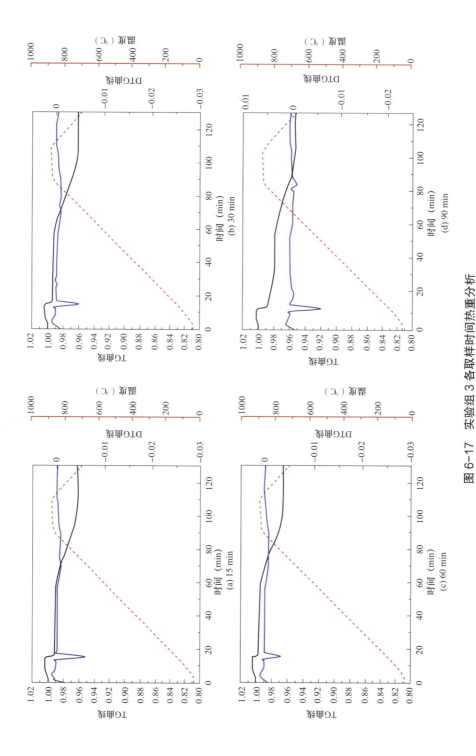

图 6-17 实验组 3 各取样时间热重分析

（3）碳酸根离子形成。碳酸会进一步分解成碳酸根离子和氢离子。

$$H_2CO_3 \rightarrow CO_3^{2-}+2H^+$$

（4）碳酸根离子与钙离子的反应。

$$Ca^{2+}+CO_3^{2-} \rightarrow CaCO_3$$

当乙酸铵作为浸出剂时，在碳酸化过程中，会涉及多个主要反应以及步骤。

（1）乙酸铵的溶解。首先乙酸铵会在水中溶解，产生乙酸根离子和铵离子。

$$CH_3COONH_4 \rightarrow NH_4^++CH_3COO^-$$

（2）CO_2 的溶解。通入 CO_2 以后，与水发生反应生成碳酸。

$$CO_2+H_2O \rightarrow H_2CO_3$$

（3）碳酸根离子形成。碳酸会进一步分解成碳酸根离子和氢离子。

$$H_2CO_3 \rightarrow CO_3^{2-}+2H^+$$

（4）乙酸根离子与钙离子的反应。乙酸根离子可以和水中的钙离子反应，生成乙酸钙。

$$Ca^{2+}+2CH_3COO^- \rightarrow Ca（CH_3COO）_2$$

（5）碳酸根离子与乙酸钙的反应。生成的乙酸钙可以与碳酸根离子反应，形成碳酸钙沉淀。

$$Ca（CH_3COO）_2+CO_3^{2-} \rightarrow CaCO_3+2CH_3COO^-$$

当氯化铵作为浸出剂时，基本原理是溶液中引入 CO_3^{2-}，当 Ca^{2+} 和 CO_3^{2-} 离子积超过 $CaCO_3$ 的溶解度积时，就会析出碳酸钙。开始时，溶液中就含有浸出过程中产生的溶解 NH_3。通入 CO_2 时，溶解的 CO_2 与 NH_3 反应生成 $（NH_4）_2CO_3$。$（NH_4）_2CO_3$ 可以完全电离，为 Ca^{2+} 沉淀提供足够的 CO_3^{2-}。因此，钙碳化效率在最初的 10 ～ 30 min 内有所提升。

$$2NH_3+CO_2+H_2O \rightarrow （NH_4）_2CO_3$$
$$（NH_4）_2CO_3+CaX_2 \rightarrow CaCO_3+2NH_4X$$

随着 CO_2 溶解和碳酸钙沉淀进行，NH_3 逐渐被消耗。因此，H_2CO_3 解离产生的 H^+ 在后期无法中和，导致溶液的 pH 值不断降低，直到达到酸性介质，从而进一步阻碍 H_2CO_3 解离。因此从图 6-18 中可以看出，从 60min 提高到 90min 时，有提升固碳效果，但幅度不是很大。

在反应时间为 90min 时，1 mol/L 碳酸钠作为浸出剂时，固碳量由 21.87 g/kg 提高到了 104.51 g/kg，提升了 82.64 g/kg。1 mol/L 的氯化铵作为浸出剂时，固碳量由 21.87 g/kg 提高到了 21.99 g/kg，提升了 0.12 g/kg；1 mol/L 的乙酸铵作为浸出剂时，固碳量由 21.87 g/kg 提高到了 24.51 g/kg，提升了 2.7 g/kg。当碳酸钠作为浸出剂时，提供了很多 CO_3^{2-}，因此，碳酸化产物中的 $CaCO_3$ 主要是由碳酸钠提供的 CO_3^{2-} 与固废中浸出的 Ca^{2+} 所反应而生成的，并不能肯定是燃煤固废直接吸附了 CO_2。因此，对于混合固废来说，CH_3COONH_4 可能更有利于 Ca^{2+} 浸出，是提高固碳量的较优选的浸出剂。

此外，对加了浸出剂后的碳酸化产物进行了 SEM 测试，微观形貌如图 6-19 所示。从图中可以看出，各浸出剂碳酸化后产物的形貌和固碳能力基本一致。Na_2CO_3 作为浸出剂时，相比于其他两种浸出剂，其碳酸化产物中出现了较大面积的 $CaCO_3$ 产物形貌，和前文所描述的一样，是由于 Na_2CO_3 提供了丰富的 CO_3^{2-} 促进了 Ca^{2+} 以 $CaCO_3$ 的形式沉淀在粉煤灰颗粒表面。而 NH_4Cl 和 CH_3COONH_4 两者的碳酸化产物表面形貌相差不是很大，与其固碳量相一致。

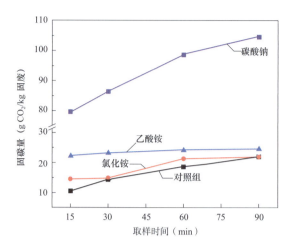

图6-18 不同浸出剂实验组以及对照组固碳量与取样时间

(a) 浸出剂Na₂CO₃碳酸化产物

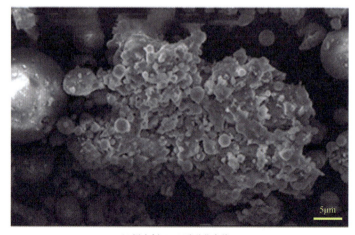

(b) 浸出剂NH₄Cl碳酸化产物

图6-19 不同浸出剂碳酸化后产物微观形貌（×10 000倍）（一）

(c) 浸出剂CH₃COONH₄碳酸化产物

图 6-19 不同浸出剂碳酸化后产物微观形貌（×10 000 倍）（二）

6.5.3 粉煤灰碳酸化产物制砖

6.5.3.1 碳酸化放大实验及制砖实验

在 6.5.2 节的研究基础上，进行碳酸化产物放大实验，获得更多碳酸化产物用来制砖。搭建粉煤灰液相碳酸化的放大实验台架，如图 6-20 所示。

图 6-20 放大实验台架

选取粉煤灰和脱硫石膏进行进一步的碳酸化实验，每批次实验样品取 200 g 混合固废（粉煤灰 150 g，脱硫石膏 50 g），根据 6.5.2 节参数优化实验所得的最优工况，将 N_2 和 CO_2 分别按 5.66 L/min 和 0.99 L/min 的流量通入 3L 的水中，在 60℃下反应 90 min 后完成实验。多次重复性制样，为粉煤灰碳酸化产物制备透水砖做原料储备。碳酸化样品的热重曲线如图 6-21 所示。

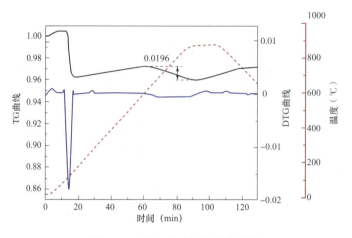

图 6-21　放大实验组热重曲线图

现有研究已经证明钢渣直接应用在水泥生料、混凝土掺合剂和道路基层材料方面时，基本上都能够满足对产品的强度要求。但钢渣成分复杂并且含有大量的游离氧化钙，游离 CaO 吸收水分生成 Ca（OH）$_2$ 后体积膨胀约 98%，造成粉煤灰等固废制品的安定性不佳，影响了产品的整体质量。根据粉煤灰液相碳酸化的反应原理，游离 CaO 在碳酸化过程中吸收水分生成 Ca（OH）$_2$ 后迅速与液体中的 CO_3^{2-} 反应形成 $CaCO_3$ 沉淀，能够达到减少粉煤灰和脱硫石膏中的游离 CaO 成分的效果，从而使得粉煤灰制成的矿化砖具有稳定性。

以上述固碳放大实验所获得的样品为主要原料，添加不同骨料和助剂制备透水砖，具体制备步骤如下所示（见图 6-22）。

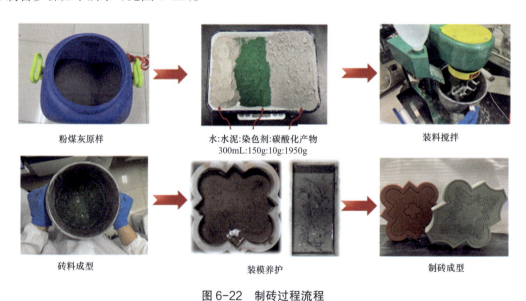

图 6-22　制砖过程流程

（1）配料搅拌。按照不同的骨胶比和水胶比，将作为骨料的天然河沙与碳酸化产物混合料与作为胶凝材料的标号 P.O52.5 水泥放入搅拌机，再打开搅拌机完成配料搅拌。

（2）透水砖成型。主要是借助成型机高压压制而成，可以根据不同的模具压制不同形状的透水砖。

根据骨胶比 3:1、4:1、2:1 等配料比制成长、宽、高分别为 20、9、6 cm 的四色（原色、绿色、红色和黄色）透水砖（见图 6-23），所得透水砖块都满足 GB/T 25993—2023《透水路面砖和透水路面板》规定的强度性能要求（抗压强度经测试可达 25 MPa 以上）。

| (a) 透水砖 | (b) 工艺园林砖 |

图 6-23　透水砖和工艺园林砖样砖

6.5.3.2　生态效益测算

对固体废弃物固定 CO_2 所衍生的生态矿化砖进行生命周期评价，评估工作全面考虑了生态矿化砖的生命周期循环，包括能源采集、运输、生产、使用和废弃等各个环节。

由图 6-24 可知，每生产 1t 生态矿化砖相较于每生产 1t 传统沙砖，可减排 58.62 kg 的 CO_2。从图中可以看出，两者制造工艺都占比很大，其中生态矿化砖的制造工艺碳排放为 87.7 kg/t，占总排放分布的 75%；此外运输为 15.7 kg/t、废弃处理为 13.8 kg/t，各占比 13% 和 12%。因此，对生态矿化砖的制造工艺进行详细评价可以发现，生态矿化砖在制造过程中碳酸化产物所固定的 CO_2 可抵消自身生产过程中的一部分碳排放，达到减排效果。

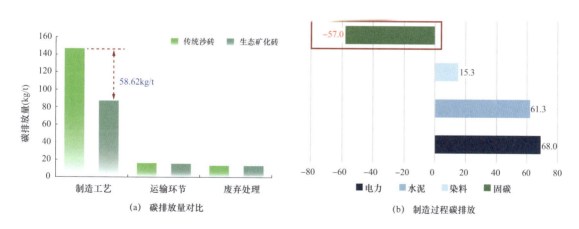

| (a) 碳排放量对比 | (b) 制造过程碳排放 |

图 6-24　排放量对比以及矿化砖制造工艺碳排放详细占比

6.5.3.3　经济效益测算

对于生态矿化砖的经济效益的核算，假设某电厂的装机容量为 1000 MW，每年燃烧约

180 万 t 煤炭，产生约 16.2 万 t 脱硫石膏和 48.6 万 t 粉煤灰。根据前面研究的碳酸化过程和用水比例（水∶水泥∶颜料∶碳酸化产物 =300∶150∶10∶1950），可计算出生产过程中除碳酸化产物外的原材料成本。这个成本包括原材料价格和内部电价的估算电费开支，合起来构成了生产矿化砖的成本。其次，根据碳交易价格为 57 元 /t，可以计算出直接固定的 CO_2（4.54 万 t）所带来的碳交易收益。最后，以样品砖（20cm∶9cm∶6cm）为例，按市场价格 35 元 / m^2 出售。综合考虑成本、碳交易收益和销售收益，每平方米生态矿化砖的盈利为 18.53 元。从成本节约的角度看，每块生态矿化砖相较于普通透水砖可以节省 1950 g 的河沙，因此每平方米生态矿化砖相对于普通透水砖可节省 3.51 元。

6.5.3.4 固碳产物环境风险评价

对矿化砖同样进行重金属及浸出毒性的检测，结果见表 6–7 和表 6–8。可以看出，矿化砖相对于粉煤灰，各重金属含量均得到削减，但由于粉煤灰本身 Cd 含量较高，造成矿化砖中 Cd 的含量仍偏高；矿化砖的各重金属浸出毒性均得到了有效控制，表明对地下水的风险可控。

6.6 展望

除上述已有研究外，粉煤灰应用于 CCUS 也可从以下途径进行研究和开拓。

（1）粉煤灰具备以下理化性质使其具有制作各种 CO_2 参与的化工工艺中的催化剂或催化剂载体的潜力和前景，如 CO_2 的氢化、环氧化物和 CO_2 的加成反应等：①粉煤灰含有多种热稳定高的金属氧化物（Al_2O_3、SiO_2 和 CaO）且易于加工成高比表面积的多孔材料；②含有的少量成分 Fe_2O_3 和 TiO_2 具有特定的催化效应；③具有很高的耐热性和活性催化相分散性；④当转化为沸石等多孔材料时，可以提高催化选择性。

（2）粉煤灰中含有大量的二氧化硅，可将其作为原料并将 CO_2 作为共反应物合成无定形二氧化硅（APS）。合成 APS 工艺中一般利用硫酸等酸性溶液进行碱金属硅酸盐溶液的酸化，从而沉淀产生无色微孔状的二氧化硅颗粒。该工艺可使用通入 CO_2 来取代传统过程中使用的硫酸，并且形成的产物碳酸钠还可进一步回收出售，从而提高工艺的经济性。

（3）目前对粉煤灰用于 CCUS 的各工艺的经济性研究及评估较少，应在技术探索的同时考虑经济约束，并建立基于经济成本的粉煤灰用于 CCUS 的适用性评估方法，从而更好地指导粉煤灰用于 CCUS，在提高粉煤灰综合利用率的同时减少碳排放量。

表 6-7 燃煤固废中受控元素含量检测

mg/kg

项目		Cd	Cr	Pb	As	Hg	Cu	Ni	Zn
粉煤灰		1.47	77.21	98.21	26.7	0.98	55.4	33.9	291
脱硫石膏		0.24	18.4	4.26	1.26	0.954	2.66	0.82	5.34
矿化砖		0.89	53.13	63.51	17.29	0.83	35.88	21.79	186.65
GB 15618—2018《土壤环境质量 农用地土壤污染风险管控标准》	风险筛选值	≤0.6	≤250	≤170	≤25	≤3.4	≤100	≤190	≤300
	最严风险管制值	≤1.5	≤800	≤500	≤200	≤2.0	—	—	—
GB 36600—2018《土壤环境质量 建设用地土壤污染风险管控标准》	筛选值一类地	≤20	—	≤400	≤20	≤8	≤2000	≤150	—
	筛选值二类地	≤65	—	≤800	≤60	≤38	≤18000	≤900	—
	管制值一类地	≤47	—	≤800	≤120	≤33	≤8000	≤600	—
	管制值二类地	≤172	—	≤2500	≤140	≤82	≤36000	≤2000	—

表 6-8 燃煤固废中受控元素浸出毒性值检测

项目		Fe (mg/L)	Mn (mg/L)	Cu (mg/L)	Zn (mg/L)	Al (mg/L)	Hg (μg/L)	As (μg/L)	Se (μg/L)	Cd (mg/L)	Cr⁶⁺ (mg/L)	Cr (mg/L)
粉煤灰		<0.03	<0.001	<0.01	<0.006	63.8	<0.04	2	0.345	<0.003	<0.004	0.06
脱硫石膏		0.14	<0.001	<0.01	<0.006	0.23	<0.04	<0.1	3.2	<0.003	<0.004	<0.01
矿化砖		<0.03	<0.001	<0.0.	<0.006	0.17	<0.04	<0.1	0.233	<0.003	<0.004	<0.01
GB/T 14848—2017《地下水质量标准》	I	≤0.1	≤0.05	≤0.01	≤0.05	≤0.01	≤0.1	≤1	≤10	≤0.0001	≤0.005	—
	II	≤0.2	≤0.05	≤0.05	≤0.5	≤0.05	≤0.1	≤1	≤10	≤0.001	≤0.01	—
	III	≤0.3	≤0.1	≤1	≤1	≤0.2	≤1	≤10	≤10	≤0.005	≤0.05	—
	IV	≤2	≤1.5	≤1.5	≤5	≤0.5	≤2	≤50	≤100	≤	≤0.1	—
	V	>2	>1.5	>1.5	>5	>0.5	>2	>50	>100	>0.01	>0.1	—

粉煤灰综合利用途径适用性评价

7.1 评价方法

粉煤灰的各综合利用途径对粉煤灰的理化性质及组分含量都有所规定，而不同性质的粉煤灰也有其最适合的利用途径。现有的粉煤灰利用工艺或技术路线选择大多是从技术经济效益、技术的成熟可行性出发，并没有基于物质本身理化性质和各成分含量出发去评价粉煤灰是否适用于该类用途，因此存在将具有高附加值粉煤灰用于普通建材行业，也存在将劣质粉煤灰用于某高附加值工艺导致提升了预处理等方面的工艺成本，无法做到物尽其用。与此同时，我国现行的《粉煤灰综合利用管理办法》中对粉煤灰综合利用更多的是提出原则上的要求和方向指导，整体粉煤灰的综合利用缺乏一个政策或者标准类的应用指南，无法更好地指导粉煤灰的综合利用。因此，从粉煤灰自身的理化性质和组分含量出发，选择最适的综合利用途径，更有助于提升粉煤灰的综合利用量和经济效应。

根据已有粉煤灰各综合利用途径相关实行标准及各工艺常用限制指标，对照筛选出粉煤灰关键的理化性质和成分含量指标，用于后续计算及评价。

表 7–1 中所列粉煤灰主要利用途径标准中对理化性质及组分含量包含烧失量、SiO_2、Al_2O_3、Fe_2O_3、水分、Hg、As、Pb、Cd、Cr、Ni、Cu、Zn、MgO、CaO、$SiO_2+Al_2O_3$、铝硅比、$MgO+CaO$、SO_2、SO_3、Cl^-、pH、密度、安定性、Na_2O+K_2O、强度活性指数等。综合利用途径对粉煤灰各理化性质和组分含量的限制值分为三种：①对理化性质或成分含量指标进行最低含量控制值规定，如 GB/T 1596—2017《用于水泥和混凝土中的粉煤灰》中对粉煤灰强度活性指数有最小限制 70% 的要求（≥70%）；②理化性质或成分含量指标进行最高含量控制值规定，如 GB/T 1596—2017 中对粉煤灰含水量有最大限制 1% 的要求（≤1%）；③对理化性质或成分含量指标进行控制值的范围规定，即同时有最大值和最小值。

表 7–1   粉煤灰部分综合利用途径所对应标准

标准名称	标准类型	应用途径
GB 175—2023《通用硅酸盐水泥》	国家标准	水泥
GB/T 26541—2011《蒸压粉煤灰多孔砖》	国家标准	制砖
GB/T 1596—2017《用于水泥和混凝土中的粉煤灰》	国家标准	水泥及混凝土
GB/T 36535—2018《蒸压粉煤灰空心砖和空心砌块》	国家标准	制砖和砌块
GB/T 50146—2014《粉煤灰混凝土应用技术规范》	国家标准	混凝土

标准名称	标准类型	应用途径
CECS 256-2009《蒸压粉煤灰砖建筑技术规范》	中国工程建设协会标准	制砖
JC/T 239《蒸压粉煤灰砖》	中华人民共和国建材行业标准	制砖
YS/T 786—2012《赤泥粉煤灰耐火隔热砖》	中华人民共和国有色金属行业标准	制砖
DB15/T 1225—2017《硅钙渣粉煤灰稳定材料路面基层应用规范》	内蒙古自治区地方标准	路基
DB14/T 1217《粉煤灰与煤矸石混合生态填充技术规范》	山西省地方标准	生态填埋

对于任意粉煤灰综合利用途径，首先进行粉煤灰各指标数值的归一化处理，根据实际情况共分为以下八种归一化计算方法。

（1）当限制值为最高指标控制值，且实际值未超标时

$$Z_i = 1 - \frac{X_i}{S_i \times 2}$$

（2）当限制值为最高指标控制值，且实际值超标时

$$R_i = \mathrm{Roundup}\left(\frac{X_i}{S_i}\right)$$

$$Z_i = R_i \times \left(1 - \frac{X_i}{S_i \times R_i}\right) \times \left[\frac{1}{R_i!} - \frac{1}{(R_i+1)!}\right] + \frac{1}{(R_i+1)!}$$

（3）当限制值为最低指标控制值时，且实际值未超标时

$$Z_i = \frac{X_i + 1 - 2S_i}{2 \times (1-S_i)}$$

（4）当限制值为最低指标控制值时，且实际值未达标时

$$Z_i - \frac{X_i}{S_i \times 2}$$

（5）当限制值为范围控制值，且实际值未超标时

$$Z_i = 1 - \frac{|2X_i - S_{iup} - S_{idown}|}{2 \times (S_{iup} + S_{idown})}$$

（6）当限制值为范围控制值，且实际值超过上限值时

$$R_{iup} = \mathrm{Roundup}\left(\frac{X_i}{S_{iup}}\right)$$

$$Z_i = R_{iup} \times \left(1 - \frac{X_i}{S_{iup} \times R_{iup}}\right) \times \left[\frac{1}{R_{iup}!} - \frac{1}{(R_{iup}+1)!}\right] + \frac{1}{(R_{iup}+1)!}$$

（7）当限制值为范围控制值，且实际值未达到下限值时

$$Z_i = \frac{X_i}{S_{idown} \times 2}$$

（8）当实际值恰好为限制值时

$$Z_i = 0.5$$

式中：X_i 为粉煤灰第 i 个指标的实际数值；S_i 为粉煤灰第 i 个指标的限制值；S_{iup} 为粉煤灰第 i 个指标的上限制值；S_{idown} 为粉煤灰第 i 个指标的下限制值；Z_i 为粉煤灰第 i 个指标的归一化数值，无量纲；R_i 为第 i 个指标的超标倍数；R_{iup} 为第 i 个指标相对于含量限制上限的超标倍数；Roundup（）为上取整函数，即不考虑四舍五入原则取比该值大的最小整数，如 2.4 时取 3。

在完成各指标数值的归一化计算后，需对各指标进行权重分配，在实际的权重系数的确定过程中应重点突出以下因素：

（1）超标指数与正常指数之间的权重分配，应突出超标指数的权重。

（2）不同达标指数之间的权重分配，应突出刚达标指标的权重。

$$\omega_i = \left(\frac{1}{Z_i}\right) \bigg/ \sum_1^n \left(\frac{1}{Z_i}\right)$$

$$C = \frac{2\sum_1^n (Z_i \times \omega_i) - 2 + \text{Roundup}\left[\min(Z_i - 0.5)\right]}{2^{\text{Roundup}(0.5 - \min Z_i)}}$$

式中：ω_i 为粉煤灰第 i 个成分含量的权重系数；n 为成分个数；$\min$（）为取最小值函数，即取 Z_i 中最小数值；C 为粉煤灰在该综合利用途径中的适用性指标，取值范围为 $[-1, 1]$。

粉煤灰各成分指标全部符合该综合利用途径的成分指标要求的评价值 C 是一个介于 $[0, 1]$ 的数值，该值越大表明所研究粉煤灰越适合此综合利用途径。

当粉煤灰各成分指标中有指标不符合该综合利用途径的成分指标要求时，该评价值 C 是一个介于 $[-1, 0]$ 的数值，该值越小表明超标越严重，越不适合此综合利用途径。

7.2 示例应用

以五个位于不同地区燃煤电厂产生的燃煤固废粉煤灰（见表 7-2）为例，其中电厂 1～电厂 3 为煤粉炉，电厂 4、电厂 5 为循环流化床锅炉。表 7-3 为七种常见综合利用途径对粉煤灰理化性质及组分含量的指标要求。

表 7-2　　　　　　　　　不同电厂粉煤灰的理化性质和组分含量

参数	电厂 1	电厂 2	电厂 3	电厂 4	电厂 5
烧失量（%）	7.84	4.84	0.78	2.47	3.57
含水量（%）	0.47	0.56	0.77	0.87	1.46
SO_3（%）	0.78	0.49	0.13	0.55	0.42
CaO（%）	2.9	3.31	2.85	7.2	5.88

参数	电厂1	电厂2	电厂3	电厂4	电厂5
MgO（%）	0.79	0.69	0.6	1	0.78
CaO+MgO（%）	3.69	4	3.45	8.2	6.66
SiO_2（%）	49.24	45.64	48.36	47.09	49.36
Al_2O_3（%）	30.47	33.32	42.14	33.4	42.16
Fe_2O_3（%）	2.94	1.18	1.79	5.13	5.02
$SiO_2+Al_2O_3+Fe_2O_3$（%）	82.65	80.14	92.29	85.62	96.54
铝硅比	0.62	0.73	0.87	0.71	0.85
Na_2O+K_2O（%）	1.22	1.2	0.48	1.73	1.56
Hg（mg/kg）	0.25	0.44	0.36	0.037	0.48
As（mg/kg）	14.44	13.43	2.59	20.87	9.98
Pb（mg/kg）	85.7	3.26	80.29	10	68.7
Cd（mg/kg）	0.58	0.046	0.31	0.06	0.13
Cr（mg/kg）	58.24	38.35	45.11	53.9	72.7
Cu（mg/kg）	82.39	71.42	38.63	29.6	33.1
Ni（mg/kg）	35.35	32.87	13.06	14.2	70
Zn（mg/kg）	313.7	322.6	146.7	124	815.25
密度（g/cm³）	2.22	2.16	2.05	2.39	2.24
安定性（mm）	2.34	3.24	4.21	2.57	2.98
强度活性指数（%）	75.4	77.5	72.4	74.5	72.1
pH值	9.58	10.53	10.74	9.8	10.77

表7-3　　　　　　　　粉煤灰不同利用途径对粉煤灰的参数要求

参数	制作水泥	微生物肥料	冶炼硅铝铁合金	轻集料	土壤改良	制砖	提取 Al
烧失量（%）	≤ 8	—	—	≤ 4	—	6～20	—
含水量（%）	≤ 1	≤ 2	—	—	—	—	—
SO_3（%）	≤ 3.5	—	—	—	—	≤ 1	—
CaO（%）	≤ 4	—	—	—	—	≤ 3	—

参数	制作水泥	微生物肥料	冶炼硅铝铁合金	轻集料	土壤改良	制砖	提取 Al
MgO（%）	—	—	—	—	—	≤ 2	—
CaO+MgO（%）	—	—	—	1～8	—	—	≤ 0.5
SiO_2（%）	—	—	20～35	45～65	—	40～70	30～50
Al_2O_3（%）	—	—	35～55	13～23	—	15～35	≥ 25
Fe_2O_3（%）	—	—	15～30	4～9	—	2～8	≤ 1.5
$SiO_2+Al_2O_3+Fe_2O_3$（%）	≥ 50	—	—	—	—	—	—
铝硅比	—	—	—	—	—	—	≥ 0.68
Na_2O+K_2O（%）	—	—	—	2.5～5	—	—	—
Hg（mg/kg）	—	≤ 3	—	—	≤ 3.4	—	—
As（mg/kg）	—	≤ 30	—	—	≤ 25	—	—
Pb（mg/kg）	—	≤ 100	—	—	≤ 170	—	—
Cd（mg/kg）	—	≤ 3	—	—	≤ 0.6	—	—
Cr（mg/kg）	—	≤ 150	—	—	≤ 250	—	—
Cu（mg/kg）	—	—	—	—	≤ 100	—	—
Ni（mg/kg）	—	—	—	—	≤ 190	—	—
Zn（mg/kg）	—	—	—	—	≤ 300	—	—
密度（g/cm^3）	≤ 2.6	—	—	—	—	—	—
安定性（mm）	≤ 5.0	—	—	—	—	—	—
强度活性指数（%）	≥ 70	—	—	—	—	—	—
pH 值	—	—	—	—	≤ 10	—	—

按照 7.1 节的计算方法，得到五种粉煤灰在七种不同综合利用途径中的适用性，结果见表 7-4 及图 7-1 所示。煤粉炉粉煤灰更适用于水泥及肥料制造，其中电厂 1 的粉煤灰由于 CaO 等活性成分含量较低有着更为广阔的应用领域；循环流化床锅炉粉煤灰由于活性成分的限制导致其无法应用在传统建材行业中，限制了其综合利用率。

表 7-4 不同电厂粉煤灰的不同综合利用途径适用性指标值 Z

利用途径	电厂 1	电厂 2	电厂 3	电厂 4	电厂 5
制作水泥	0.34	0.37	0.38	−0.45	−0.44
微生物肥料	0.58	0.79	0.66	0.69	0.55
冶炼硅铝铁合金	−0.80	−0.90	−0.85	−0.72	−0.69
轻集料	−0.65	−0.67	−0.74	−0.48	−0.54
土壤改良	0.32	−0.27	−0.22	0.58	−0.62
制砖	0.47	−0.45	−0.72	−0.64	−0.56
提取 Al	−1.0	−1.0	−1.0	−1.0	−1.0

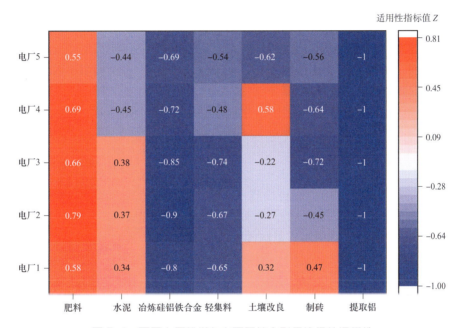

图 7-1 不同电厂粉煤灰在不同综合利用途径的适用性

粉煤灰的环境风险及评价方法

8.1 粉煤灰的危害

8.1.1 储灰占地

我国粉煤灰综合利用率为 70% 左右，每年约有 2 亿 t 粉煤灰因得不到有效利用而被堆存在灰场等堆存场地，占用大量土地资源。粉煤灰虽然可以促进土壤颗粒的团聚作用，并可用作土壤改良剂及肥料填充剂提高农作物的品质，但是当粉煤灰中微量元素进入土壤并超过其临界值时，会导致土壤环境受到污染，土壤的组成、结构和功能等会发生变化，最终可导致土壤资源枯竭和破坏。

8.1.2 大气污染

粉煤灰的粒径接近总悬浮颗粒物（0.1 ～ 100 μm），极易产生扬尘，造成大气污染，主要体现在粉煤灰加重大气环境的漂浮物，造成大气的能见度下降，进而给大气层又穿了一件"保暖内衣"，大气层的保温效应更加严重，最终将会导致温室效应的加重。同时，粉煤灰对大气的污染还会造成大气成分的严重变化，影响人体健康，其中细小颗粒（< 10μm）为可吸入颗粒物，可以被人体吸入，造成呼吸道疾病；其中一些有害元素，如 Cr、As、Cu、Pb、Cd、Zn、Ni 等重金属以及煤的不完全燃烧产生的多环芳烃（PAHs）等有机物如被人体吸收还会对人体器官造成危害。

8.1.3 水体污染

粉煤灰污染水体的途径主要包含以下两个方面：

（1）被除尘设备收集的飞灰若选用水力输灰或湿排方式时，会使飞灰中的有害成分溶入冲灰的水中，污染地表水和地下水，其中输送或排放 1t 粉煤灰约需 1t 水，不仅消耗了大量的水资源也消耗了大量电能。

（2）堆置或填埋的粉煤灰，其有害组分尤其是各类重金属很容易浸出而污染地下水，导致水质硬度增加、水体 pH 值升高、破坏水体的生态平衡。

8.1.4 放射性污染

煤燃烧后原煤中的 ^{238}U、^{229}Ra、^{232}Th 等放射性元素会富集在粉煤灰颗粒中。经过煤炭燃烧的过程，粉煤灰中的放射性活度比原煤提高好几倍甚至是一个数量级。这些放射性元素会对周围环境及人体造成放射性污染，人们长期生活在这些环境中会出现头昏、胸闷、四肢无力等症状。由于放射性元素的半衰期都很长，还可能对人类产生远期效应，包括躯体效应和遗传效应。李冠超对某地区 13 种粉煤灰砖的放射性进行检测，其中有 5 类粉煤灰制砖（占比 38.46%）的放射性核素含量不满足 GB 6566—2010《建筑材料放射性核素限量》中的 A 类标准，不可用作于与人体接触密切的建筑。

8.2　粉煤灰对堆存地污染程度的评价方法

目前，国内外有关粉煤灰中重金属对堆存地的污染程度评价的方法众多，其中评价体系最为成熟，应用最为广泛的评级方法为指数评价法，它是基于重金属总量的评价方法，能直观地反映实测重金属含量与背景值的关系，进而评价重金属在土壤中的风险。指数评价法依据评价标准不同，可划分为单因子指数法、内梅罗指数法、地累积污染指数法、潜在生态危害指数法等。

随着重金属微观特性研究的不断深入，众多学者发现土壤—植物系统中重金属的迁移转化和生态毒性，与其含量和形态均存在密切联系，即不同形态的重金属具有不同的生物可利用性。基于元素形态的评价方法应运而生，常用的评价方法有风险评估编码法、次生相与原生相比值法、TCLP 法等。

8.2.1　单因子指数法

单因子指数法是对作物或土壤的污染状况以及污染物危害程度进行评价的方法，一般以重金属含量的实测值除于土壤本底值来计算，并用无量纲的指数来确定其污染程度，计算公式为

$$P_i = \frac{C_i}{S_i}$$

式中：P_i 为单因子污染指数，无量纲；C_i 为土壤样品中元素 i 的实测浓度，mg/kg；S_i 为元素 i 的土壤本底值，mg/kg。

单因子指数法的分级标准见表 8-1。

表 8-1　　　　　　　　　　　　单因子指数分级标准

等级划分	P_i 范围	污染程度
1	$P_i < 1$	警戒
2	$1 < P_i < 2$	轻度污染
3	$2 < P_i < 3$	中度污染
4	$3 < P_i$	重度污染

张刚等人利用单因子指数法对沈阳市沈北新区粉煤灰中 Cd、Cr、Hg、Pb、As 等五种污染元素进行了分析，污染程度大小顺序为 Cd > Hg > As > Cr > Pb，其中 Cd、Hg 和 As 属于重度污染范畴，应加大相应元素的监管。阿卜杜萨拉木·阿布都加帕尔等人利用单因子指数法对新疆准东地区煤矿区域土壤重金属污染情况进行分析，表明 As、Hg 和 Cr 是研究区主要的污染元素，污染程度分别处在中度至重度污染。

8.2.2 地累积污染指数法（Muller 指数法）

地累积污染指数（Index of geoaccumulation）最初由德国科学家 Muller 于 1969 年在水体沉积物中的重金属污染评价研究中提出，后被广泛用于研究沉积物或其他物质中重金属污染程度。方法引入土壤背景值作为标准对重金属元素进行归一化处理，兼顾考虑了重金属分布的自然变化特征和人类活动对环境的影响，为污染过程的评价提供了更为可靠和有效的评价方法。地累积指数可以全面反映重金属污染分布的自然变化特征，且还可以判定或区别人为活动对土壤环境污染影响的重要参数。该方法最大缺点为侧重于单一的重金属元素，没有充分考虑地理空间差异和生物有效性。地累积污染指数的计算公式为

$$I_{geo} = \log_2 \left(\frac{C_i}{k \times S_i} \right)$$

式中：I_{geo} 为地累积污染指数，无量纲；C_i 为土壤样品中某元素的实测浓度，mg/kg；S_i 为某元素土壤背景值，mg/kg；k 为修正系数，一般取值 1.5，通常用来表征沉积特征、岩石地质及其他影响。

按 I_{geo} 值的大小，可以将粉煤灰中重金属对堆存地的污染程度分为 0 ~ 6 级共七个等级，见表 8-2。

表 8-2   地累积污染指数法评价标准

I_{geo}	≤ 0	0 ~ 1	1 ~ 2	2 ~ 3	3 ~ 4	4 ~ 5	> 5
级别	0	1	2	3	4	5	6
污染程度	无	轻度	偏中度	中度	偏重	重	严重

8.2.3 内梅罗综合指数法

1974 年美国叙拉古大学内梅罗（N. L. Nemerow）教授在其所著的《河流污染科学分析》一书中，首次提出了内梅罗污染指数法。内梅罗指数是一种兼顾极值和平均值的计权型多因子环境质量指数，运算简单、易懂、意义清晰，可全面显示各种污染物对土壤的影响，并凸显高浓度污染物对环境质量的影响。目前，国内外普遍应用该方法进行土壤环境污染程度的评价研究，但由于过度体现最大污染元素对土壤环境质量的作用，会导致污染程度划分不精确和部分元素影响灵敏度不够高等缺点。

武琳等为了探讨粉煤灰作为土壤改良剂的可行性，利用内梅罗综合指数法对粉煤灰内七种重金属进行了风险评估，结果显示七种重金属均属于警戒或轻度污染水平，风险可控。刘培陶等人分别利用单因子污染指数和内梅罗综合指数法对安徽高皇灰场土壤进行采样和评价，显示土壤中微量元素尚未对该地区土壤环境造成显著危害。传统的内梅罗综合指数的计算公式为

$$F_i = \frac{C_i}{S_{ij}} (i = 1, 2, 3, \cdots, n; j = 1. 2. 3, \cdots, m)$$

$$P_c = \sqrt{\frac{F_{max}^2 + F_{avg}^2}{2}}$$

式中：C_i 为场地土壤中元素 i 的实际检测浓度，mg/kg；S_{ij} 为场地土壤中元素 i 的第 j 类标准浓度，mg/kg；F_{max} 为 F_i 的最大值；F_{avg} 为 F_i 的平均值；P_c 为传统内梅罗污染指数。

传统内梅罗标准污染指数值分级见表 8-3。

表 8-3　　　　　　　　　　传统内梅罗综合污染指数分级标准

等级划分	评价条件	污染等级	污染水平
Ⅰ	$P_c < 0.70$	安全	清洁
Ⅱ	$0.70 \leqslant P_c < 1$	警戒线	尚清洁
Ⅲ	$1 \leqslant P_c < 2$	轻污染	土壤开始受到污染
Ⅳ	$2 \leqslant P_c < 3$	中污染	土壤受中度污染
Ⅴ	$3 \leqslant P_c$	重污染	污染已相当严重

传统内梅罗污染指数法过于突出最大污染因子的影响，未考虑权重因素，故之后的学者引入权重因素，对内梅罗污染指数进行了改进，避免忽视因实测浓度小而危害系数大的污染因子对整体环境质量的影响。目前该改进方法尚未应用于粉煤灰的风险评价工作中，计算公式为

$$P_g = \sqrt{\frac{F_{max}^2 + F'^2}{2}}$$

$$\omega_i = \frac{r_i}{\sum_{i=1}^m r_i}$$

$$r_i = \frac{s_{max}}{s_i}$$

式中：P_g 为改进型内梅罗综合污染指数；F' 为权重最大的污染因子对应的 F 值；r_i 为第 i 种污染因子的相关性比值；s_i 为各种污染因子的标准值；s_{max} 为第 i 种污染因子的最大标准值；ω_i 为各种污染因子的权重值；m 为评价污染因子的个数。

改进内梅罗污染指数值分级见表 8-4。

表 8-4　　　　　　　　　　改进型内梅罗综合污染指数分级标准

等级划分	评价条件	污染等级	污染水平
Ⅰ	$P_g < 0.55$	安全	清洁
Ⅱ	$0.55 \leqslant P_g < 0.69$	警戒线	尚清洁
Ⅲ	$0.69 \leqslant P_g < 1.00$	轻污染	土壤开始受到污染
Ⅳ	$1.00 \leqslant P_g < 3.53$	中污染	土壤受中度污染
Ⅴ	$3.53 \leqslant P_g$	重污染	污染已相当严重

8.2.4　潜在生态危害指数法

瑞典学者 Lars. Hakanson 于 1980 年提出的潜在生态危害指数法（the potential ecological risk index，RI）是一种基于生物有效性、相对贡献度和空间位置差异等特点，且综合考虑了不同重金属元素的生物毒性水平、迁移转化规律、生态敏感程度以及区域背景值差异等多种因素协同作用的评价方法。该指数可以反映单个重金属（污染因子）的污染水平，是可以反映多个重金属（污染因子）联合效应的快速、简便和标准的方法。潜在生态危害指数的评价具有以下四个特征：①随土壤重金属污染程度的加重，潜在生态危害指数也增大；②多种重金属污染的潜在生态危害指数高于少种重金属污染的潜在生态危害指数；③毒性较高的重金属比毒性低的重金属对潜在生态危害指数贡献大；④土壤对重金属的敏感性越大，潜在生态危害指数越高。王晓睿等利用潜在生态危害指数法对贵州喀斯特山区粉煤灰堆场进行风险评价，研究区内粉煤灰基质中 Cd 的危害系数最大（1760），危害程度为极强，具有显著风险。

潜在生态危害指数法的具体计算公式为

$$RI = \sum E_i = \sum T_i \times F_i = \sum T_i \times \frac{C_i}{C_{ie}}$$

式中：RI 为场地土壤多种重金属的潜在生态危害指数；C_i 和 C_{ie} 分别为场地土壤中重金属 i 的实际检测浓度和背景值，mg/kg；E_i 为场地土壤中某种重金属 i 的潜在生态危害系数；T_i 为场地土壤中单一污染物 i 的毒性系数，其中重金属 As、Cd、Pb、Hg、Ni、Cr、Zn、Cu 的毒性系数分别为 10、30、5、40、1、2、1、5；F_i 为场地土壤中单个重金属 i 的污染系数。

场地土壤重金属污染的潜在生态危害指数分级标准见表 8-5。

表 8-5　　　　　　　　潜在生态危害指数分级标准

E_i	生态污染程度	RI	生态风险程度
$E_i < 40$	轻微污染	$RI < 150$	低生态风险
$40 \leq E_i < 80$	中等污染	$150 \leq RI < 300$	中等生态风险
$80 \leq E_i < 160$	较强污染	$300 \leq RI < 600$	高生态风险
$160 \leq E_i < 320$	强污染	$600 \leq RI$	极高生态风险
$320 \leq E_i$	极强污染		

8.2.5　污染负荷指数法

污染负荷指数法（PLI）是由 Tomlinson 等于 1980 年提出的一种针对重金属污染的评价方法，现已被广泛应用于土壤、水体沉积物中重金属的污染评价。该指数由研究区范围内的所有重金属元素共同构成的，并通过一定的统计方法对区域各采样点的不同重金属污染进行定量评价，再对各点位的污染程度进行划分不同污染等级，最后用各点位的污染评价来揭示区域内的污染水平。污染负荷指数法不仅能直观地反映各元素的时空变化趋势，也可以反映元素的污染贡献，并可以更直接地指出导致最严重环境污染的重金属元素。该方法能评价研究区整体的污染状况，避免污染指数加和关系造成的歪曲评价结果现象，但忽略了不同污染源导致的差异性。刘柱光等利用污染负荷指数对吉林省某燃煤电厂储灰场及其周边地区的重金属污染状况进行风险研究，研究区总体处于轻度污染，其中储灰场及其西北侧灰坝下落差最大处部分土壤处于中度污染，土壤污染主要源于灰坝处灰水渗漏，受盛行风影响较小。

场地土壤重金属污染负荷指数计算公式为

$$CF_i = \frac{C_i}{C_n}$$

$$P = \sqrt[n]{CF_1 \times CF_2 \times CF_3 \times \cdots \times CF_n}$$

$$P_z = \sqrt[m]{P_1 \times P_2 \times P_3 \times \cdots \times P_m}$$

式中：CF_i 为场地土壤中重金属 i 的污染指数；C_i 和 C_n 分别为场地土壤中重金属 i 的实际检测浓度和背景值，mg/kg；P 为场地土壤重金属某采样点重金属的污染负荷指数；P_z 为场地土壤重金属总体污染负荷指数；n 为场地土壤单一采样的重金属种类数；m 为场地土壤采样数。

$P \leq 1$ 为无污染；$1 < P \leq 2$ 为轻微污染；$2 < P \leq 3$ 为中度污染；$3 < P$ 为重度污染。P_z 和 P 的分级标准一致。

8.2.6　风险评价编码法

Jain 等建立的基于形态学的风险评价指标 RAC（risk assessment code），是利用土壤中重金属的生物可利用性进行评价，主要对重金属存在于环境中的活性形态进行分析，能更好地判定重金属可能释放到环境中所造成的风险程度。土壤中的重金属可否被植物吸收和利用，主要在于可交换态和碳酸盐结合态的总和，即重金属的有效态。有效态含量越大，对环境的危害就越高。基于重金属赋存形态的评价方法，可以更深入地对重金属潜在风险进行分析。范明毅利用风险评价编码法对贵州毕节金沙电厂周边土壤中各种重金属的潜在风险进行评价，其中元素 Cd 存在对环境构成中等风险的可能性，应加强管控。

RAC 风险评价指标计算公式为

$$K = \frac{E + C}{Q} \times 100\%$$

式中：K 为生物可利用系数；E 为可交换态含量；C 为碳酸盐结合态含量；Q 为金属全态含量。

当 K 值整体小于 1% 时，视为无风险；1% ～ 10% 为低风险；11% ～ 30% 为中等风险；31% ～ 50% 为高风险；大于 50% 为极高风险。

8.2.7　次生相与原生相分布比值法

相比于风险评价编码法只考虑金属元素的可交换态和碳酸盐结合态，次生相与原生相分布比值法 RSP（rations of secondary phase and primary phase）将除残渣态之外的其他 4 种形态都考虑成会对环境造成影响的形态。该方法将残渣态称为原生相，除残渣态以外的 4 种形态统称为次生相，通过计算两者的比值反应重金属化学活性和生物可利用性，同时也可以评价重金属对环境污染的可能性大小（见表 8-6）。计算公式为

$$R_{sp} = \frac{M_{sec}}{M_{prim}}$$

式中：R_{sp} 为次生相与原生相比值；M_{sec} 为次生相含量；M_{prim} 为原生相含量。

表 8-6 次生相与原生相分布比值法评价标准

R_{sp}	< 1	1～2	2～3	> 3
污染等级	无	轻度	中等	重度

8.2.8 TCLP 法

TCLP（toxicity characteristic leaching procedure）浸出法是美国环保局推荐的标准毒性浸出方法，是当前国际上应用最为广泛的一种生态风险评价方法，但在我国应用较少，且该方法也尚未应用到粉煤灰堆存地的风险评估中。

TCLP 法根据土壤酸碱度和缓冲量的不同制定出 2 种不同 pH 值的缓冲液作为提取液：当土壤 pH 值＜ 5 时，加入试剂 1（5.7 mL 冰醋酸溶于 500 mL 蒸馏水中，再加入 64.3 mL 浓度为 1 mol/L 的 NaOH，用蒸馏水定容至 1 L，保证试剂 1 的 pH 值在 4.93 ± 0.05）；当土壤 pH 值＞ 5 时，加入试剂 2（5.7 mL 冰醋酸溶于蒸馏水中，定容至 1 L，保证试剂 2 的 pH 值在 2.88 ± 0.05）。缓冲液的 pH 值用 1 mol/L 的 HNO_3 和 1 mol/L 的 NaOH 来调节，缓冲液的用量是土的 20 倍，即水土比为 20∶1。以（30 ± 2）r/min 的速度在常温下振荡（18 ± 2）h、离心、过滤，再用 1 mol/L 的 HNO_3 调节提取液 pH 值至 2 以长时间保存。TCLP 提取液中的重金属浓度（mg/kg）即为 TCLP 法提取的浓度。

将检测结果与 TCLP 法标准值进行对比，当某金属元素浓度检测结果超过标准值时表明该元素会对所在环境及人体健康带来风险，见表 8-7。

表 8-7 TCLP 法部分元素标准值

元素	Cu	Zn	Pb	Cd	Ni	Hg
标准值（mg/kg）	15	25	5	0.5	20	0.2

8.2.9 不同方法对比

表 8-8 为不同粉煤灰堆存地重金属环境风险评价方法的评价范围及优缺点。总体而言，基于总量和形态的评价方法均能在不同程度上反映重金属在堆存地环境中的风险，但每种方法也存在其局限性，如单项污染指数法能反映重金属的实测含量与土壤本底值的关系，但无法开展重金属污染的综合评价；内梅罗指数法能综合反映重金属在土壤中的污染程度，但其评价指标未考虑重金属生物毒性差异；潜在生态危害指数法综合考虑了重金属的含量和生物毒性，但其缺少对重金属有效性的分析；风险评估编码法利用重金属生物有效态进行土壤风险评估，但忽略了重金属富集特性和生物毒性。开展粉煤灰堆存地风险评估，需根据实际需求选用不同的评价方法体系，并综合考虑重金属的环境效应和行为特征，才能客观全面地反映粉煤灰堆存地重金属的污染程度和生态风险。

表 8-8   不同堆存地重金属环境风险评价方法的评价范围及优缺点

方法	评价范围	优点	缺点
单因子指数	单因子的总量风险评价	计算简单、数据容易获取	（1）不适用于多种重金属复合污染评价。 （2）未兼顾重金属的化学形态影响
地累积指数法	单因子的总量风险评价	计算简单、数据容易获取，既可以反映重金属自然变化特征，也可以判别人为活动对环境的影响	（1）不适用于多种重金属复合污染评价。 （2）未兼顾重金属的化学形态影响
内梅罗综合指数法	多因子综合的总量风险评价	可以全面显示各种污染物对土壤的影响，凸显高浓度污染物对环境质量的影响	（1）未兼顾重金属的化学形态影响。 （2）会在各级临近值区域发生突变，降低了生态风险评价的精准值
潜在生态危害指数法	单因子、多因子综合的总量风险评价	综合考虑重金属的种类、含量、环境丰度、沉积效应以及毒理等多因素影响	未兼顾重金属的化学形态影响
污染负荷指数法	单因子、多因子综合的总量风险评价	能直观反映各重金属元素的时空变化趋势，也可反映重金属元素的污染贡献，并可直接指出导致最严重环境污染的重金属	（1）未兼顾重金属的化学形态影响。 （2）忽略了不同污染源导致的差异性
风险评价编码法	单因子的活性形态风险评价	可有效地评价重金属的迁移性及潜在生态危害	（1）活性形态考虑不周。 （2）为一种潜在风险评价指标，未考虑土壤背景值及评价对实际场地的风险
次生相与原生相分布比值法	单因子的活性形态风险评价	在风险评价编码法基础上，更有效地评价重金属的化学活性和生物可利用性	为一种潜在风险评价指标，未考虑土壤背景值及评价对实际场地的风险
TCLP 法	单因子的活性形态风险评价	采用 EPA 推荐的标准毒性浸出方法进行检测，是国际上应用最为广泛的一种生态风险评价方法	（1）判断标准不适用于我国国情。 （2）为一种潜在风险评价指标，未考虑土壤背景值及评价对实际场地的风险

8.3   场地健康风险评估方法

1983 年，美国国家科学院（National Academy of Science，NAS）提出了健康风险评估的定义与框架，包括危害识别、毒性评估、暴露评估和风险表征四个步骤。美国材料测试学会（American Society for Testing Material，ASTM）颁布的 RBCA E-2081 风险评估技术导则已在美国 40 多个州成功实施。英国 1992 年开始研究污染场地暴露评估方法学，直到 2009 年才完善了暴露评估方法学、污染物理化参数及风险评估导则，并在此基础上开发了 CLEA（contaminated land exposure assessment）模型。欧洲环境署（European Environment Agency，EEA）于 1999 年颁布了环境风险评估的技术性文件，系统介绍了健康风险评估的方法与内容。总体来说，欧美国家已经建立了健康与环境风险评估的理论框架与方法，并广泛应用于实际环境污染风险管理工作中。

与发达国家相比，我国对场地风险评估的研究起步较晚，相关技术文件正在逐渐颁布执行且有待完善。2009 年生态环境部起草了《工业污染场地风险评估技术导则》，并于 2014 年 7 月正式颁布实施了 HJ 25.3—2014《污染场地风险评估技术导则》；2019 年 12 月，生态环境部发布 HJ 25.3—2019《建设用地土壤污染风险评估技术导则》。该导则主要参照了美国国家环境保护局、美国材料测试协会的风险评估导则。近年来我国部分省（自治区、直辖市）针对污染场地环境风险评估也颁布了一些地方标准或技术导则，如北京市颁布实施的 DB11/T 656—2019《建设用地土壤污染状况调查与风险评估技术导则》、DB11/T 811—2011《场地土壤环境风险评价筛选值》，上海市颁布实施的《上海市污染场地风险评估技术规范（试行）》《上海市场地土壤环境健康风险评估筛选值（试行）》，浙江省颁布实施的 DB33/T 892—2022《建设用地土壤污染风险评估技术导则》等。2019 年 1 月 1 日起实施的《中华人民共和国土壤污染防治法》，填补了我国场地污染风险管控领域的立法空白。

8.3.1 C–RAG 模型

2014 年，生态环境部发布并实施的 HJ 25.3—2014《污染场地风险评估技术导则》（即 C-RAG 导则），规定了开展污染场地人体健康风险评估的原则、内容、程序、方法和技术要求。导则适用于污染场地人体健康风险评估和污染场地土壤和地下水风险控制值的确定，但不适用于铅、放射性物质、致病性生物污染以及农用地土壤污染的风险评估。图 8-1 所示为导则规定的污染场地风险评估程序与内容。

8.3.1.1 暴露评估模型

粉煤灰堆存地属于工业用地，即非敏感用地。《污染场地风险评估导则》规定非敏感用地土壤和地下水暴露量主要有以下 9 种途径：经口摄入土壤途径、皮肤接触土壤途径、吸入土壤颗粒物途径、吸入室外空气中来自表层土壤的气态污染物途径、吸入室外空气中来自下层土壤的气态污染物途径、吸入室外空气中来自地下水的气态污染物途径、吸入室内空气中来自下层土壤的气态污染物途径、吸入室内空气中来自地下水的气态污染物途径、饮用地下水途径。各途径的暴露量计算公式如下所示（导则附录 A）。

1. 经口摄入土壤途径

对于单一污染物的致癌效应，考虑人群在成人期暴露的终身危害。经口摄入土壤途径的土壤暴露量计算式为

$$OISER_{ca} = \frac{OSIR_a \times ED_a \times EF_a \times ABS_o}{BW_a \times AT_{ca}} \times 10^{-6}$$

式中：$OISER_{ca}$ 为经口摄入土壤暴露量（致癌效应），kg 土壤 /（kg 体重·d）；$OSIR_a$ 为成人每日摄入土壤量，mg/d；ED_a 为成人暴露周期，a；EF_a 为成人暴露频率，d/a；BW_a 为成人体重，kg；ABS_o 为经口摄入吸收效率因子，无量纲；AT_{ca} 为致癌效应平均时间，d。

对于单一污染物的非致癌效应，考虑人群在成人期的暴露危害。经口摄入土壤途径对

应的土壤暴露量计算式为。

$$OISER_{nc} = \frac{OSIR_a \times ED_a \times EF_a \times ABS_o}{BW_a \times AT_{nc}} \times 10^{-6}$$

式中：$OISER_{nc}$ 为经口摄入土壤暴露量（非致癌效应），kg 土壤 /（kg 体重・d）；AT_{nc} 为非致癌效应平均时间，d。

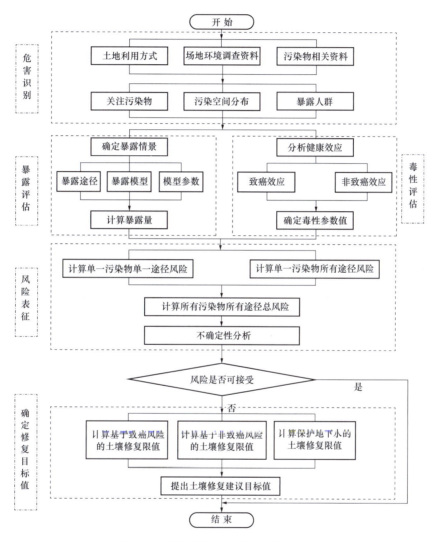

图 8-1 污染场地风险评估程序与内容

2. 皮肤接触土壤途径

对于单一污染物的致癌效应，考虑人群在成人期暴露的终身危害。皮肤接触土壤途径的土壤暴露量计算式为

$$DCSER_{ca} = \frac{SAE_a \times SSAR_a \times ED_a \times EF_a \times E_v \times ABS_d}{BW_a \times AT_{ca}} \times 10^{-6}$$

式中：$DCSER_{ca}$ 为皮肤接触途径的土壤暴露量（致癌效应），kg 土壤 /（kg 体重・d）；SAE_a

为成人暴露皮肤表面积，cm^2；$SSAR_a$ 为成人皮肤表面土壤黏附系数，mg/cm^2；ABS_d 为皮肤接触吸收效率因子，无量纲；E_v 为每日皮肤接触事件频率，次 /d。

对于单一污染物的非致癌效应，考虑人群在成人期的暴露危害。皮肤接触土壤途径对应的土壤暴露量计算式为

$$DCSER_{nc} = \frac{SAE_a \times SSAR_a \times ED_a \times EF_a \times E_v \times ABS_d}{BW_a \times AT_{nc}} \times 10^{-6}$$

式中：$DCSER_{nc}$ 为皮肤接触的土壤暴露量（非致癌效应），kg 土壤 /（kg 体重·d）。

3. 吸入土壤颗粒物

对于单一污染物的致癌效应，考虑人群在成人期暴露的终身危害。吸入土壤颗粒物途径对应的土壤暴露量计算式为

$$PISER_{ca} = \frac{PM_{10} \times DAIR_a \times ED_a \times PIAF \times (fspo \times EFO_a + fspi \times EFI_a)}{BW_a \times AT_{ca}} \times 10^{-6}$$

式中：$PISER_{ca}$ 为吸入土壤颗粒物的土壤暴露量（致癌效应），kg 土壤 /（kg 体重·d）；PM_{10} 为空气中可吸入浮颗粒物含量，mg/m^3；$DAIR_a$ 为成人每日空气呼吸量，m^3/d；$PIAF$ 为吸入土壤颗粒物在体内滞留比例，无量纲；$fspi$ 为室内空气中来自土壤的颗粒物所占比例，无量纲；$fspo$ 为室外空气中来自土壤的颗粒物所占比例，无量纲；EFI_a 为成人的室内暴露频率，d/a；EFO_a 为成人的室外暴露频率，d/a。

对于单一污染物的非致癌效应，考虑人群在成人期的暴露危害。吸入土壤颗粒物途径对应的土壤暴露量计算式为

$$PISER_{nc} = \frac{PM_{10} \times DAIR_a \times ED_a \times PIAF \times (fspo \times EFO_a + fspi \times EFI_a)}{BW_a \times AT_{nc}} \times 10^{-6}$$

式中：$PISER_{nc}$ 为吸入土壤颗粒物的土壤暴露量（非致癌效应），kg 土壤 /（kg 体重·d）。

4. 吸入室外空气中来自表层土壤的气态污染物途径

对于单一污染物的致癌效应，考虑人群在成人期暴露的终身危害。吸入室外空气中来自表层土壤的气态污染物对应的土壤暴露量，计算式为

$$IOVER_{ca1} = VF_{suroa} \times \frac{DAIR_a \times EFO_a \times ED_a}{BW_a \times AT_{ca}}$$

对于单一污染物的非致癌效应，考虑人群在成人期的暴露危害。吸入室外空气中来自表层土壤的气态污染物对应的土壤暴露量，计算式为

$$IOVER_{nc1} = VF_{suroa} \times \frac{DAIR_a \times EFO_a \times ED_a}{BW_a \times AT_{nc}}$$

式中：$IOVER_{ca1}$ 为吸入室外空气中来自表层土壤的气态污染物对应的土壤暴露量（致癌效应），kg 土壤 /（kg 体重·d）；VF_{suroa} 为表层土壤中污染物挥发对应的室外空气中的土壤含量，kg/m^3；$IOVER_{nc1}$ 为吸入室外空气中来自表层土壤的气态污染物对应的土壤暴露量（非致癌效应），kg 土壤 /（kg 体重·d）。

5. 吸入室外空气中来自下层土壤的气态污染物途径

对于单一污染物的致癌效应，考虑人群在成人期暴露的终身危害。吸入室外空气中来自表层土壤的气态污染物对应的土壤暴露量，计算式为

$$IOVER_{ca2} = VF_{suboa} \times \frac{DAIR_a \times EFO_a \times ED_a}{BW_a \times AT_{ca}}$$

对于单一污染物的非致癌效应，考虑人群在成人期的暴露危害。吸入室外空气中来自下层土壤的气态污染物对应的土壤暴露量，计算式为

$$IOVER_{nc2} = VF_{suboa} \times \frac{DAIR_a \times EFO_a \times ED_a}{BW_a \times AT_{nc}}$$

式中：$IOVER_{ca2}$ 为吸入室外空气中来自下层土壤的气态污染物对应的土壤暴露量（致癌效应），kg 土壤 /（kg 体重·d）；VF_{suboa} 为下层土壤中污染物挥发对应的室外空气中的土壤含量，kg/m³；$IOVER_{nc2}$ 为吸入室外空气中来自下层土壤的气态污染物对应的土壤暴露量（非致癌效应），kg 土壤 /（kg 体重·d）。

6. 吸入室外空气中来自地下水的气态污染物途径

对于单一污染物的致癌效应，考虑人群在成人期暴露的终身危害。吸入室外空气中来自地下水的气态污染物对应的地下水暴露量，计算式为

$$IOVER_{ca3} = VF_{gwoa} \times \frac{DAIR_a \times EFO_a \times ED_a}{BW_a \times AT_{ca}}$$

对于单一污染物的非致癌效应，考虑人群在成人期的暴露危害。吸入室外空气中来自地下水的气态污染物对应的地下水暴露量，计算式为

$$IOVER_{nc3} = VF_{gwoa} \times \frac{DAIR_a \times EFO_a \times ED_a}{BW_a \times AT_{nc}}$$

式中：$IOVER_{ca3}$ 为吸入室外空气中来自地下水的气态污染物对应的地下水暴露量（致癌效应），L 地下水 /（kg 体重·d）；VF_{gwoa} 为地下水中污染物挥发对应的室外空气中的地下水含量，L/m³；$IOVER_{nc3}$ 为吸入室外空气中来自地下水的气态污染物对应的地下水暴露量（非致癌效应），L 地下水 /（kg 体重·d）。

7. 吸入室内空气中来自下层土壤的气态污染物途径

对于单一污染物的致癌效应，考虑人群在成人期暴露的终身危害。吸入室内空气中来自下层土壤的气态污染物对应的土壤暴露量，计算式为

$$IIVER_{ca1} = VF_{subia} \times \frac{DAIR_a \times EFI_a \times ED_a}{BW_a \times AT_{ca}}$$

对于单一污染物的非致癌效应，考虑人群在成人期的暴露危害。吸入室内空气中来自下层土壤的气态污染物对应的土壤暴露量，计算式为

$$IIVER_{nc1} = VF_{subia} \times \frac{DAIR_a \times EFI_a \times ED_a}{BW_a \times AT_{nc}}$$

式中：$IIVER_{ca1}$ 为吸入室内空气中来自下层土壤的气态污染物对应的土壤暴露量（致癌效应），kg 土壤 /（kg 体重·d）；VF_{subia} 为下层土壤中污染物挥发对应的室内空气中的土壤含量，kg/m³；$IIVER_{nc1}$ 为吸入室内空气中来自下层土壤的气态污染物对应的土壤暴露量（非致癌效应），kg 土壤 /（kg 体重·d）。

8. 吸入室内空气中来自地下水的气态污染物途径

对于单一污染物的致癌效应，考虑人群在成人期暴露的终身危害。吸入室内空气中来自地下水的气态污染物对应的地下水暴露量，计算式为

$$IIVER_{ca2} = VF_{gwia} \times \frac{DAIR_a \times EFI_a \times ED_a}{BW_a \times AT_{ca}}$$

对于单一污染物的非致癌效应，考虑人群在成人期的暴露危害。吸入室内空气中来自地下水的气态污染物对应的地下水暴露量，计算式为

$$IIVER_{nc2} = VF_{gwia} \times \frac{DAIR_a \times EFI_a \times ED_a}{BW_a \times AT_{nc}}$$

式中：$IIVER_{ca2}$ 为吸入室内空气中来自地下水的气态污染物对应的地下水暴露量（致癌效应），L 地下水 /（kg 体重·d）；VF_{gwia} 为地下水中污染物挥发对应的室内空气中的地下水含量，L/m³；$IIVER_{nc2}$ 为吸入室内空气中来自地下水的气态污染物对应的地下水暴露量（非致癌效应），L 地下水 /（kg 体重·d）。

9. 饮用地下水途径

对于单一污染物的致癌效应，考虑人群在成人期暴露的终身危害。饮用场地及周边受影响地下水对应的地下水暴露量，计算式为。

$$CGWER_{ca} = \frac{DWCR_a \times ED_a \times EF_a}{BW_a \times AT_{ca}}$$

对于单一污染物的非致癌效应，考虑人群在成人期的暴露危害。饮用场地及周边受影响地下水对应的地下水暴露量，计算式为。

$$CGWER_{nc} = \frac{DWCR_a \times ED_a \times EF_a}{BW_a \times AT_{nc}}$$

式中：$CGWER_{ca}$ 为饮用受影响地下水对应的地下水的暴露量（致癌效应），L 地下水 /（kg 体重·d）；$CGWER_{nc}$ 为饮用受影响地下水对应的地下水的暴露量（非致癌效应），L 地下水 /（kg 体重·d）；$DWCR_a$ 为成人每日饮用地下水的量，L 地下水 /d。

8.3.1.2 致癌风险及危害商计算模型

分析污染物经不同途径对人体健康的危害效应，包括致癌效应、非致癌效应、污染物对人体健康的危害机理和剂量 – 效应关系等。

1. 土壤中单一污染物致癌风险

1）经口摄入土壤途径的致癌风险计算公式如下

$$CR_{ois} = OISER_{ca} \times C_{sur} \times SF_o$$

式中：CR_{ois} 为经口摄入土壤途径的致癌风险，无量纲；C_{sur} 为表层土壤中污染物浓度，mg/kg，必须根据场地调查获得参数值；SF_o 为经口摄入致癌斜率因子，kg 体重·d/mg 污染物。

2）皮肤接触土壤途径的致癌风险计算公式如下

$$CR_{dcs} = DCSER_{ca} \times C_{sur} \times SF_d$$

式中：CR_{dcs} 为皮肤接触土壤途径的致癌风险，无量纲；SF_d 为皮肤接触致癌斜率因子，kg 体重·d/mg 污染物。

3）吸入土壤颗粒物途径的致癌风险计算公式如下

$$CR_{pis}=PISER_{ca} \times C_{sur} \times SF_i$$

式中：CR_{pis} 为吸入土壤颗粒物途径的致癌风险，无量纲；SF_i 为呼吸吸入致癌斜率因子，kg 体重·d/mg 污染物。

4）吸入室外空气中来自表层土壤的气态污染物途径的致癌风险计算公式如下

$$CR_{iov1}=IOVER_{cal} \times C_{sur} \times SF_i$$

式中：CR_{iov1} 为吸入室外空气中来自表层土壤的气态污染物途径的致癌风险，无量纲。

5）吸入室外空气中来自下层土壤的气态污染物途径的致癌风险计算公式如下

$$CR_{iov2}=IOVER_{ca2} \times C_{sub} \times SF_i$$

式中：CR_{iov2} 为吸入室外空气中来自下层土壤的气态污染物途径的致癌风险，无量纲；C_{sub} 为下层土壤中污染物浓度，mg/kg，必须根据场地调查获得参数值。

6）吸入室内空气中来自下层土壤的气态污染物途径的致癌风险计算公式如下

$$CR_{iiv1}=IIVER_{ca1} \times C_{sub} \times SF_i$$

式中：CR_{iiv1} 为吸入室内空气中来自下层土壤的气态污染物途径的致癌风险，无量纲。

7）土壤中单一污染物经所有暴露途径的总致癌风险计算公式如下

$$CR_n=CR_{ois}+CR_{dcs}+CR_{pis}+CR_{iov1}+CR_{iov2}+CR_{iiv1}$$

式中：CR_n 为土壤中单一污染物（第 n 种）经所有暴露途径的总致癌风险，无量纲。

2. 土壤中单一污染物危害商

1）经口摄入土壤途径的危害商计算公式如下

$$HQ_{ois} = \frac{OISER_{nc} \times C_{sur}}{RfD_o \times SAF}$$

式中：HQ_{ois} 为经口摄入土壤途径的非致癌危害商值，无量纲；SAF 为暴露于土壤的参考剂量分配系数，无量纲。

2）皮肤接触土壤途径的危害商值计算公式如下

$$HQ_{dcs} = \frac{DCSER_{nc} \times C_{sur}}{RfD_d \times SAF}$$

式中：HQ_{dcs} 为皮肤接触土壤途径的危害商值，无量纲。

3）吸入土壤颗粒物途径的非致癌危害商值计算公式如下

$$HQ_{pis} = \frac{PISER_{nc} \times C_{sur}}{RfD_i \times SAF}$$

式中：HQ_{pis} 为皮肤接触土壤途径的危害商值，无量纲。

4）吸入室外空气中来自表层土壤的气态污染物途径的非致癌危害商值计算公式如下

$$HQ_{iov1} = \frac{IOVER_{nc1} \times C_{sur}}{RfD_i \times SAF}$$

式中：HQ_{iov1} 为吸入室外空气中来自表层土壤的气态污染物途径的非致癌危害商值，无量纲。

5）吸入室外空气中来自下层土壤的气态污染物途径的非致癌危害商值计算公式如下

$$HQ_{iov2} = \frac{IOVER_{nc2} \times C_{sub}}{RfD_i \times SAF}$$

式中：HQ_{iov2} 为吸入室外空气中来自下层土壤的气态污染物途径的非致癌危害商值，无量纲。

6）吸入室内空气中来自下层土壤的气态污染物途径的非致癌危害商值计算公式如下

$$HQ_{iiv1} = \frac{IIVER_{nc1} \times C_{sub}}{RfD_i \times SAF}$$

式中：HQ_{iiv1} 为吸入室内空气中来自下层土壤的气态污染物途径的非致癌危害商值，无量纲。

7）土壤中单一污染物经所有暴露途径的危害指数计算公式如下

$$HI_n = HQ_{ois} + HQ_{dcs} + HQ_{pis} + HQ_{iov1} + HQ_{iov2} + HQ_{iiv1}$$

式中：HI_n 为土壤中单一污染物（第 n 种）经所有暴露途径的危害指数，无量纲。

3. 地下水中单一污染物致癌风险

1）吸入室外空气中来自地下水的气态污染物途径的致癌风险计算公式如下

$$CR_{iov3} = IOVER_{ca3} \times C_{gw} \times SF_i$$

式中：CR_{iov3} 为吸入室外空气中来自地下水的气态污染物途径的致癌风险，无量纲；C_{gw} 为地下水中污染物浓度，mg/L，必须根据场地调查获得参数值。

2）吸入室内空气中来自地下水的气态污染物途径的致癌风险计算公式如下

$$CR_{iiv2} = IIVER_{ca2} \times C_{gw} \times SF_i$$

式中：CR_{iiv2} 为吸入室内空气中来自地下水的气态污染物途径的致癌风险，无量纲。

3）饮用地下水途径的致癌风险计算公式如下

$$CR_{cgw} = CGWER_{ca} \times C_{gw} \times SF_o$$

式中：CR_{cgw} 为饮用地下水途径的致癌风险，无量纲。

4）地下水中单一污染物经所有暴露途径的总致癌风险计算公式如下

$$CR_n = CR_{iov3} + CR_{iiv2} + CR_{cgw}$$

式中：CR_n 为地下水中单一污染物（第 n 种）经所有暴露途径的总致癌风险，无量纲。

4. 地下水中单一污染物危害商

1）吸入室外空气中来自地下水的气态污染物途径的危害商计算公式如下

$$HQ_{iov3} = \frac{IOVER_{nc3} \times C_{gw}}{RfD_i \times SAF}$$

式中：HQ_{iov3} 为吸入室外空气中来自地下水的气态污染物途径的危害商，无量纲。

2）吸入室内空气中来自地下水的气态污染物途径的危害商计算公式如下

$$HQ_{iiv2} = \frac{IIVER_{nc2} \times C_{gw}}{RfD_i \times SAF}$$

式中：HQ_{iiv2} 为吸入室内空气中来自地下水的气态污染物途径的危害商，无量纲。

3）饮用地下水途径的危害商计算公式如下

$$HQ_{cgw} = \frac{CGWER_{nc} \times C_{gw}}{RfD_o \times SAF}$$

式中：HQ_{cgw} 为饮用地下水途径的危害商，无量纲。

4）地下水中单一污染物经所有暴露途径的总危害商计算公式如下

$$HI_n = HQ_{iov3} + HQ_{iiv2} + HQ_{cgw}$$

式中：HI_n 为地下水中单一污染物（第 n 种）经所有暴露途径的总危害商，无量纲。

5. 所有污染物致癌风险和非致癌危害指数

1）所有关注污染物经所有途径的致癌风险计算公式如下

$$CR_{sum} = \sum_1^n CR_n$$

式中：CR_{sum} 为所有 n 种关注污染物的总致癌风险，无量纲。

2）所有关注污染物经所有暴露途径的非致癌危害商计算公式如下

$$HQ_{sum} = \sum_1^n HQ_n$$

式中：HQ_{sum} 为所有 n 种关注污染物的非致癌危害商，无量纲。

8.3.1.3 不确定性分析推荐模型

1. 暴露风险贡献率分析

单一污染物经不同暴露途径致癌和非致癌风险贡献率，计算式分别为

$$PCR_i = \frac{CR_i}{CR_n} \times 100\%$$

$$PHQ_i = \frac{HQ_i}{HI_n} \times 100\%$$

式中：CR_i 为单一污染物经第 i 种暴露途径的致癌风险，无量纲；PCR_i 为单一污染物经第 i 种暴露途径致癌风险贡献率，无量纲；HQ_i 为单一污染物经第 i 种暴露途径的危害商，无量纲；PHQ_i 为单一污染物经第 i 种暴露途径危害商贡献率，无量纲。

2. 模型参数敏感性分析

模型参数（P）的敏感性比例，计算式为。

$$SR = \frac{\dfrac{X_2 - X_1}{X_1}}{\dfrac{P_2 - P_1}{P_1}} \times 100\%$$

式中：SR 为模型参数敏感性比例，无量纲；P_1 为模型参数 P 变化前的数值；P_2 为模型参数 P 变化后的数值；X_1 为按 P_1 计算的致癌风险或危害商，无量纲；X_2 为按 P_2 计算的致癌风险或危害商，无量纲。

8.3.2 RBCA 模型

RBCA 模型是由美国 GSI 公司根据美国试验与材料学会（ASMT）的"基于风险的矫正行动"（Risk-based Corrective Action，RBCA）标准于 20 世纪末开发的一款商业软件模型。该模型除可以实现污染场地的风险分析外，还可用来制定基于风险的土壤筛选值和修复目标值，在美国各州、欧洲一些国家都得到广泛应用。RBCA 模型按照美国环境保护署的化学物质分类，将化学物质分为致癌物质与非致癌物质两类。

对于非致癌物质计算其危害指数（HQ），判定标准设定为 1；对于致癌物质，计算其风险值（CR），并设定 1×10^{-6} 为可接受致癌风险水平下限，1×10^{-4} 为可接受致癌风险水平上限。当化合物引起的致癌风险低于或等于 1×10^{-6} 时，认为风险是可忽略的；当化合物引起的致癌风险高于 1×10^{-4} 时，认为风险是不可以接受的；当引起的致癌风险在 1×10^{-6} ～

1×10^{-4} 之间，须就其情况进行讨论。如果某种污染物引起的致癌风险为 1×10^{-6} 时的浓度值乘以 100 大于该物质的非致癌风险等于 1 时的浓度，则该污染物的可接受风险水平可放大 10 倍，即为 1×10^{-5}；如果某种污染物引起的致癌风险为 1×10^{-6} 时的浓度值乘以 10 小于等于该物质的非致癌风险等于 1 时的浓度，则该种污染物的可接受风险水平均可放大 100 倍，即为 1×10^{-4}。非致癌物质的非致癌危险指数（HQ）与致癌物质的致癌风险值（CR）计算公式如下

$$HQ = \frac{IR_{oral} \times EF_{oral} \times ED_{oral}}{BW \times AT \times RfD_{oral}} + \frac{IR_{dermal} \times EF_{dermal} \times ED_{dermal}}{BW \times AT \times RfD_{dermal}} + \frac{IR_{inh} \times EF_{inh} \times ED_{inh}}{BW \times AT \times RfD_{inh}}$$

$$CR = \frac{IR_{oral} \times EF_{oral} \times ED_{oral} \times SF_{oral}}{BW \times AT} + \frac{IR_{dermal} \times EF_{dermal} \times ED_{dermal} \times SF_{dermal}}{BW \times AT}$$

$$+ \frac{IR_{inh} \times EF_{inh} \times ED_{inh} \times SF_{inh}}{BW \times AT}$$

式中：IR 为空气摄入量，m^3/d；EF 为暴露频率，d/a；ED 为暴露年龄，a；BW 为人体体重，kg；AT 为平均作用时间，d；RfD 为参考剂量，mg/（kg·d）；SF 为致癌斜率因子，（kg·d）/mg；下标 oral、dermal、inh 分别表示经口、皮肤接触、吸入三种途径。

8.3.3　CLEA 模型

CLEA（contaminated land exposure assessment）模型由英国环境署和环境、食品与农村事务部以及苏格兰环境保护局联合开发，是英国官方推荐用来进行污染场地评价以及获取土壤指导限值（SGVs）的模型。

CLEA 模型将污染物对人体或是动物的健康产生的危害效应划分为阈值效应（用可接受日土壤摄入量 tdsi 表示）和非阈值效应（用指示剂量 id 表示），两者总称为健康标准值（health criteria values，HCV）。根据日平均暴露量（average daily exposure，ADE）与 HCV 的比值进行污染物危害程度的评价。当 ADE/HCV ≤ 1 时，说明在可接受的范围内；当 ADE/HCV > 1，说明污染物场地具有潜在的健康风险。

$$\frac{ADE}{HCV} = \frac{IR_{oral} \times EF_{oral} \times ED_{oral}}{BW \times AT \times HCV_{oral}} + \frac{IR_{dermal} \times EF_{dermal} \times ED_{dermal}}{BW \times AT \times HCV_{dermal}} + \frac{IR_{inh} \times EF_{inh} \times ED_{inh}}{BW \times AT \times HCV_{inh}}$$

式中：IR 为空气摄入量，m^3/d；EF 为暴露频率，d/a；ED 为暴露年龄，a；BW 为人体体重，kg；AT 为平均作用时间，d；下标 oral、dermal、inh 分别表示经口、皮肤接触、吸入三种途径。

8.3.4　Csoil 模型

Csoil 模型是荷兰官方推荐使用的环境风险评价模型，由荷兰公共卫生与环境国家研究院（National Institute for Public Health and the Environment，RIVM）开发。Csoil 模型用日均暴露量（SUM）与最大可允许日均暴露量（MPR）的比值（Risk）来评价化学物质的危害程度。当 Risk ≤ 1，说明风险是可接受的；当 Risk > 1，说明污染场地存在潜在的健康风险。

$$Risk = \frac{AID \times C_s \times F_a}{BW \times MPR} + \frac{ITSP \times C_s \times F_a \times F_r}{BW \times MPR} + \frac{AEXP_i \times F_m \times DAE_i \times DAR \times C_s \times TB_i \times frs \times F_a}{BW \times MPR}$$

$$+ \frac{AEXP_i \times F_m \times DAE_o \times DAR \times C_s \times TB_o \times F_o}{BW \times MPR} + \frac{QDW \times C_{dw} \times F_a}{BW \times MPR}$$

$$+ \frac{ATOT \times Td_b \times F_{exp} \times DAE \times (1-K_{wa}) \times C_{dw} \times F_a}{BW \times MPR} + \frac{C_{bk} \times AV \times Td_s \times F_a \times 1000}{BW \times MPR}$$

$$+ \frac{TI_o \times C_{oa} \times AV \times F_a \times 1000}{BW \times MPR} + \frac{TI_o \times C_{ia} \times AV \times F_a \times 1000}{BW \times MPR} + \frac{(Q_{fvk} \times C_{pro} + Q_{fvb} \times C_{pso}) \times F_a \times F_v}{BW \times MPR}$$

式中：AID 为土颗粒摄入率，mg/d；C 为污染物在一相中的浓度，mg/kg 或 mg/L；F_a 为吸收因子，无量纲；BW 为人体体重，kg；MPR 为最大可允许日均暴露量，（kg·d）/mg；$ITSP$ 为土颗粒吸入率，mg/d；F_r 为肺部保持因子，无量纲；F_m 为皮肤接触因子，无量纲；DAE 为土颗粒皮肤接触速率，kg/m²；DAR 为皮肤吸收速率，1/h；TB 为皮肤接触暴露频率，h/d；frs 为尘土中土颗粒质量分数，无量纲；QDW 为日饮水量，L/d；C_{dw} 为饮用水中污染物暴露浓度，mg/L；$ATOT$ 为皮肤面积，m²；F_{exp} 为洗澡时皮肤暴露比率，无量纲；Td 为洗澡皮肤接触暴露频率，h/d；AV 为呼吸速率，m³/d；C_{bk} 为浴室蒸汽中污染物浓度，mg/L；F_v 为污染作物（自家种植作物）比率，无量纲；TI 为挥发暴露频率，h/d；下标 s、o、i、a、w、b 分别指土壤、室外、室内、气相、液相和浴室；下标 fvk、fvb、pro、pso 分别指食根作物、食茎叶作物、根部富集和茎叶富集。

8.3.5 针对于 Pb 的 IEUBK 模型

对于重金属 Pb，一般选用血铅浓度水平评价模型进行健康风险评价，如美国国家环保局（EPA）开发并推荐使用的"暴露吸收生物动力学模型"（integrated exposure uptake biokinetic model for plumbum in children，IEUBK）。该模型是一种估计儿童暴露铅污介质后血铅水平的预测模型，主要应用机制模型与统计学相结合方法来实现环境铅暴露与儿童人群（0～7 岁）血铅浓度的结合。场地土壤中的重金属污染物进入人体的途径主要有摄入室外土壤的 Pb，摄入室内尘土的 Pb、吸入空气的 Pb 和饮水的 Pb，如图 8-2 所示。判断该区域儿童血铅含量 > 10μg/dL 的概率，若概率值小于 5% 则可判断为无安全健康风险，倘若概率值大于 5%，则判断已超出儿童可接受健康安全风险范畴。

$$IN_{soil.outdoor} = C_{soil} \times WF_{soil} \times IR_{soil+dust}$$

$$IN_{dust} = C_{dust.resid} \times (1-WF_{soil}) \times IR_{soil+dust}$$

$$IN_{air} = C_{air} \times VR$$

$$IN_{water} = C_{water} \times IR_{water}$$

$$UP_T = ABS_{diet} \times IN_{diet} + ABS_{dust} \times IN_{dust} + ABS_{soil} \times IN_{soil} + ABS_{air} \times IN_{air} + ABS_{water} \times IN_{water}$$

式中：C_{soil} 为土壤中 Pb 浓度，μg/g；$C_{dust.resid}$ 为尘土中 Pb 浓度，μg/g；C_{air} 为空气中 Pb 浓度，μg/g；C_{water} 为水中 Pb 浓度，μg/g；$IR_{soil+dust}$ 为儿童每日的土壤和尘土摄入量，g/d；VR 为儿童每日的空气吸入量，m³/d；IR_{water} 为儿童每日的水摄入量，L/d。WF_{soil} 为灰尘中土壤颗粒直接摄取所占比例，%；$IN_{soil.outdoor}$ 为儿童通过室外土壤所摄入的铅量，μg/d；IN_{dust} 为儿童通过室内尘土所摄入的铅量，μg/d；IN_{air} 为儿童通过空气吸入所摄入的铅量，μg/d；IN_{water} 为儿童通过饮水所摄入的铅量，μg/d；UP_T 为儿童铅的总吸收量，μg/d；ABS 为各途径摄入铅的生物利用度，%。

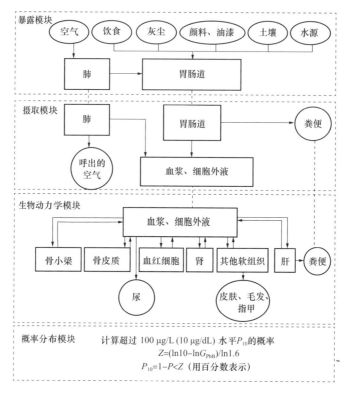

图 8-2　IEUBK 模型的生物结构

8.3.6　开发软件

国内外应用较广的三种场地健康风险评估模型，包括美国 GSI Environment Inc. 开发的 RBCA 模型、英格兰与威尔士环境署开发的 CLEA 模型及中国科学院南京土壤研究所开发的 HERA 模型。

8.3.6.1　RBCA 模型

美国 GSI Environment Inc. 根据美国材料与试验协会（ASTM）颁布的 ASTME-2081《基于风险的矫正行动标准指南》开发了 RBCA 商业软件模型。该软件可用于预测污染场地的风险，同时制定基于风险的土壤和地下水修复目标值，目前在世界范围内得到了广泛的应用。RBCE 软件是基于 Microsoft Excel 平台开发，在 ASTME-2081 的基础上补充了迁移模型，允许用户使用该软件更加方便地制定基于风险的土壤和地下水基准值，如图 8-3 所示。

8.3.6.2　CLEA 模型

CLEA 模型是基于 Microsoft Excel 平台开发，但界面比 RBCA 模型简单，主要包含报告基本信息、基本设置、污染物选择、高级设置和输出结果，如图 8-4 所示。CLEA 模型在受体分类及暴露参数设置上更加复杂，模型将暴露情景划分为 3 类（住宅用地、果蔬种植用地和商业用地），关注的敏感受体为女孩和成年女性。暴露周期设定为 0 ～ 75 周岁，其中 1 ～ 16 岁中的每一年作为一个暴露期，16 ～ 65 岁和 65 ～ 75 岁分别为两个暴露期，同时根据不同暴露周期设置相应的暴露参数。

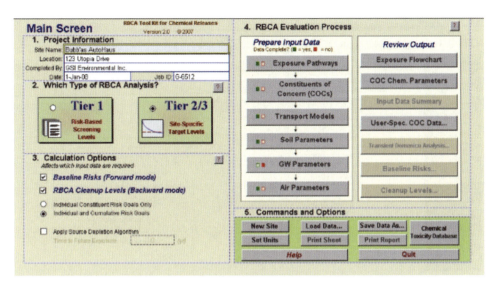

图 8-3　RBCA 模型主页面

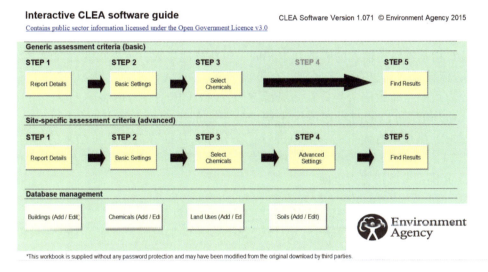

图 8-4　CLEA 模型主页面

8.3.6.3　HERA 模型

中国科学院南京土壤研究所针对我国污染场地环境修复行业的迫切需求，自主开发出我国首套污染场地健康与环境风险评估软件 HERA。该软件是基于美国《基于风险的矫正行动标准指南》（Standard Guide for Risk–Based Corrective Action，ASTM E2081）、英国《CLEA模型技术背景更新》（Updated Technical Background to the CLEA Model）以及我国 HJ 25.3—2019《建设用地土壤污染风险评估技术导则》编制而成的集成成果。软件采用基于 Windows平台的 Visual Studio C# 进行设计与编程，主要包含多层次污染场地土壤与地下水风险评估、基于保护人体健康和水环境的风险评估、污染物的筛选值/修复目标、风险值/危害商计算、多层次数据库管理系统、污染物数据的统计分析等功能，如图 8-5 所示。

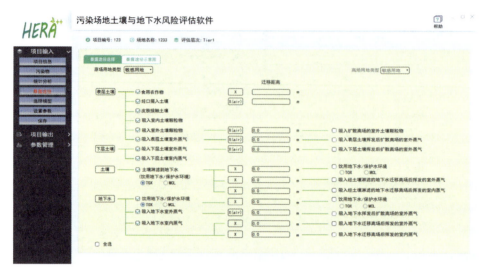

图 8-5　HERA 软件

8.3.7　健康风险评价方法比较

RBCA 模型、C-RAG 模型、CLEA 模型及 Csoil 模型在原理和算法上有许多相同点，如都需要计算日均暴露量、输入的参数基本相同（包括场地参数、污染物的毒理学参数和暴露参数等），但彼此之间也有一定区别。在分类方面，RBCA 模型和 C-RAG 模型是将重金属污染物分为致癌与非致癌两类；在污染源方面，CLEA 模型只考虑表层土壤，而 RBCA、C-RAG 及 Csoil 模型可以同时考虑深层土壤和地下水的影响；不确定性分析方面，CLEA 模型应用蒙特卡洛技术将输入的参数值进行正态分布，从而降低了评价结果的不确定性，RBCA 模型与 C-RAG 模型则为确定性分析。表 8-9 为四种不同评价模型涉及暴露途径的对比，其中 Csoil 模型考虑得更为全面。

表 8-9　　　　　　　　　不同暴露模型通过不同环境介质的暴露途径

环境介质	暴露途径	C-RAG	RBCA	CLEA	Csoil
土壤	土颗粒食入（室外）	√	√	√	√
	土颗粒食入（室内）	√	√	√	√
	土颗粒吸入（室外）	√	√	√	√
	土颗粒吸入（室内）	√	×	×	√
	皮肤接触（室外）	√	√	√	√
	皮肤接触（室内）	√	×	×	√
水	饮水暴露	√	√	√	√
	洗澡时皮肤接触	×	×	×	√
	洗澡时蒸汽吸入	×	×	×	√

环境介质	暴露途径	C-RAG	RBCA	CLEA	Csoil
空气	室外挥发蒸汽	√	√	√	√
	室内挥发蒸汽	√	√	√	√
其他	作物食用	×	×	√	√

8.4 污染场地环境风险评价指标体系

8.4.1 评价一般性程序

以粉煤灰储灰场为代表性的污染场地环境风险评价程序主要包括以下三个步骤。

（1）前期阶段。包括场地信息、相关风险及风险标准资料的收集和调查。对污染源进行详细的资料调研，获取自然地理、社会与经济发展概况、气象和水文地质条件、水资源开发利用保护工程现状、污染源分布情况等信息，分析固废特性，并分析专家背景，定义潜在的影响区域。

（2）建立指标体系。根据实际风险评价需求，确定污染场地风险评价指标体系的指标层级及各层次的具体指标。

（3）风险评价阶段。对各指标进行量化处理，并采取科学的方法进行各级指标的权重分配，计算得到量化的风险分值并进行定性风险等级评价。

8.4.2 评价指标体系

以粉煤灰储灰场为代表性的污染场地环境风险评价指标体系根据评价需求一般可设定 3 ～ 4 个层级：一级指标目标层为污染场地环境风险综合评价指标；二级指标准则层一般可分为固废特征、自然环境、社会环境、风险防范、利用前景等；准则层的各指标可根据实际评价需求进一步细分为 1 ～ 2 级更为详细的指标层（即四级指标体系中的第三级和第四级）。

（1）污染场地的固废特征可根据实际评价的用途选用不同的分类角度，如按照理化性质可分为物理特征、化学特征；按照主要污染物成分可分为重金属、有机物等；当涉及放射性时还需单独考虑放射性参数指标等，这些特征是污染场地固有的潜在风险。

（2）污染场地的自然环境一般可分为大气条件、土壤情况、地质情况、水文情况、生态情况等。

（3）污染场地的社会环境一般可分为人口情况、工业情况、农业情况、旅游业情况、畜牧业情况、社会距离等。

（4）污染场地的风险防范主要包含相应的风险防范设施（如防渗设施、排洪设施、护坡设施等）及风险防范制度（应急响应制度、日常安全检测能力、ISO 标准认证等）的配置及运行情况。

（5）利用前景体现的是污染场地所堆存的固废在现在和未来的综合利用情况、政府部门对固废综合利用及处置的重视程度及支持程度，也可反映整个相关行业未来的发展趋势，主要包含相应政策法规、利用现状、应用前景等方面。图 8-6 显示了污染场地四级风险评价体系框架，其中的第二级和第三级可根据实际评价需求进行拆分及整合从而得到常用的三级风险评价体系框架。

图 8-6　污染场地风险评价体系框架

目前基于指标体系的污染场地环境风险评价研究在粉煤灰储存地的应用较少，主要集中应用在垃圾填埋场、工业地块等场地。李燕妮等以贵州西南部某煤电一体化电厂灰场的地下水污染风险评价为例，系统收集了该地区地下水位埋深、含水层介质类型、包气带介质类型、植被分布、污染途径和功能用途等资料，建立了岩溶地区灰场的地下水污染风险评价体系，如图8-7所示。所建灰场地下水污染风险评价指标体系根据评价要求主要涉及图8-6中所对应的自然环境、社会环境和风险防范三个方面的具体指标。

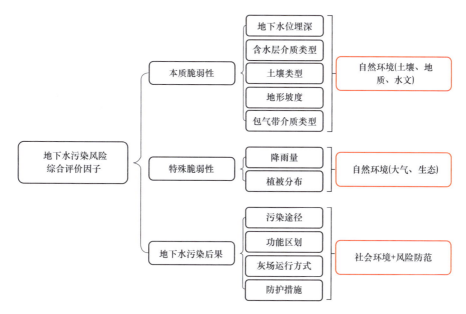

图 8-7　灰场地下水污染风险评价指标体系结构

图8-8～图8-10所示为在其他场地建立的典型风险指标评价体系框架。

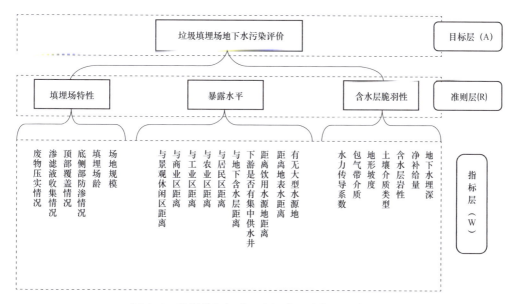

图 8-8　垃圾填埋场地下水污染风险指标层次结构

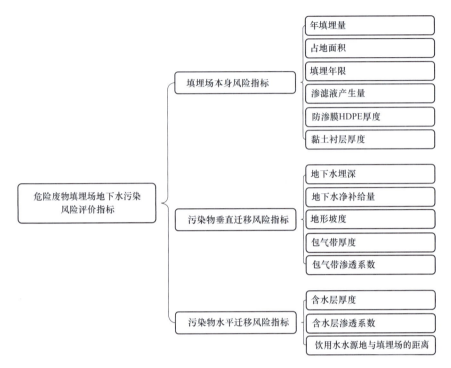

图 8-9 危险废物填埋场地下水污染风险评价指标

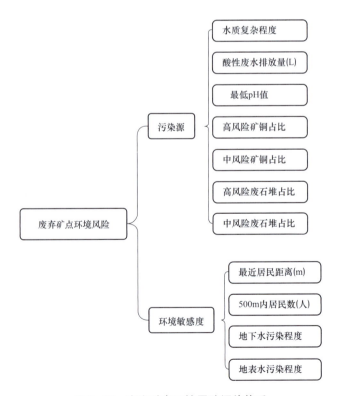

图 8-10 废弃矿点环境风险评价体系

9

粉煤灰的环境风险监测

9.1 概述

本章选取西北地区某燃煤固废综合利用率较低的燃煤电厂为样品采集、环境监测与风险评估电厂，如图 9-1 所示。该厂年产各类燃煤固废（粉煤灰、脱硫石膏）约 120 万 t，综合利用率介于 10% ～ 15% 之间，主要用于制作水泥和铺路，每年约 100 万 t 燃煤固废因得不到有效利用而堆存在该厂的灰场。随着当地建材市场需求趋于饱和及周边新建电厂的落成，该厂以粉煤灰为代表的燃煤固废在未来的综合利用情况也不容乐观。

图 9-1 目标电厂灰场

针对目标电厂，为了避免不进行防渗处理开展试验造成的环境风险，通过自行搭建的物理模型开展粉煤灰堆存的定期采样检测，评估粉煤灰对当地土壤、地下水的环境风险，筛选出造成环境风险的关键风险因子（超标的受控元素指标）。通过受控元素赋存形态试验探讨受控元素在燃烧过程中的迁移转化过程，寻求控制关键风险因子的方法。具体试验方案如下。

9.1.1 摸底检测

对当地土壤、地下水中受控元素含量及标准规定检测项目进行检测〔土壤样品检测项目依据 GB 15618—2018《土壤环境质量 农用地土壤污染风险管控标准》及 GB 36600—2018《土壤环境质量 建设用地土壤污染风险管控标准》，地下水样检测项目依据 GB/

T 14848—2017《地下水质量标准》进行检测］，获得地区土壤和地下水的环境背景值，为后续评估粉煤灰对当地土壤及地下水的环境风险提供数据依据。对现存灰场的渗滤液进行采样检测，评估现存灰场渗滤液对当地土壤和地下水的环境风险，渗滤液样品检测项目依据为 GB 8978—1996《污水综合排放标准》。

对燃煤电厂堆存粉煤灰进行常规理化性质、受控元素含量、浸出毒性的摸底化验，获得粉煤灰中各受控元素含量的本体值。

9.1.2　基于物理模型的粉煤灰环境风险评估

构筑物理模型，开展粉煤灰环境风险评价监测试验，研究燃煤电厂粉煤灰在自然喷淋状态下，在一定时期内粉煤灰对当地土壤及地下水的环境风险，筛选出粉煤灰成分中的关键风险因子。样品于 2019 年 11 月进行填埋，检测周期持续到 2021 年 8 月，累计共 21 个月。由于燃煤电厂所处地区冬天气温较低，发生冻土情况无法进行样品采集，故只在解冻时期进行采样。

9.1.3　电厂燃煤煤粉和粉煤灰中受控元素赋存形态试验

对燃煤电厂燃煤及对应燃烧生成的粉煤灰中受控元素进行元素分析、矿物分析、逐级化学提取试验，获得燃煤煤粉和粉煤灰中受控元素的主要赋存形态，总结煤粉燃烧过程中受控元素赋存形式的转化过程，探究控制受控元素的途径手段。

9.1.4　检测所用主要仪器

试验用的主要试验仪器主要包括：pH 计（pHS–3C 型），电子天平（ESJ182–4 型），原子荧光光度计（RGF–6200 型），电感耦合式等离子体发射光谱仪（iCAP 6300 型），可见分光光度计（723N 型），原子吸收分光光度计（GGX–830 型）。

9.2　摸底检测

9.2.1　土壤环境背景摸底检测

表 9–1 为土壤中受控元素含量检测的摸底检测值，电厂当地土壤中各项受控元素满足 GB 15618—2018《土壤环境质量　农用地土壤污染风险管控标准》和 GB 36600—2018《土壤环境质量　建设用地土壤污染风险管控标准》中的要求，表明当地土壤满足农用地和建设用地中关于受控元素含量的浓度要求。

表 9-1　　　　　　　　　　　　　　　土壤中受控元素含量　　　　　　　　　　　　　　　　mg/kg

项目		Cd	Cr	Pb	As	Hg	Cu	Ni	Zn
土壤本体值（pH 值 =8.21）		0.0652	53.9	10	4.82	0.0373	29.6	14.2	45.6
GB 15618—2018	风险筛选值 pH 值 > 7.5	≤ 0.6	≤ 250	≤ 170	≤ 25	≤ 3.4	≤ 100	≤ 190	≤ 300
	最严风险管制值	≤ 1.5	≤ 800	≤ 500	≤ 200	≤ 2.0	—	—	—

项目		Cd	Cr	Pb	As	Hg	Cu	Ni	Zn
GB 36600—2018	筛选值一类地	≤ 20	—	≤ 400	≤ 20	≤ 8	≤ 2000	≤ 150	—
	筛选值二类地	≤ 65	—	≤ 800	≤ 60	≤ 38	≤ 18000	≤ 900	—
	管制值一类地	≤ 47	—	≤ 800	≤ 120	≤ 33	≤ 8000	≤ 600	—
	管制值二类地	≤ 172	—	≤ 2500	≤ 140	≤ 82	≤ 36000	≤ 2000	—

表 9-2 为电厂所在地土壤中主要受控元素浸出毒性的摸底检测值，Al、Pb、Ni、Cd 由于检测方法检出限的限制，无法对具体数值进行评估，但检出限值均满足Ⅲ类地下水的标准，其余元素的浸出毒性均满足Ⅱ类地下水标准。

表 9-2 土壤中受控元素浸出毒性

元素含量		Fe（mg/L）	Mn（mg/L）	Cu（mg/L）	Zn（mg/L）	Al（mg/L）	Na（mg/L）	Hg（μg/L）
土壤本体值		0.2	0.026	< 0.01	< 0.006	< 0.1	2.0	< 0.04
GB/T 14848—2017	Ⅰ	≤ 0.1	≤ 0.05	≤ 0.01	≤ 0.05	≤ 0.01	≤ 100	≤ 0.1
	Ⅱ	≤ 0.2	≤ 0.05	≤ 0.05	≤ 0.5	≤ 0.05	≤ 150	≤ 0.1
	Ⅲ	≤ 0.3	≤ 0.1	≤ 1	≤ 1	≤ 0.2	≤ 200	≤ 1
	Ⅳ	≤ 2	≤ 1.5	≤ 1.5	≤ 5	≤ 0.5	≤ 400	≤ 2
	Ⅴ	> 2	> 1.5	> 1.5	> 5	> 0.5	> 400	> 2

元素含量		As（μg/L）	Se（μg/L）	Cd（mg/L）	Cr^{6+}（mg/L）	Pb（mg/L）	Cr（mg/L）	Ni（mg/L）
土壤本体值		0.3	5.3	< 0.003	< 0.004	< 0.05	< 0.01	< 0.01
GB/T 14848—2017	Ⅰ	≤ 1	≤ 10	≤ 0.0001	≤ 0.005	≤ 0.005		≤ 0.002
	Ⅱ	≤ 1	≤ 10	≤ 0.001	≤ 0.01	≤ 0.005		≤ 0.002
	Ⅲ	≤ 10	≤ 10	≤ 0.005	≤ 0.05	≤ 0.01		≤ 0.02
	Ⅳ	≤ 50	≤ 100	≤	≤ 0.1	≤ 0.1		≤ 0.1
	Ⅴ	> 50	> 100	> 0.01	> 0.1	> 0.1		> 0.1

表 9-3 为电厂所在地土壤中营养物质的摸底检测值，其中土壤营养成分分级指标中氮元素为速效氮（包含硝态氮、铵态氮）含量。土壤属于弱碱性土壤（pH 值介于 7.5 ~ 8.5 之间）；有机磷和速效钾属于 4 级（中下）；有机质含量属于 6 级（极缺）；由于未知铵态氮的

含量，无法对氮元素进行准确评价，但硝态氮的量级表明整体的速效氮元素含量不会太高。总体而言，电厂所在地土壤的营养成分很低，不满足农作物的种植。

表 9-3　　　　　　　　　　　　土壤中营养成分含量检测

项目	有效磷（mg/kg）	速效氮（mg/kg）	有机质（g/kg）	速效钾（mg/kg）	pH 值
电厂所在地土壤	9.88	2.12（硝态氮）	4.99	66	8.21
营养成分等级 1 级（极丰）	> 40	> 150	> 40	> 200	—
营养成分等级 2 级（丰富）	20 ～ 40	120 ～ 150	30 ～ 40	150 ～ 200	—
营养成分等级 3 级（中上）	10 ～ 20	90 ～ 120	20 ～ 30	100 ～ 150	—
营养成分等级 4 级（中下）	5 ～ 10	60 ～ 90	10 ～ 20	50 ～ 100	—
营养成分等级 5 级（缺乏）	3 ～ 4	30 ～ 60	6 ～ 10	30 ～ 50	—
营养成分等级 6 级（极缺）	< 3	< 30	< 6	< 30	—

9.2.2　灰场地下水、脱硫废水、渗滤液摸底检测

表 9-4 为电厂灰场地下水、粉煤灰伴湿用脱硫废水、粉煤灰灰场渗滤液的摸底检测结果。

（1）灰场上、下游水质整体表现为满足 Ⅲ 类地下水水质要求。氨氮含量、亚硝酸盐含量相对较高；各金属含量除了铅因为检测检出限的限制（Ⅲ 类地下水标准）无法更好评价、Hg 满足 Ⅲ 类地下水标准外，其余受控元素含量都满足 Ⅱ 类地下水标准。

（2）粉煤灰伴湿用脱硫废水中氯化物和 COD 严重超标，只满足 Ⅴ 类地下水标准，并且在渗滤液中又得到进一步富集，渗滤液中各种成分的含量均大于等于脱硫废水中的含量，且阴离子的浓缩效应更为显著。

（3）由灰场上游观测井和下游观测井的地下水水质分析可知，下游水井地下水中只有硫酸盐、硝酸盐较上游有明显的浓度提升。这表明：一方面，灰场已有的防渗措施具有较好的防渗效果；另一方面，防渗层对于阴离子的阻隔能力相对较弱。同时，由于粉煤灰是用脱硫废水进行伴湿，因此有大量的硫酸根和硝酸根离子进入到粉煤灰中，从而渗入到地下水中。从脱硫废水和渗滤液中硫酸根的浓度也可看出，渗滤液中硫酸根得到了显著的浓度富集，即由 200 mg/L 富集为 1367 mg/L，大量的硫酸根不断由上向下渗入，并且最终进入到地下水中。

表9-4 电厂灰场地下水、脱硫废水、渗滤液摸底结果

参数	单位	灰场渗滤液	脱硫废水	上游观测井	下游观测井 井2	下游观测井 井3	下游观测井 井4	GB/T 14848—2017《地下水质量标准》 I	II	III	IV	V
pH值	—	7.99	8.03	8.35	8.31	8.37	8.33	6.5～8.5			5.5≤pH值<6.5或8.5<pH值≤9.0	<5.5或>9.0
氨氮	mg/L	0.025L	0.025L	0.482	0.486	0.492	0.486	≤0.02	≤0.1	≤0.5	≤1.5	>0.5
镉	mg/L	0.0005L	0.0005L	0.001L	0.001L	0.001L	0.001L	≤0.0001	≤0.001	≤0.005	≤0.01	>0.01
铅	mg/L	0.0025L	0.0025L	0.01L	0.01L	0.01L	0.01L	≤0.005	≤0.005	≤0.01	≤0.1	>0.1
汞	mg/L	0.00013	0.00007	0.000014	0.0001	0.00011	0.0002	≤0.0001	≤0.0001	≤0.001	≤0.002	>0.002
砷	mg/L	0.0003L	0.0003L	0.0003L	0.0003L	0.0003L	0.0003L	≤0.001	≤0.001	≤0.01	≤0.05	>0.05
六价铬	mg/L	0.445	0.004	0.004L	0.004L	0.004L	0.004L	≤0.005	≤0.01	≤0.05	≤0.1	>0.1
总硬度	mg/L	—	—	164	147	163	207	≤150	≤300	≤450	≤650	>650
氯化物	mg/L	591.3	518.3	9.4	9.34	9.22	9.78	≤50	≤150	≤250	≤350	>350
硫酸根	mg/L	1367	200	17.6	24.4	20.5	24.1	≤50	≤150	≤250	≤350	>350
铁	mg/L	0.06	0.06	0.03L	0.03L	0.03L	0.03	≤0.1	≤0.2	≤0.3	≤2	>2
锰	mg/L	0.12	0.14	0.04	0.05	0.05	0.06	≤0.05	≤0.05	≤0.1	≤1.5	>1.5
铜	mg/L	0.05L	0.05L	0.05L	0.05L	0.05L	0.05L	≤0.01	≤0.05	≤1	≤1.5	>1.5

续表

参数	单位	灰场渗滤液	脱硫废水	上游观测井	下游观测井			GB/T 14848—2017《地下水质量标准》				
					井2	井3	井4	I	II	III	IV	V
锌	mg/L	0.28	0.27	0.05L	0.05L	0.05L	0.05L	≤0.05	≤0.5	≤1	≤5	>5
溶解性总固体	mg/L	1855	1020	203	178	186	272	≤300	≤500	≤1000	≤2000	>2000
氟化物	mg/L	0.482	1.113	0.76	0.76	0.78	0.77	≤1	≤1	≤1	≤2	>2
COD_{Mn}	mg/L	46	48	2.52	2.48	2.46	2.61	≤1	≤2	≤3	≤10	>10
氰化物	mg/L	0.132	0.028	0.004L	0.004L	0.004L	0.004L	≤0.001	≤0.01	≤0.05	≤0.1	>0.1
亚硝酸盐氮	mg/L	—	—	0.065	0.068	0.068	0.067	≤0.01	≤0.1	≤1	≤4.8	>4.8
硝酸根	mg/L	—	—	0.686	0.892	0.76	0.866	≤2	≤5	≤20	≤30	>30
阴离子表面活性剂	mg/L	—	—	0.05L	0.05L	0.05L	0.05L	不得检出	≤0.1	≤0.3	≤0.3	>0.3
总大肠杆菌	CFU/100ml	—	—	<2	<2	<2	<2	≤3	≤3	≤3	≤100	>100

注　数据后加 L 为未检出。

9.2.3 粉煤灰摸底检测

表9-5和表9-6为电厂粉煤灰的化学成分和物理特性检测结果。从表中可以看出，电厂干粉煤灰的特性不满足GB/T 17431.1—2010《轻集料及其试验方法 第1部分：轻集料》的要求，即不满足用作陶粒陶砂的原料条件；湿粉煤灰的特性不满足GB/T 17431.1—2010《轻集料及其试验方法 第1部分：轻集料》和JC/T 409—2016《硅酸盐建筑制品用粉煤灰》的要求，超标的Cl^-不满足配筋制品的原料要求；电厂干粉煤灰满足JC/T 409—2016《城市道路路基工程施工及验收规范》要求，可用于道路路基建设；电厂粉煤灰Al_2O_3平均含量为33%（小于35%），不属于高铝灰，不具备提取Al_2O_3的潜力；由于现提取氧化硅工艺一般都是和提取Al_2O_3同步进行，故单独提取氧化硅经济性差，且产生更多的铝渣。

表 9-5　　　　　　　　　　　　　　　粉煤灰中化学成分摸底　　　　　　　　　　　　　　　%

项目	SiO_2	Al_2O_3	Fe_2O_3	CaO	MgO	K_2O	Na_2O	SO_3	TiO_2	Cl^-
干粉煤灰	47.09	33.40	5.13	7.20	1.00	0.99	0.74	0.55	1.34	0.022
湿粉煤灰	49.36	32.16	5.02	5.88	0.78	0.90	0.66	0.42	1.16	0.19
GB/T 1596—2017	F 类 ≥ 70.0 C 类 ≥ 50.0			F 类 ≤ 1.0 C 类 ≤ 4.0	—	—	—	≤ 3.0	—	—
GB/T 17431.1—2010	—	—	≤ 10	—	—	—	—	—	—	≤ 0.02
JC/T 409—2016	≥ 40	—	—	—	—	—	—	—	—	≤ 0.06*
CJJ 44	≥ 70.0		—	—	—	—	—	—	—	—

* JC/T 409—2016《硅酸盐建筑制品用粉煤灰》仅对配筋制品有氯离子含量要求。

表 9-6　　　　　　　　　　　　　　　粉煤灰中物理特性摸底

项目	粒径（μm）	比表面积（m²/g）	细度（0.043 mm方孔筛筛余量，%）	pH 值	易溶盐（%）	CEC（mmol/100g）	密度（g/cm³）
干粉煤灰	6.37	2.016	17.3	10.80	0.87	2.74	2.39
湿粉煤灰	17.35	2.715	43.1	10.77	0.96	4.34	2.24
GB/T 1596—2017	—	—	I 级 ≤ 12.0 II 级 ≤ 30.0 III 级 ≤ 45.0	—	—	—	≤ 2.6
GB/T 17431.1—2010	—	—	≤ 45.0	—	—	—	—
JC/T 409—2016	—	—	≤ 25（0.080 mm 筛余）	—	—	—	—

表 9-7 为电厂粉煤灰中放射性检测结果，结果显示电厂粉煤灰满足 GB 6566—2010《建筑材料放射性核素限量》A 类要求，含该粉煤灰的产品的产销和使用范围不受放射性限制。

表 9-7　　　　　　　　　　　　　　　　粉煤灰中放射性摸底

项目		^{226}Ra（Bq/kg）	^{232}Th（Bq/kg）	^{40}K（Bq/kg）	内照射指数 I_{Ra}	外照射指数 I_r
干粉煤灰		145.08	134.76	178.44	0.68	0.92
湿粉煤灰		142.44	135.33	177.98	0.7	0.91
平均		143.76	135.05	178.21	0.69	0.92
GB 6566	A 类	产销和使用范围不受限制			$I_{Ra} \leq 1.0$	$I_r \leq 1.3$
	B 类	不可用于Ⅰ类民用建筑的内饰面，但可用于Ⅱ类民用建筑物、工业建筑内饰面及其他一切建筑的外饰面			不满足 A 类要求，但 $I_r \leq 1.9$ 且 $I_{Ra} \leq 1.3$	
	C 类	只可用于建筑物及室外其他用途			不满足 A、B 类要求，但满足 $I_r \leq 2.8$	

表 9-8 为粉煤灰与土壤中营养成分含量的对比。电厂粉煤灰中有效磷含量满足 1 级（极丰）土壤，较本地土壤（4 级）有着显著的改善；有机质满足 4 级（中下）土壤，较本地土壤（6 级）也有着显著的改善，但是对于种植植物或者农作物而言有机质含量还是偏低的；电厂粉煤灰中速效钾含量满足 4 级（中下）土壤，同本地土壤（4 级）的含量水平相似，速效钾含量也偏低；电厂粉煤灰中硝态氮含量比本地土壤含量更低。整体而言，电厂粉煤灰中氮元素含量和当地土壤水平相当，有机质、有效磷、速效钾均可改善当地土壤，但是粉煤灰由于碱性较高，会存在引起当地土壤盐碱化的风险。

表 9-8　　　　　　　　　　　　　　　　粉煤灰中营养成分含量摸底

项目	有效磷（mg/kg）	速效氮（mg/kg）	有机质（g/kg）	速效钾（mg/kg）	pH 值
干粉煤灰	55.8	0.711	13.0	71	11.29
湿粉煤灰	63.3	0.639	14.7	67	10.66
土壤	9.88	2.12	4.99	66	8.21
营养成分等级 1 级（极丰）	＞ 40	＞ 150	＞ 40	＞ 200	—
营养成分等级 2 级（丰富）	20 ～ 40	120 ～ 150	30 ～ 40	150 ～ 200	—
营养成分等级 3 级（中上）	10 ～ 20	90 ～ 120	20 ～ 30	100 ～ 150	—
营养成分等级 4 级（中下）	5 ～ 10	60 ～ 90	10 ～ 20	50 ～ 100	—

项目	有效磷（mg/kg）	速效氮（mg/kg）	有机质（g/kg）	速效钾（mg/kg）	pH 值
营养成分等级 5 级（缺乏）	3 ～ 5	30 ～ 60	6 ～ 10	30 ～ 50	—
营养成分等级 6 级（极缺）	< 3	< 30	< 6	< 30	—

9.3 基于物理模型的粉煤灰中受控元素风险监测

9.3.1 物理模型的构筑

构筑粉煤灰环境风险评价监测试验物理模型，如图 9-2 ～ 图 9-6 所示。模型整体为立方体并分为两部分，前 1.5m 部分的上层放置粉煤灰样，下层放置土壤（试验土壤区）用于评价上层粉煤灰堆放对下层土壤的影响，后 2.0m 全部放置土壤用于评价粉煤灰堆放对下游土壤的影响（参照土壤区）；两部分分别在三个不同高度处各设置一排外包渗透膜竖井，用于收集渗滤液；上置喷淋装置并设有抽水泵，根据当地雨水的 pH 值控制喷水 pH 值；于侧面底部开设 2 个可分别取不同部分土样的采样孔。

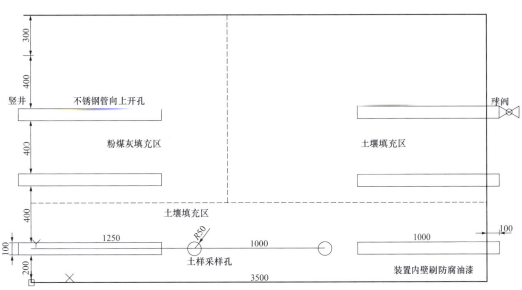

图 9-2　物理模型平视图（单位：mm）

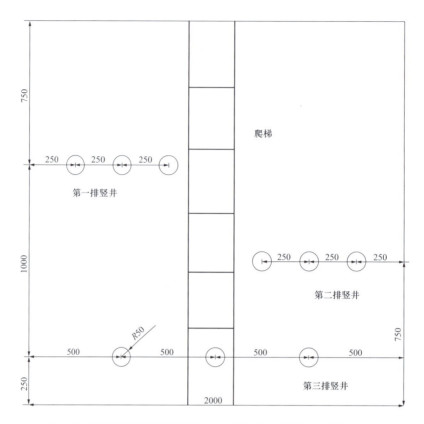

图 9-3　物理模型侧视图即单侧 9 个竖井分布位置图（单位：mm）

图 9-4　物理模型外观

图 9-5　物理模型内部

图 9-6　物理模型填土后

对收集到的土壤样品进行受控元素含量的检测，通过对比土壤环境本体值及上述土壤标准，评估粉煤灰中浸出的受控元素对土壤的影响；对收集到的土壤样品进行受控元素浸出毒性的监测，通过对比土壤环境本体值及 GB/T 14848—2017《地下水质量标准》，评估粉煤灰中浸出的受控元素对地下水的影响。

通过一定时期内进行连续监测，筛选出电厂粉煤灰对当地土壤和地下水引起环境风险的受控元素种类（风险因子）。

9.3.2　粉煤灰中受控元素对土壤的风险及评价

表 9-9 为目标电厂粉煤灰中受控元素含量及参照的土壤标准。可以看出，粉煤灰中 Zn 含量超过了 GB 15618—2018《土壤环境质量　农用地土壤污染风险管控标准》中 300 mg/kg

的风险筛选值，表明施用粉煤灰时可能存在农用地土壤污染风险，应加强土壤环境监测和农产品协同监测；粉煤灰中 As 的浓度超过了 GB 36600—2018《土壤环境质量　建设用地土壤污染风险管控标准》中 20 mg/kg 的一类地筛选值，表明对人体健康可能存在风险，应当开展进一步的详细调查和风险评估，确定具体污染范围和风险水平。因此需要重点关注粉煤灰中 As 和 Zn 含量；粉煤灰中各种受控元素含量均超过当地土壤中的含量，并且粉煤灰呈强碱性（pH 值为 10.8），不加处理的话会造成土壤的盐碱化。

（1）无论是试验土壤还是参照土壤，各受控元素含量都并未超过 GB 15618—2018《土壤环境质量　农用地土壤污染风险管控标准》及 GB 36600—2018《土壤环境质量　建设用地土壤污染风险管控标准》的要求，表明两年内粉煤灰中受控元素往土壤中的迁移量有限，且浓度水平不对土壤造成风险。

（2）虽然填埋用粉煤灰中自身 Zn 与 As 的含量较标准值超标，但是 Zn 与 As 并未明显向下层的土壤中进行迁移（见表 9-9、图 9-7、图 9-8），表明粉煤灰中的 Zn 和 As 在短期内不对土壤造成危害。土壤中 Cd、Pb、Hg 迁移情况如图 9-9 ～图 9-11 所示。

图 9-7　土壤中 As 的时间迁移含量

表 9-9　　　　　　　　　　目标电厂粉煤灰中受控元素含量检测　　　　　　　　　　　　　mg/kg

项目	Cd	Cr	Pb	As	Hg	Cu	Ni	Zn
土壤本体值（pH 值 =8.21）	0.0652	53.9	10	4.82	0.0373	29.6	14.2	45.6
填埋粉煤灰本底值（pH 值 =10.8）	0.171	80.11	128.35	20.87	0.75	54.32	＜ 1	815.25
2020 年 8 月试验土壤（pH 值 =7.79）	0.136	49.1	20.9	6.5	0.0376	27.6	10.5	58.3
2020 年 8 月参照土壤（pH 值 =7.90）	0.0926	71	29.9	5.42	0.0382	26	17.6	50.5
2020 年 9 月试验土壤（pH 值 =8.05）	0.14	47.6	11.7	5.26	0.0561	12	16.7	56.4
2020 年 9 月参照土壤（pH 值 =8.16）	0.0558	38.8	27.4	4.12	0.0462	12.7	32.9	63.1
2020 年 10 月试验土壤（pH 值 =8.02）	0.0562	25.5	17.7	2.65	0.0549	9.8	18.1	34.1

续表

项目		Cd	Cr	Pb	As	Hg	Cu	Ni	Zn
2020 年 10 月参照土壤（pH 值 =8.12）		0.0784	29.7	21.9	3.55	0.0314	13.8	26	51.3
2020 年 11 月试验土壤（pH 值 =7.79）		< 0.03	36.6	28	4.85	0.0349	13.8	34.4	49.3
2020 年 11 月参照土壤（pH 值 =8.43）		0.0362	53.8	28.8	4.19	0.0350	17.4	45.3	62.9
2021 年 5 月试验土壤（pH 值 =7.13）		0.0827	27.9	12.0	4.16	0.0890	12.4	9.28	45.0
2021 年 5 月参照土壤（pH 值 =7.49）		0.0378	33.2	12.9	5.17	0.0457	8.17	10.2	30.9
2021 年 6 月试验土壤（pH 值 =7.44）		0.0533	26.3	17.2	4.42	0.0532	12.6	17.2	42.5
2021 年 6 月参照土壤（pH 值 =7.76）		0.0321	27.9	16.3	4.66	0.0486	11.3	14.2	35.3
2021 年 7 月试验土壤（pH 值 =7.63）		0.0664	29.4	23.4	4.38	0.0643	13.5	26.8	50.2
2021 年 7 月参照土壤（pH 值 =7.88）		0.0398	34.5	23.9	4.98	0.0542	10.4	27.3	39.5
2021 年 8 月试验土壤（pH 值 =7.54）		0.0682	28.9	25.3	4.54	0.0681	13.2	28.4	48.6
2021 年 8 月参照土壤（pH 值 =7.82）		0.0404	32.5	26.3	4.77	0.0553	11.1	26.5	41.4
GB 15618—2018	风险筛选值 pH 值 > 7.5	≤ 0.6	≤ 250	≤ 170	≤ 25	≤ 3.4	≤ 100	≤ 190	≤ 300
	最严风险管制值	≤ 1.5	≤ 800	≤ 500	≤ 200	≤ 2.0	—	—	—
GB 36600—2018	筛选值一类地	≤ 20	—	≤ 400	≤ 20	≤ 8	≤ 2000	≤ 150	—
	筛选值二类地	≤ 65	—	≤ 800	≤ 60	≤ 38	≤ 18000	≤ 900	—
	管制值一类地	≤ 47	—	≤ 800	≤ 120	≤ 33	≤ 8000	≤ 600	—
	管制值二类地	≤ 172	—	≤ 2500	≤ 140	≤ 82	≤ 36000	≤ 2000	—

图 9-8　土壤中 Zn 的时间迁移含量

图 9-9　土壤中 Cd 的时间迁移含量

图 9-10　土壤中 Pb 的时间迁移含量

图 9-11　土壤中 Hg 的时间迁移含量

9.3.3 粉煤灰中受控元素对地下水的风险及评价

表 9-10 为目标电厂粉煤灰中受控元素浸出毒性含量及对应的各项标准含量。

（1）粉煤灰浸出毒性值均满足 GB 5085.3—2007《危险废物鉴别标准 浸出毒性鉴别》的要求，表明目标电厂粉煤灰不属于危险废物。

（2）除 Mn 外，粉煤灰中其余金属的浸出毒性值均超过当地土壤的浸出毒性，表明粉煤灰会对土壤及地下水造成一定的环境风险。

（3）目标电厂粉煤灰中浸出毒性本体值中 Al、Se、Cr^{6+} 及 Hg 浸出毒性值相较于 GB/T 14848—2017《地下水质量标准》，只满足 Ⅴ 类地下水要求，在后续的控制研究中需要重点关注 Al、Se、Cr^{6+} 及 Hg 的浸出毒性。

（4）通过近两年的持续监测，除 As 和 Cr^{6+} 外，其余试验土壤的受控元素浸出毒性含量（包括粉煤灰自身浸出毒性值较大的 Hg、Se 和 Al）并未显著增长（见图 9-12、图 9-13、表 9-10）；半年后试验土壤中 Cr^{6+} 的浸出毒性已经不满足 GB/T 14848—2017《地下水质量标准》中Ⅲ类地下水的要求，一年左右的时间出现不满足 Ⅴ 类地下水水质要求的情况；半年后 As 的浸出毒性值虽然还满足Ⅲ类地下水质要求，但是已经接近粉煤灰中 As 的浸出毒性值，若在土壤中实现富集则有可能超过Ⅲ类地下水的要求，因此 As 对地下水环境风险需要进一步连续监控进行评估。

图 9-12 土壤中 As 浸出毒性的时间迁移

图 9-13 土壤中 Cr^{6+} 浸出毒性的时间迁移

表9-10 目标电厂粉煤灰浸煤出毒性检测表

项目	Fe (mg/L)	Mn (mg/L)	Cu (mg/L)	Zn (mg/L)	Al (mg/L)	Hg (µg/L)	As (µg/L)	Cd (mg/L)	Cr^{6+} (mg/L)	Pb (mg/L)	Cr (mg/L)	Ni (mg/L)	Se (µg/L)
土壤本体值	0.2	0.026	< 0.01	< 0.006	< 0.1	< 0.04	0.3	< 0.003	< 0.004	< 0.05	< 0.01	< 0.01	0.5
填埋粉煤灰本底值	0.22	0.003	< 0.01	< 0.006	9.37	5.1	8.2	< 0.0002	0.47	< 0.05	0.47	< 0.01	98
2020年8月试验土壤	< 0.03	< 0.001	< 0.01	< 0.006	< 0.1	< 0.04	< 0.1	< 0.003	< 0.004	< 0.05	< 0.01	< 0.01	—
2020年8月参照土壤	< 0.03	< 0.001	< 0.01	< 0.006	< 0.1	< 0.04	0.3	< 0.003	< 0.004	< 0.05	< 0.01	< 0.01	—
2020年9月试验土壤	< 0.03	< 0.001	< 0.01	< 0.006	< 0.1	< 0.04	1.1	< 0.003	< 0.004	< 0.05	< 0.01	< 0.01	—
2020年9月参照土壤	< 0.03	< 0.001	< 0.01	< 0.006	< 0.1	< 0.04	< 0.1	< 0.003	< 0.004	< 0.05	< 0.01	< 0.01	—
2020年10月试验土壤	0.11	< 0.001	< 0.01	< 0.006	< 0.1	< 0.04	1.9	< 0.003	< 0.004	< 0.05	< 0.01	< 0.01	—
2020年10月参照土壤	0.1	< 0.001	< 0.01	< 0.006	< 0.1	< 0.04	0.9	< 0.003	< 0.004	< 0.05	< 0.01	< 0.01	—
2020年11月试验土壤	< 0.03	0.043	< 0.01	< 0.006	< 0.1	< 0.04	6.9	< 0.003	0.057	< 0.05	< 0.01	< 0.01	—
2020年11月参照土壤	< 0.03	0.029	< 0.01	< 0.006	< 0.1	< 0.04	0.3	< 0.003	< 0.004	< 0.05	< 0.01	< 0.01	—
2021年5月试验土壤	< 0.03	0.037	< 0.01	0.028	< 0.1	< 0.04	2.5	< 0.003	0.113	< 0.05	< 0.01	< 0.01	0.3
2021年5月参照土壤	0.06	0.027	< 0.01	0.017	< 0.1	< 0.04	0.2	< 0.003	< 0.004	< 0.05	< 0.01	< 0.01	< 0.2
2021年6月试验土壤	0.04	0.047	< 0.01	0.029	< 0.1	< 0.04	3.8	< 0.003	0.094	< 0.05	< 0.01	< 0.01	0.4
2021年6月参照土壤	0.06	0.030	< 0.01	0.016	< 0.1	< 0.04	0.6	< 0.003	< 0.004	< 0.05	< 0.01	< 0.01	< 0.2

续表

项目	Fe (mg/L)	Mn (mg/L)	Cu (mg/L)	Zn (mg/L)	Al (mg/L)	Hg (μg/L)	As (μg/L)	Cd (mg/L)	Cr^{6+} (mg/L)	Pb (mg/L)	Cr (mg/L)	Ni (mg/L)	Se (μg/L)
2021年7月试验土壤	0.06	0.046	<0.01	0.025	<0.1	<0.04	4.5	<0.003	0.123	<0.05	<0.01	<0.01	0.6
2021年7月参照土壤	0.07	0.024	<0.01	0.014	<0.1	<0.04	0.5	<0.003	<0.004	<0.05	<0.01	<0.01	<0.2
2021年8月试验土壤	0.08	0.039	<0.0_	0.031	<0.1	<0.04	5.3	<0.003	0.131	<0.05	<0.01	<0.01	0.6
2021年8月参照土壤	0.06	0.022	<0.0_	0.013	<0.1	<0.04	0.4	<0.003	<0.004	<0.05	<0.01	<0.01	<0.2
GB 5085.3—2007	—	—	100	100	—	100	5000	1	5	5	15	5	—
GB 8978—1996	—	2	0.5	2	—	50	500	0.1	0.5	1	1.5	1	—
GB/T 14848—2017　I	≤0.1	≤0.05	≤0.01	≤0.05	≤0.01	≤0.1	≤1	≤0.0001	≤0.005	≤0.005	—	—	—
II	≤0.2	≤0.05	≤0.05	≤0.5	≤0.05	≤0.1	≤1	≤0.001	≤0.01	≤0.005	—	—	—
III	≤0.3	≤0.1	≤1	≤1	≤0.2	≤1	≤10	≤0.005	≤0.05	≤0.01	—	—	—
IV	≤2	≤1.5	≤1.5	≤5	≤0.5	≤2	≤50	—	≤0.1	≤0.1	—	—	—
V	>2	>1.5	>1.5	>5	>0.5	>2	>50	>0.01	>0.1	>0.1	—	—	—

9.4　基于赋存实验的粉煤灰元素环境效应解析

9.4.1　实验方法及内容

9.4.1.1　赋存实验方法

赋存试验采用改进的 Tessier 流程，分 5 个形态对受控元素形态进行分析，逐级提取试验步骤如下所示。

（1）离子交换态（FR1）。将 5 g 干燥固体样品装入 50 mL 的聚乙烯管中，加入 30 mL、1 mol/L 浓度的 $MgCl_2$ 溶液，室温下振荡 30 min（水平振荡速率设置为 200 r/min），然后在离心机上进行高速离心分离 15 min，用吸液管将上清液移入 50 mL 容量瓶中，残渣加入 20 mL 超纯水洗涤后，再次振荡 15 min、高速离心 15 min，用吸液管将上清液合并后在 4℃下保存，以备 ICP 元素分析。残渣洗涤干燥后保留备用。

（2）酸溶态（FR2）。将步骤（1）剩余的残渣装入 50 mL 的聚乙烯管后加入 30 mL、pH 值为 5 的乙酸钠缓冲溶液，室温下震荡 1 h，之后步骤参照步骤（1）。

（3）可还原态（FR3）。将步骤（2）的残渣中装入 50 mL 的聚乙烯管，加入 10 mL、0.1 mol/L 的盐酸羟胺溶液（25% 的硝酸作为溶解介质），在 80℃水浴 1 h，待冷却后再加入 20 mL 同样的溶液在 80℃水浴中加热 1 h，然后高速离心 15 min，上清液移入 50 mL 容量瓶中在 4℃下保存，残渣依然需要重复步骤（1）的处理方式，以保证残渣洗涤干净。

（4）氧化物结合态（FR4）。将步骤（3）的残渣装入 50 mL 的聚乙烯管中，先加入 10 mL、30% 的 H_2O_2，然后密封，在 90℃下水浴加热 1 h 后取出，将密封盖打开，再次在 90℃下水浴加热，等残渣蒸干至少许溶液时取出，取残渣冷却再加入 20 mL 的 30% 的 H_2O_2，同样温度水浴加热。重复以上过程，直至残渣完全蒸干，冷却后加入 30 mL、1 mol/L 浓度的乙酸氨溶液（30% 的硝酸作为溶解介质），重复以上振荡和离心过程。

（5）残渣态（R）。用 HNO_3–HF–H_3BO_3 体系对步骤（4）剩余的残渣进行微波消解，消解程序参照原灰消解方法。

每一个步骤都安排一个平行空白样，以减少试验中试剂污染以及其他情况造成的误差，每一步的残渣都完全蒸干称重，以进行质量平衡分析。其中，提取液中的受控元素含量用 ICP–MS 进行测试。

9.4.1.2　受控元素筛选

受控元素的选择依据本章 9.3.2 部分及 9.3.3 部分的摸底检测结果确定。

（1）粉煤灰本体值中含量相对于土壤标准的超标元素 As、Zn。

（2）粉煤灰浸出毒性本体值中相对于地下水标准的超标元素 Al、Se、Cr^{6+} 与 Hg。

（3）物理模型监测试验中粉煤灰向土壤中迁移浸出毒性元素 As 与 Cr^{6+}。

（4）由于浸出毒性试验检出限问题且对元素分布规律不明的元素 Pb。

（5）重金属固化常用添加剂中所含且地下水标准中所含规定元素 Fe。

综合上述筛选原则，最终赋存试验中研究元素为以下 8 种：Zn、Hg、Pb、Cr、As、Al、Fe、Se。

9.4.1.3 样品采集

为了寻求粉煤灰中各受控元素赋存形态的一般性规律，同时减少个别电厂粉煤灰差异性引起的结论偏差，本部分采集了来自 8 个不同地区燃煤电厂的不同粒径粉煤灰及对应的煤粉样品开展赋存形态研究，其中燃煤电厂 6 为前述目标电厂（见表 9-11）。对于有条件的燃煤电厂同时采集不同运行负荷的粉煤灰样品。

表 9-11 赋存实验采样列表

编号	采集固体	编号	采集固体
燃煤电厂 1	细灰	燃煤电厂 5	粗灰
	粗灰		煤粉
	煤粉	燃煤电厂 6（目标电厂）	300 MW 细灰
燃煤电厂 2	细灰		450 MW 细灰
	粗灰		300 MW 粗灰
	煤粉		450 MW 粗灰
燃煤电厂 3	细灰		煤粉
	粗灰	燃煤电厂 7	细灰
	煤粉		粗灰
燃煤电厂 4	细灰		煤粉
	粗灰	燃煤电厂 8	475 MW 粉煤灰
	煤粉		660 MW 粉煤灰
燃煤电厂 5	细灰		煤粉

9.4.2 元素 Zn 的赋存形态及环境效应

表 9-12 为 8 个燃煤电厂不同粒径粉煤灰及对应煤粉中受控元素 Zn 的五态赋存含量分布。

表 9-12 不同样品中 Zn 的五态赋存含量

编号	样品	离子交换态 Zn ($\times 10^{-6}$)	酸溶态 Zn ($\times 10^{-6}$)	可还原态 Zn ($\times 10^{-6}$)	氧化物结合态 Zn ($\times 10^{-6}$)	残渣态 Zn ($\times 10^{-6}$)
燃煤电厂 1	细灰	0.21	7.30	27.1	2.23	176
	粗灰	0.38	3.48	10.4	1.70	68.7
	煤粉	0.14	2.56	44.4	3.38	5.89

编号	样品	离子交换态 Zn（×10⁻⁶）	酸溶态 Zn（×10⁻⁶）	可还原态 Zn（×10⁻⁶）	氧化物结合态 Zn（×10⁻⁶）	残渣态 Zn（×10⁻⁶）
燃煤电厂 2	细灰	0.12	5.90	27.3	2.44	256
	粗灰	0.071	2.79	12.5	1.43	96.2
	煤粉	0.43	7.03	40.5	3.33	22.5
燃煤电厂 3	细灰	1.49	2.08	7.77	1.54	66.2
	粗灰	0.10	1.34	2.90	1.78	17.6
	煤粉	0.18	1.87	12.9	2.64	6.80
燃煤电厂 4	细灰	0.18	4.35	22.7	2.90	173
	粗灰	0.11	3.06	14.2	1.90	97.4
	煤粉	0.56	7.99	53.0	3.25	48.7
燃煤电厂 5	细灰	0.26	5.88	25.6	2.08	110
	粗灰	0.19	2.54	9.24	2.37	37.5
	煤粉	0.064	1.91	21.8	5.51	3.81
燃煤电厂 6，300 MW	细灰	0.083	4.41	73.5	8.12	125
燃煤电厂 6，450 MW	细灰	0.054	4.64	66.0	6.94	103
燃煤电厂 6，300 MW	粗灰	0.10	3.96	54.4	4.12	98.4
燃煤电厂 6，450 MW	粗灰	0.096	3.38	42.0	1.91	66.8
燃煤电厂 6	煤粉	0.23	0.81	13.5	4.96	2.03
燃煤电厂 7	细灰	0.17	4.32	16.3	1.79	166
	粗灰	0.18	2.50	7.93	1.44	69.0
	煤粉	0.30	13.8	33.6	2.00	11.7
燃煤电厂 8，475 MW	粉煤灰	0.089	7.67	54.1	3.92	74.6
燃煤电厂 8，660 MW	粉煤灰	0.061	5.80	48.2	2.26	65.7
燃煤电厂 8	煤粉	0.32	8.15	46.5	4.88	2.97

（1）8个燃煤电厂的8种燃煤用煤粉中 Zn 的主要存在形态均为可还原态 Zn，占比在46.70% ～ 78.77%；第二多的存在形态则各不相同，其中4种煤粉为残渣态 Zn，2种煤粉为酸溶态 Zn，2种煤粉为氧化物结合态 Zn；8种煤粉中 Zn 含量最少的形态均为离子交换态 Zn，占比在0.19% ～ 1.07%（见图9-14）。

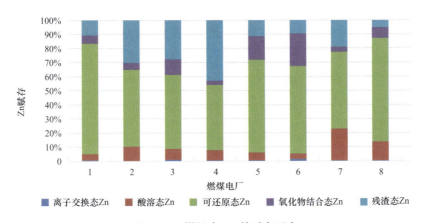

图 9-14　煤粉中 Zn 的赋存形态

（2）8个燃煤电厂的粉煤灰中，无论粗灰还是细灰，无论高负荷还是低负荷产粉煤灰（见图9-15、图9-16），首先，灰中 Zn 的主要存在形式为残渣态，细灰中占比在57.02% ～ 88.03%，粗灰中占比在58.50% ～ 85.14%；其次，存在形态为可还原态 Zn，细灰中占比在8.64% ～ 36.54%，粗灰中占比在9.78% ～ 36.78%；Zn 含量最少的形态均为离子交换态 Zn，占比在0.03% ～ 1.83%，与煤粉中含量相当。

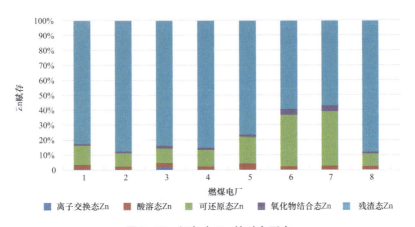

图 9-15　细灰中 Zn 的赋存形态

（3）从8个燃煤电厂单位质量的煤粉及粉煤灰中 Zn 含量比较可知，细灰中 Zn 含量＞粗灰中 Zn 含量＞煤粉中 Zn 含量（见图9-17），表明随着煤粉燃烧时其他元素的消耗，锌的含量得到了富集，尤其是在比表面积更小的细灰中富集量更大。

（4）通过不同负荷下粉煤灰中 Zn 含量的对比可知，低负荷下粉煤灰中 Zn 的含量更高（见图9-18）。

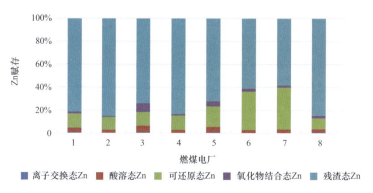

图 9-16　粗灰中 Zn 的赋存形态

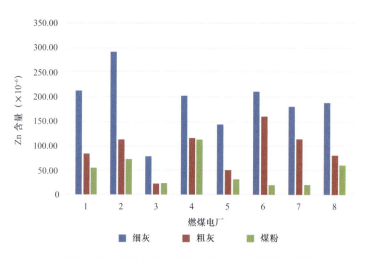

图 9-17　不同电厂、不同介质中 Zn 的赋存含量

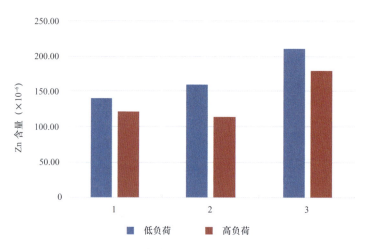

图 9-18　不同负荷下粉煤灰中 Zn 的赋存含量

9.4.3 元素 Hg 的赋存形态及环境效应

表 9-13 为 8 个燃煤电厂不同粒径粉煤灰及对应煤粉中受控元素 Hg 的五态赋存含量分布。

表 9-13 不同样品中 Hg 的五态赋存含量

编号	样品	离子交换态 Hg ($\times 10^{-9}$)	酸溶态 Hg ($\times 10^{-9}$)	可还原态 Hg ($\times 10^{-9}$)	氧化物结合态 Hg ($\times 10^{-9}$)	残渣态 Hg ($\times 10^{-9}$)
燃煤电厂 1	细灰	< 0.1	0.4	631	0.8	4.8
	粗灰	< 0.1	0.3	238	4.2	3.4
	煤粉	< 0.1	0.3	308	9.0	3.9
燃煤电厂 2	细灰	< 0.1	0.7	910	3.6	2.0
	粗灰	< 0.1	0.3	390	2.5	0.7
	煤粉	< 0.1	0.3	303	13.2	8.9
燃煤电厂 3	细灰	0.2	15.0	813	0.8	2.7
	粗灰	< 0.1	0.3	142	1.5	1.0
	煤粉	< 0.1	0.4	142	9.0	5.6
燃煤电厂 4	细灰	< 0.1	1.1	897	3.7	1.9
	粗灰	< 0.1	0.4	410	3.1	2.5
	煤粉	< 0.1	0.3	125	18.0	36.0
燃煤电厂 5	细灰	0.1	3.0	993	2.0	3.6
	粗灰	< 0.1	0.7	254	0.8	0.1
	煤粉	< 0.1	0.3	197	16.5	5.9
燃煤电厂 6，300 MW	细灰	< 0.1	0.3	518	26.4	24.0
燃煤电厂 6，450 MW	细灰	< 0.1	0.4	930	36.3	25.9
燃煤电厂 6，300 MW	粗灰	< 0.1	3.6	387	7.6	4.9
燃煤电厂 6，450 MW	粗灰	< 0.1	0.7	661	11.2	8.3

续表

编号	样品	离子交换态 Hg（×10⁻⁹）	酸溶态 Hg（×10⁻⁹）	可还原态 Hg（×10⁻⁹）	氧化物结合态 Hg（×10⁻⁹）	残渣态 Hg（×10⁻⁹）
燃煤电厂 6	煤粉	< 0.1	0.2	57.9	3.0	0.1
燃煤电厂 7	细灰	< 0.1	0.3	402	2.6	3.7
	粗灰	< 0.1	0.2	305	3.2	1.0
	煤粉	< 0.1	0.3	167	14.2	23.3
燃煤电厂 8，475 MW	粉煤灰	< 0.1	0.6	296	2.6	4.0
燃煤电厂 8，660 MW	粉煤灰	< 0.1	0.5	262	2.0	4.3
燃煤电厂 8	煤粉	< 0.1	0.2	82.2	4.3	1.4

（1）8 个燃煤电厂的 8 种燃煤用煤粉中 Hg 的主要存在形态均为可还原态 Hg，占比在 69.68% ～ 95.86%；占比第二的存在形态则各不相同，其中 2 种煤粉为残渣态 Hg，6 种煤粉为氧化物结合态 Hg；8 种煤粉中 Hg 含量最少的形态均为离子交换态 Hg，占比为 0.03% ～ 0.16%（见图 9-19）。

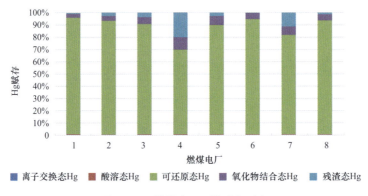

图 9-19　煤粉中 Hg 的赋存形态

（2）8 个燃煤电厂的粉煤灰中，无论粗灰还是细灰，无论高负荷还是低负荷产粉煤灰（见图 9-20、图 9-21），灰中 Hg 的主要存在形态为可还原性 Hg，其中粗灰中占比在 95.98% ～ 99.34%，细灰中占比在 91.07% ～ 99.30%，较煤粉中的可还原态 Hg 的比例分别提高了 111.01% 与 111.80%，表明经过燃烧后 Hg 的活性态浓度变得更多，更有利于 Hg 的迁移。

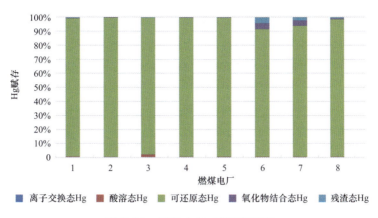

图 9-20 细灰中 Hg 的赋存形态

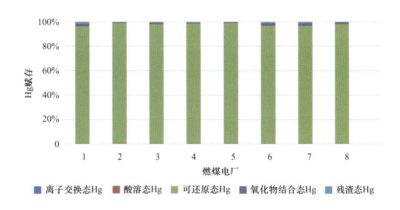

图 9-21 粗灰中 Hg 的赋存形态

（3）从 8 个燃煤电厂单位质量的煤粉及粉煤灰中 Hg 含量比较可知，细灰中 Hg 含量＞粗灰中 Hg 含量＞煤粉中 Hg 含量（见图 9-22），表明随着煤粉的燃烧中其他元素的消耗，Hg 的含量得到了富集，尤其是在比表面积更小的细灰中富集量更大。

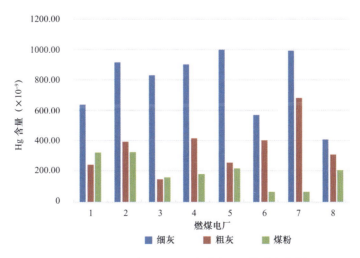

图 9-22 不同电厂、不同介质中 Hg 的赋存含量

（4）通过不同负荷下粉煤灰中 Hg 含量的对比可知，高负荷下粉煤灰中 Hg 的含量更高（见图 9-23）。

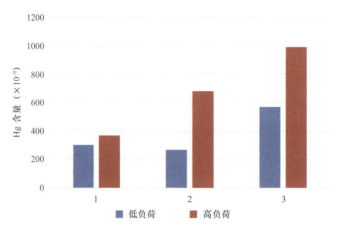

图 9-23　不同负荷下粉煤灰中 Hg 的赋存含量

9.4.4　元素 Pb 的赋存形态及环境效应

表 9-14 为 8 个燃煤电厂不同粒径粉煤灰及对应煤粉中受控元素 Pb 的五态赋存含量分布。

表 9-14　　　　　　　　　　不同样品中 Pb 的五态赋存含量

编号	样品	离子交换态 Pb（×10^{-6}）	酸溶态 Pb（×10^{-6}）	可还原态 Pb（×10^{-6}）	氧化物结合态 Pb（×10^{-6}）	残渣态 Pb（×10^{-6}）
燃煤电厂 1	细灰	0.004	0.78	21.6	1.04	96.7
	粗灰	0.004	0.39	5.34	0.48	37.6
	煤粉	0.003	1.66	19.5	1.74	3.61
燃煤电厂 2	细灰	0.003	0.44	15.2	0.65	106
	粗灰	0.003	0.32	4.90	0.46	52.6
	煤粉	0.007	4.57	29.4	1.54	6.75
燃煤电厂 3	细灰	0.026	0.42	11.0	0.70	94.9
	粗灰	0.003	0.20	2.96	0.30	24.4
	煤粉	0.006	4.88	21.6	1.39	3.87
燃煤电厂 4	细灰	0.004	0.35	13.5	1.05	87.5
	粗灰	0.004	0.66	24.0	1.10	46.4
	煤粉	0.007	2.09	19.9	0.98	14.7

编号	样品	离子交换态 Pb（×10^{-6}）	酸溶态 Pb（×10^{-6}）	可还原态 Pb（×10^{-6}）	氧化物结合态 Pb（×10^{-6}）	残渣态 Pb（×10^{-6}）
燃煤电厂 5	细灰	0.003	1.28	65.9	2.22	138
	粗灰	0.004	0.72	22.2	1.12	62.1
	煤粉	0.002	3.27	24.1	1.81	2.67
燃煤电厂 6，300 MW	细灰	0.002	0.47	53.4	5.71	85.8
燃煤电厂 6，450 MW	细灰	0.002	0.55	55.9	5.24	76.5
燃煤电厂 6，300 MW	粗灰	0.003	0.40	37.0	2.36	67.0
燃煤电厂 6，450 MW	粗灰	0.002	0.52	37.3	1.17	55.3
燃煤电厂 6	煤粉	0.005	0.052	7.50	0.34	0.97
燃煤电厂 7	细灰	0.004	0.51	10.7	0.74	93.9
	粗灰	0.002	0.31	4.60	0.43	48.0
	煤粉	0.004	3.81	20.3	1.23	5.77
燃煤电厂 8，475 MW	粉煤灰	0.003	0.33	13.4	0.80	17.2
燃煤电厂 8，660 MW	粉煤灰	0.003	0.30	11.3	0.49	15.7
燃煤电厂 8	煤粉	0.007	0.18	7.03	0.63	0.26

（1）8 个燃煤电厂的 8 种燃煤用煤粉中 Pb 的主要存在形态均为可还原态 Pb，占比在 52.82% ~ 86.72%；占比第二的存在形态则各不相同，其中 5 种煤粉为残渣态 Pb，2 种煤粉为酸溶态 Pb，1 种煤粉为氧化物结合态 Pb；8 种煤粉中 Pb 含量最少的形态均为离子交换态 Pb，占比在 0.01% ~ 0.09%（见图 9-24）。

（2）8 个燃煤电厂的粉煤灰中，无论粗灰还是细灰（见图 9-25、图 9-26），灰中 Pb 的主要存在形态为残渣态 Pb，其中细灰中占比在 58.65% ~ 90.25%，粗灰中占比在 55.36% ~ 88.71%，表明经过燃烧后 Pb 的活性显著降低，不利于 Pb 的迁移；灰中 Pb 的其次赋存形式为可还原态 Pb，在细灰中占比在 10.11% ~ 40.45%，在粗灰中占比在 8.41% ~ 39.56%，分别为煤粉中可还原态 Pb 的 30.18% 与 31.61%；灰中 Pb 的最低赋存形态为离子交换态 Pb，含量不超过 0.02%。

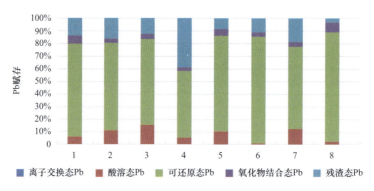

图 9-24　煤粉中 Pb 的赋存形态

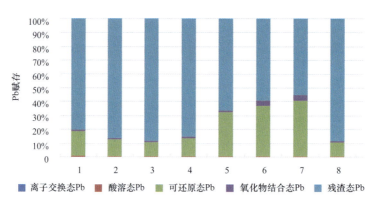

图 9-25　细灰中 Pb 的赋存形态

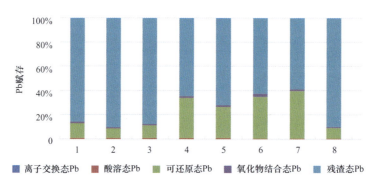

图 9-26　粗灰中 Pb 的赋存形态

（3）从 8 个燃煤电厂单位质量的煤粉及粉煤灰中 Pb 含量比较可知，细灰中 Pb 含量＞粗灰中 Pb 含量＞煤粉中 Pb 含量（见图 9-27），表明随着煤粉的燃烧中其他元素的消耗，Pb 的含量得到了富集，尤其是在比表面积更小的细灰中富集量更大。

（4）通过不同负荷下粉煤灰中 Pb 含量的对比可知低负荷下粉煤灰中 Pb 的含量更高（见图 9-28）。

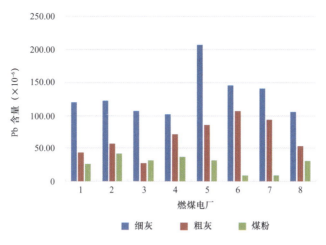

图 9-27　不同电厂、不同介质中 Pb 的赋存含量

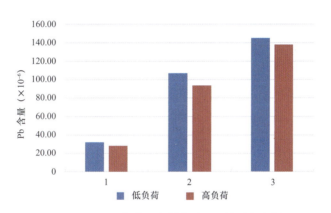

图 9-28　不同负荷下粉煤灰中 Pb 的赋存含量

9.4.5　元素 Cr 的赋存形态及环境效应

表 9-15 为 8 个燃煤电厂不同粒径粉煤灰及对应煤粉中受控元素 Cr 的五态赋存含量分布。

表 9-15　　　　　　　　　　　不同样品中 Cr 的五态赋存含量

编号	样品	离子交换态 Cr（×10⁻⁶）	酸溶态 Cr（×10⁻⁶）	可还原态 Cr（×10⁻⁶）	氧化物结合态 Cr（×10⁻⁶）	残渣态 Cr（×10⁻⁶）
燃煤电厂 1	细灰	0.45	0.28	3.06	1.49	57.4
	粗灰	0.10	0.40	2.25	0.98	55.2
	煤粉	—	—	—	—	—
燃煤电厂 2	细灰	1.76	0.76	3.93	0.86	70.8
	粗灰	0.46	0.87	4.13	0.87	68.4
	煤粉	—	—	—	—	—

编号	样品	离子交换态 Cr（×10⁻⁶）	酸溶态 Cr（×10⁻⁶）	可还原态 Cr（×10⁻⁶）	氧化物结合态 Cr（×10⁻⁶）	残渣态 Cr（×10⁻⁶）
燃煤电厂 3	细灰	0.76	0.35	2.44	0.96	52.4
	粗灰	0.034	0.20	2.73	0.95	40.1
	煤粉	—	—	—	—	—
燃煤电厂 4	细灰	2.49	0.93	3.59	1.23	50.5
	粗灰	0.65	0.84	6.73	1.25	56.3
	煤粉	—	—	—	—	—
燃煤电厂 5	细灰	0.41	0.31	1.74	0.64	39.3
	粗灰	0.0012	0.51	1.19	0.42	30.8
	煤粉	—	—	—	—	—
燃煤电厂 6，300 MW	细灰	0.17	3.73	10.7	1.68	57.9
燃煤电厂 6，450 MW	细灰	8.55	3.12	10.2	1.77	59.3
燃煤电厂 6，300 MW	粗灰	8.64	4.70	9.54	1.34	57.6
燃煤电厂 6，450 MW	粗灰	5.48	3.07	11.0	1.89	61.8
燃煤电厂 6	煤粉	—	—	—	—	—
燃煤电厂 7	细灰	1.72	1.13	3.11	0.65	73.8
	粗灰	0.40	0.68	3.24	0.61	63.0
	煤粉	—	—	—	—	—
燃煤电厂 8，475 MW	粉煤灰	1.37	3.09	14.6	1.54	52.6
燃煤电厂 8，660 MW	粉煤灰	0.92	2.46	14.6	1.63	49.9
燃煤电厂 8	煤粉	—	—	—	—	—

（1）8个燃煤电厂的粉煤灰中，无论粗灰还是细灰（见图9-29、图9-30），灰中Cr的主要存在形式为残渣态Cr，其中细灰中占比在71.50%～92.69%，粗灰中占比在70.40%～93.67%，不利于Cr的迁移；灰中Cr的其次赋存形式为可还原态Cr，在细灰中占比在3.87%～14.42%，在粗灰中占比在3.61%～13.21%；灰中Cr的最低赋存形态因不同煤质及燃烧条件而不同。

Cr 属亲氧元素，熔点较高，是煤中难挥发或挥发性较低的元素之一，在燃烧中不易挥发，排入大气中少，而富集在灰渣。Cr 又是一种亲石性受控元素，燃烧过程中，由于焚烧炉中剧烈的湍流，使部分受控元素包裹于悬浮颗粒中被烟气携带而进入烟气净化系统后被捕集下来，因此残渣态 Cr 所占比例较大。飞灰表面的 Cr 通常是以离子交换态和酸溶态存在，当锅炉负荷较高时，炉膛温度较高，增加了 Cr 元素气化、凝结在飞灰颗粒表面的概率。

（2）从 8 个燃煤电厂单位质量的煤粉及粉煤灰中铬含量比较可知，细灰中 Cr（Cr^{6+}）含量≈粗灰中 Cr（Cr^{6+}）含量＞煤粉中 Cr（Cr^{6+}）含量（见图 9-31、图 9-33），表明随着煤粉的燃烧中其他元素的消耗，Cr 的含量得到了富集，但不同粒度粉煤灰中 Cr 的含量水平相当。

（3）通过不同负荷下粉煤灰中 Cr 含量的对比可知，不同负荷下粉煤灰中 Cr 的含量分布不具备显著规律（见图 9-32）。

（4）煤粉中 Cr^{6+} 含量占比平均为 2%，粉煤灰中 Cr^{6+} 含量占比平均为 3%，差异不大（图见 9-34）。

（5）粉煤灰中 Cr^{6+} 的含量与离子交换态 Cr 的含量水平相当，因此在检测和评价过程中，可以通过检测离子交换态 Cr 来代替 Cr^{6+} 的含量（见图 9-35）。

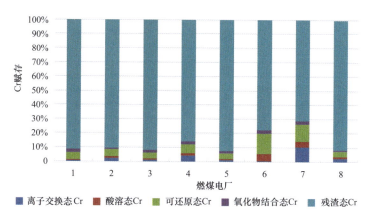

图 9-29　细灰中 Cr 的赋存形态

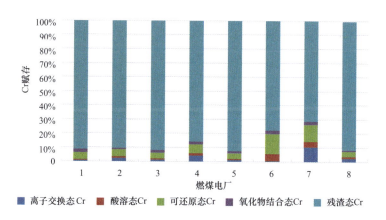

图 9-30　粗灰中 Cr 的赋存形态

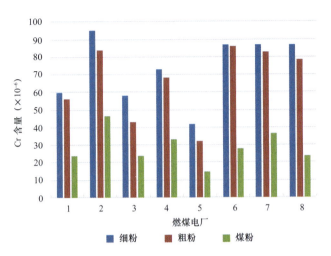

图 9-31　不同电厂、不同介质中 Cr 的赋存含量

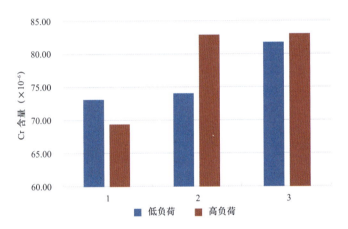

图 9-32　不同负荷下粉煤灰中 Cr 的赋存含量

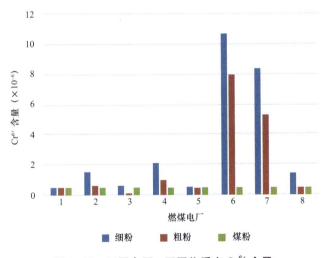

图 9-33　不同电厂、不同物质中 Cr^{6+} 含量

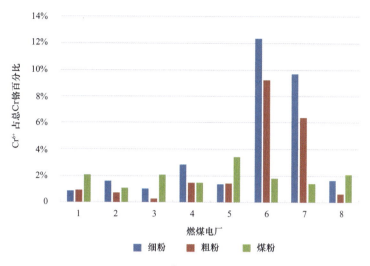

图 9-34　Cr⁶⁺ 占总 Cr 百分比

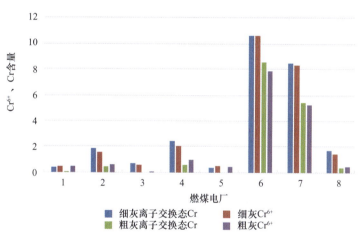

图 9-35　Cr⁶⁺ 与离子交换态 Cr 占比对比

9.4.6　元素 As 的赋存形态及环境效应

表 9-16 为 8 个燃煤电厂不同粒径粉煤灰及对应煤粉中受控元素 As 的五态赋存含量分布。

表 9-16　　　　　　　　　　　　不同样品中 As 的五态赋存含量

编号	样品	离子交换态 As（×10⁻⁶）	酸溶态 As（×10⁻⁶）	可还原态 As（×10⁻⁶）	氧化物结合态 As（×10⁻⁶）	残渣态 As（×10⁻⁶）
燃煤电厂 1	细灰	0.32	1.36	6.84	0.86	1.8
	粗灰	0.02	0.78	2.74	0.15	0.37
	煤粉	0	0.01	0.64	0.35	0.48

编号	样品	离子交换态 As（×10⁻⁶）	酸溶态 As（×10⁻⁶）	可还原态 As（×10⁻⁶）	氧化物结合态 As（×10⁻⁶）	残渣态 As（×10⁻⁶）
燃煤电厂 2	细灰	0.65	2.98	14.42	2.91	3.24
	粗灰	0.63	3.90	10.41	1.24	1.95
	煤粉	0.01	0.09	3.73	0.87	1.37
燃煤电厂 3	细灰	0.56	2.51	12.34	2.10	2.97
	粗灰	0.33	2.53	7.26	0.73	1.25
	煤粉	0.01	0.05	2.34	0.70	1.04
燃煤电厂 4	细灰	0.75	3.52	16.94	3.59	3.72
	粗灰	0.84	4.94	12.97	1.60	2.47
	煤粉	0.01	0.12	4.75	1.04	1.66
燃煤电厂 5	细灰	0.60	2.72	13.27	2.48	3.08
	粗灰	0.48	3.19	8.76	0.97	1.58
	煤粉	0.01	0.07	3.01	0.78	1.20
燃煤电厂 6，300 MW	细灰	1.16	4.51	22.42	6.72	6.26
燃煤电厂 6，450 MW	细灰	0.97	4	19.69	3.27	4.36
燃煤电厂 6，300 MW	粗灰	0.51	5.28	16.2	2.11	3.47
燃煤电厂 6，450 MW	粗灰	0.36	3.6	13.62	1.31	2.7
燃煤电厂 6	煤粉	0	0.12	1.05	0.36	0.78
燃煤电厂 7	细灰	0.13	2.05	8.72	0.77	0.53
	粗灰	1.64	5.93	29.09	1.37	1.24
	煤粉	0	0.02	3.43	1	1.18
燃煤电厂 8，475 MW	粉煤灰	0.35	11.2	106.31	14.36	12.97
燃煤电厂 8，660 MW	粉煤灰	3.26	12.3	78.27	9.82	8
燃煤电厂 8	煤粉	0.04	0.22	9.78	1.76	3.03

（1）8个燃煤电厂的8种燃煤用煤粉中As的主要存在形态均为可还原态As，占比为43.24%～65.95%；占比第二的存在形态为残渣态As，占比为20.43%～33.77%；其次为氧化物结合态As，占比为11.87%～23.65%；4种煤粉中As含量最少的形态均为离子交换态As，占比不超过0.27%。整体而言As在煤粉中存在形式相差不如其余金属元素明显（见图9-36）。

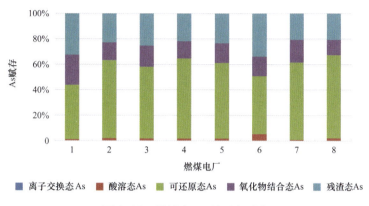

图 9-36　煤粉中 As 的赋存形态

（2）8个燃煤电厂的粉煤灰中，无论粗灰还是细灰（见图9-37、图9-38），灰中As的主要存在形态为可还原态As，其中细灰中占比为54.59%～74.08%，粗灰中占比为58.76%～71.48%，较煤粉中的可还原态As的含量分别提升118.91%和124.58%；灰中As的次赋存形式为残渣态As，在细灰中占比为3.16%～16.10%，在粗灰中占比为4.34%～12.59%，表明经过燃烧后As的活性得到了加强，更加有利于As的迁移。

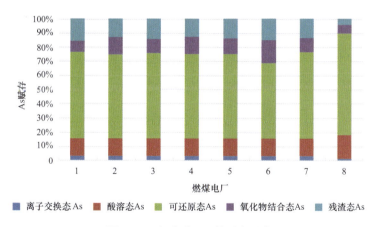

图 9-37　细灰中 As 的赋存形态

（3）从8个燃煤电厂单位质量的煤粉及粉煤灰中As含量比较可知，细灰中As含量＞粗灰中As含量＞煤粉中As含量（见图9-39）。随着煤粉的燃烧中其他元素的消耗，As的含量得到了富集，尤其是在比表面积更小的细灰中富集量更大。

（4）通过不同负荷下粉煤灰中As含量的对比可知，低负荷下粉煤灰中As的含量更高（见图9-40）。

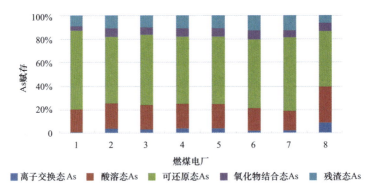

图 9-38　粗灰中 As 的赋存形态

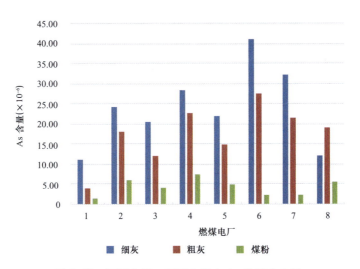

图 9-39　不同电厂、不同介质中 As 的赋存含量

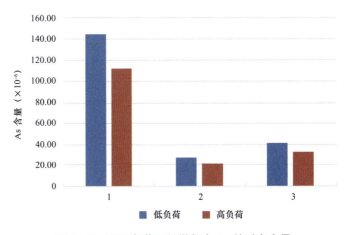

图 9-40　不同负荷下粉煤灰中 As 的赋存含量

9.4.7 元素 Se 的赋存形态及环境效应

表 9-17 为 8 个燃煤电厂不同粒径粉煤灰及对应煤粉中受控元素 Se 的五态赋存含量分布。

表 9-17　　　　　　　　　　　　不同样品中 Se 的五态赋存含量

编号	样品	离子交换态 Se（×10^{-6}）	酸溶态 Se（×10^{-6}）	可还原态 Se（×10^{-6}）	氧化物结合态 Se（×10^{-6}）	残渣态 Se（×10^{-6}）
燃煤电厂 1	细灰	8.41	5.81	3.44	3.58	1.98
	粗灰	3.51	2.31	1.6	1.1	0.4
	煤粉	0.00	0.01	0.52	2.98	1.47
燃煤电厂 2	细灰	8.09	3.94	3.82	3.53	2.02
	粗灰	3.84	2.16	1.95	1.32	0.58
	煤粉	0.01	0.01	0.48	1.36	1.15
燃煤电厂 3	细灰	10.35	6.33	4.49	4.45	2.50
	粗灰	4.55	2.81	2.18	1.49	0.59
	煤粉	0.01	0.01	0.63	2.91	1.68
燃煤电厂 4	细灰	7.98	3.31	3.94	3.52	2.03
	粗灰	3.95	2.11	2.07	1.39	0.64
	煤粉	0.02	0.01	0.46	0.82	1.04
燃煤电厂 5	细灰	9.14	5.09	4.12	3.96	2.24
	粗灰	4.16	2.46	2.05	1.39	0.58
	煤粉	0.01	0.01	0.55	2.12	1.40
燃煤电厂 6，300 MW	细灰	7.82	3.56	4.49	5.35	2.82
燃煤电厂 6，450 MW	细灰	6.88	3.03	4.67	4.03	2.84
燃煤电厂 6，300 MW	粗灰	3.9	2.4	2.1	1.35	0.69
燃煤电厂 6，450 MW	粗灰	3.55	2.07	2.02	1.71	0.88

续表

编号	样品	离子交换态 Se（×10⁻⁶）	酸溶态 Se（×10⁻⁶）	可还原态 Se（×10⁻⁶）	氧化物结合态 Se（×10⁻⁶）	残渣态 Se（×10⁻⁶）
燃煤电厂 6	煤粉	0	0.01	0.05	0.13	0.43
燃煤电厂 7	细灰	9.24	3.34	2.67	1.17	0.44
	粗灰	4.41	1.85	2.08	1.12	0.35
	煤粉	0.04	0.02	1.28	2.25	2.46
燃煤电厂 8，475 MW	粉煤灰	0.23	0.09	0.29	0.52	0.17
燃煤电厂 8，660 MW	粉煤灰	0.14	0.06	0.18	0.26	0.07
燃煤电厂 8	煤粉	0.01	0.01	0.05	0.07	0.24

（1）8个燃煤电厂的8种燃煤用煤粉中 Se 的主要存在形态呈现不同规律（见图 9-41）。部分煤粉中 Se 的最大赋存形式为氧化物结合态（占比为 45.18%～49.84%），其余电厂的煤粉中 Se 的最大赋存形式为残渣态（占比为 40.66%～69.35%）；煤粉中的可还原态 Se 和氧化物结合态 Se 的总和占比量很高，表明煤粉中的 Se 活性很高。

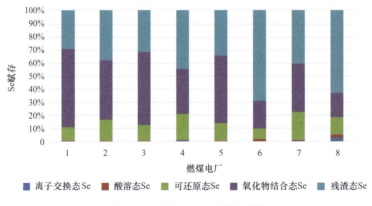

图 9-41　煤粉中 Se 的赋存形态

（2）8个燃煤电厂的粉煤灰中，无论粗灰还是细灰（见图 9-42、图 9-43），灰中 Se 的主要存在形式均为离子交换态 Se，其中细灰中占比为 32.07%～54.80%，粗灰中占比为 34.70%～44.95%，活性较煤粉中的离子交换态 Se（不大于 2.63%）有显著的提高；灰中的酸溶态 Se、可还原态 Se、氧化物结合态 Se 的含量相差不大，均在 20% 左右，残渣态 Se 均为最小含量的赋存形式。经过煤粉燃烧，煤粉中的 Se 由惰性的残渣态转变为活性较大的离子交换态 Se。

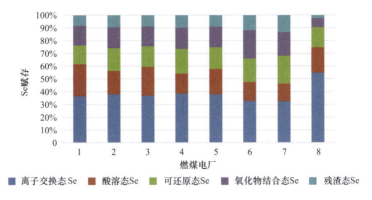

图 9-42 细灰中 Se 的赋存形态

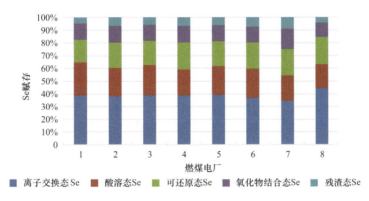

图 9-43 粗灰中 Se 的赋存形态

（3）从 8 个燃煤电厂单位质量的煤粉及粉煤灰中 Se 含量比较可知，细灰中 Se 含量＞粗灰中 Se 量＞煤粉中 Se 含量（见图 9-44），表明随着煤粉的燃烧中其他元素的消耗，Se 的含量得到了富集。

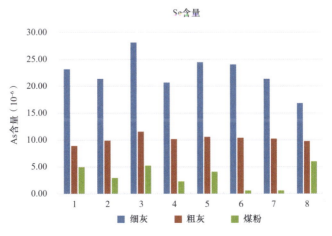

图 9-44 不同电厂中不同介质中硒的赋存含量

（4）通过不同负荷下粉煤灰中 Se 含量的对比可知，不同负荷下粉煤灰中 Se 的含量相差不大（见图 9-45）。

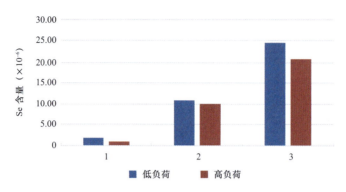

图 9-45　不同负荷下粉煤灰中 Se 的赋存含量

9.4.8　元素 Fe 的赋存形态及环境效应

表 9-18 为 8 个燃煤电厂不同粒径粉煤灰及对应煤粉中受控元素 Fe 的五态赋存含量分布。

表 9-18　　　　　　　　　　　　不同样品中 Fe 的五态赋存含量　　　　　　　　　　　　%

编号	样品	离子交换态 Fe	酸溶态 Fe	可还原态 Fe	氧化物结合态 Fe	残渣态 Fe
燃煤电厂 1	细灰	0.0001	0.0004	0.205	0.008	1.32
	粗灰	0.0003	0.0005	0.206	0.007	1.11
	煤粉	0.0005	0.0005	0.207	0.024	1.56
燃煤电厂 2	细灰	0.0003	0.0022	0.152	0.009	2.43
	粗灰	0.0005	0.0024	0.131	0.034	2.75
	煤粉	0.0004	0.0005	0.095	0.032	1.07
燃煤电厂 3	细灰	0.0002	0.0014	0.230	0.011	2.20
	粗灰	0.0005	0.0016	0.220	0.022	2.21
	煤粉	0.0006	0.0006	0.203	0.034	1.70
燃煤电厂 4	细灰	0.0004	0.0028	0.135	0.009	2.80
	粗灰	0.0005	0.0030	0.106	0.043	3.30
	煤粉	0.0004	0.0005	0.057	0.035	0.90
燃煤电厂 5	细灰	0.0003	0.0018	0.189	0.010	2.30
	粗灰	0.0004	0.0020	0.174	0.028	2.46
	煤粉	0.0005	0.0006	0.147	0.033	1.37
燃煤电厂 6，300 MW	细灰	0.0002	0.0041	0.214	0.009	3.04

编号	样品	离子交换态 Fe	酸溶态 Fe	可还原态 Fe	氧化物结合态 Fe	残渣态 Fe
燃煤电厂 6，450 MW	细灰	0.0005	0.0039	0.168	0.007	3.14
燃煤电厂 6，300 MW	粗灰	0.0005	0.0042	0.104	0.050	3.31
燃煤电厂 6，450 MW	粗灰	0.0005	0.0042	0.124	0.039	3.58
燃煤电厂 6	煤粉	0.0002	0.0005	0.051	0.040	0.81
燃煤电厂 7	细灰	0.0004	0.0005	0.022	0.012	2.21
	粗灰	0.0005	0.0007	0.089	0.040	3.01
	煤粉	0.0004	0.0005	0.070	0.032	1
燃煤电厂 8，475 MW	粉煤灰	0.0005	0.0018	0.204	0.074	4.56
燃煤电厂 8，660 MW	粉煤灰	0.0001	0.0018	0.224	0.088	5.5
燃煤电厂 8	煤粉	0.0005	0.0005	0.051	0.032	0.9

（1）8 个燃煤电厂的 8 种燃煤用煤粉中 Fe 的主要存在形态均为残渣态 Fe，占比为 87.05% ～ 91.46%；第二多的存在形态为可还原态 Fe，占比为 5.18% ～ 11.55%。整体而言，Fe 在煤粉中存在形式以惰性态为绝大多数（见图 9-46）。

图 9-46 煤粉中 Fe 的赋存形态

（2）8 个燃煤电厂的粉煤灰中，无论粗灰还是细灰（见图 9-47、图 9-48），灰中 Fe 的主要存在形态均为残渣态 Fe，其中细灰中占比为 86.08% ～ 98.45%，粗灰中占比为 83.85% ～ 95.85%，较煤粉中的残渣态 Fe 的含量进一步提升。与此同时，粉煤灰中的可还原态 Fe 的含量则与煤粉中的含量相差不大；残渣态 Fe 的含量主要由氧化物结合态转化，燃烧过程中由于焚烧炉中剧烈的湍流，使部分受控元素包裹于悬浮颗粒中被烟气携带进入烟气净化系统后被捕集下来，因此残渣态 Fe 所占比例较大。

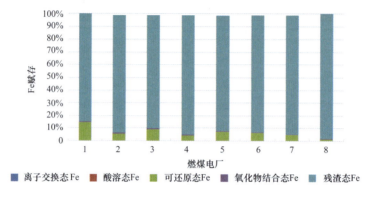

图 9-47 细灰中 Fe 的赋存形态

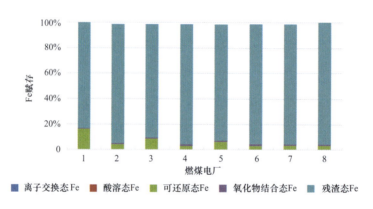

图 9-48 粗灰中 Fe 的赋存形态

（3）从 8 个燃煤电厂单位质量的煤粉及粉煤灰中 Fe 含量比较可知，粗灰中 Fe 含量略大于细灰中 Fe 含量＞煤粉中 Fe 含量（见图 9-49），表明随着煤粉的燃烧中其他元素的消耗，Fe 的含量得到了富集。

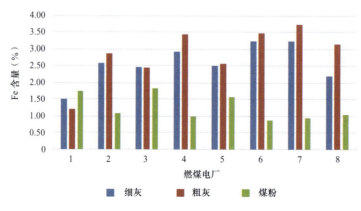

图 9-49 不同电厂、不同介质中 Fe 的赋存含量

（4）通过不同负荷下粉煤灰中 Fe 含量的对比可知，不同负荷下粉煤灰中 Fe 的含量相差不大（见图 9-50）。

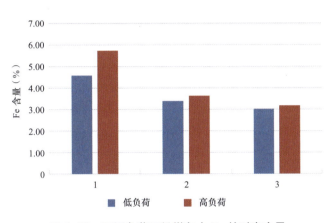

图 9-50　不同负荷下粉煤灰中 Fe 的赋存含量

9.4.9　元素 Al 的赋存形态及环境效应

表 9-19 为 8 个燃煤电厂不同粒径粉煤灰及对应煤粉中受控元素 Al 的五态赋存含量分布。

表 9-19　　　　　　　　　　　不同样品中 Al 的五态赋存含量　　　　　　　　　　　%

编号	样品	离子交换态 Al	酸溶态 Al	可还原态 Al	氧化物结合态 Al	残渣态 Al
燃煤电厂 1	细灰	0.0010	0.0010	0.500	0.110	17.60
	粗灰	0.0001	0.0023	0.250	0.083	18.50
	煤粉	0.0001	0.0001	0.022	0.130	6.09
燃煤电厂 2	细灰	0.0004	0.0074	0.883	0.304	13.80
	粗灰	0.0001	0.0081	0.645	0.218	14.33
	煤粉	0.0001	0.0003	0.028	0.071	5.07
燃煤电厂 3	细灰	0.0009	0.0044	0.816	0.234	20.10
	粗灰	0.0001	0.0058	0.510	0.171	21.04
	煤粉	0.0001	0.0002	0.031	0.133	7.10
燃煤电厂 4	细灰	0.0002	0.0095	1.010	0.368	12.53
	粗灰	0.0001	0.0100	0.777	0.263	12.93
	煤粉	0.0001	0.0003	0.030	0.052	4.73
燃煤电厂 5	细灰	0.0007	0.0059	0.842	0.267	16.81
	粗灰	0.0001	0.0069	0.573	0.193	17.53
	煤粉	0.0001	0.0002	0.029	0.101	6.04

续表

编号	样品	离子交换态 Al	酸溶态 Al	可还原态 Al	氧化物结合态 Al	残渣态 Al
燃煤电厂6，300 MW	细灰	0.0003	0.0115	1.56	0.6	10.7
燃煤电厂6，450 MW	细灰	0.0001	0.0146	1.34	0.45	11.1
燃煤电厂6，300 MW	粗灰	0.0001	0.0146	0.98	0.37	11.4
燃煤电厂6，450 MW	粗灰	0.0001	0.013	0.93	0.26	12
燃煤电厂6	煤粉	0.0002	0.0007	0.034	0.035	1.5
燃煤电厂7	细灰	0.0001	0.0024	0.13	0.055	15.8
	粗灰	0.0001	0.0024	0.42	0.16	15.4
	煤粉	0.0001	0.0001	0.026	0.07	9.54
燃煤电厂8，475 MW	粉煤灰	0.0002	0.0035	1.3	0.36	7.45
燃煤电厂8，660 MW	粉煤灰	0.0001	0.0016	1.09	0.38	8.46
燃煤电厂8	煤粉	0.0001	0.0001	0.03	0.05	3.15

（1）8个燃煤电厂的8种燃煤用煤粉中 Al 的主要存在形态均为残渣态 Al，占比为 95.55% ～ 99.00%；第二多的存在形态为氧化物结合态 Al，占比为 0.73% ～ 2.23%。Al 在煤粉中绝大多数以惰性态的形式存在（见图 9-51）。

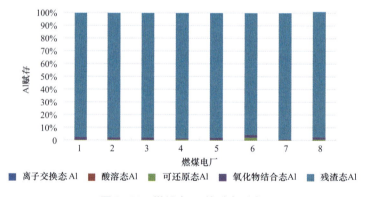

图 9-51 煤粉中 Al 的赋存形态

（2）8个燃煤电厂的粉煤灰中，无论粗灰还是细灰（图 9-52、图 9-53），灰中 Al 的主要存在形式均为残渣态 Al，其中细灰中占比为 86.02% ～ 98.83%，粗灰中占比为 89.31% ～ 98.22%，较煤粉中的残渣态 Al 的含量略微下降；灰中 Al 第二多的赋存形态为可还原态 Al，其中细灰中占比为 0.81% ～ 12.12%，粗灰中占比为 1.33% ～ 7.68%。与此同时，粉煤灰中的氧化物结合态 Al 的含量则与煤粉中的含量相差不大；残渣态 Al 及可还原态 Al 的含量比例变化，表明煤粉在燃烧的过程中，主要发生了少数残渣态 Al 向可还原态 Al 的转化过程。

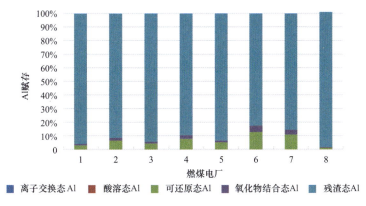

图 9-52 细灰中 Al 的赋存形态

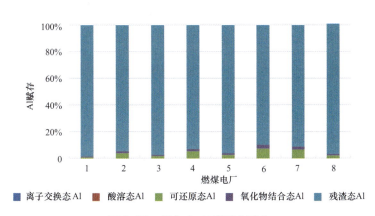

图 9-53 粗灰中 Al 的赋存形态

（3）从 8 个燃煤电厂单位质量的煤粉及粉煤灰中 Al 含量比较可知，粗灰中 Al 含量 = 细灰中 Al 含量＞煤粉中 Al 含量（见图 9-54），表明随着煤粉的燃烧中其他元素的消耗，Al 的含量得到了富集。

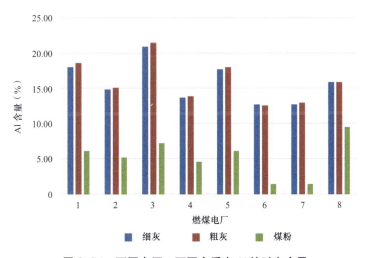

图 9-54 不同电厂、不同介质中 Al 的赋存含量

（4）通过不同负荷下粉煤灰中 Al 含量的对比可知，不同负荷下粉煤灰中 Al 的含量相差不大（见图 9-55）。

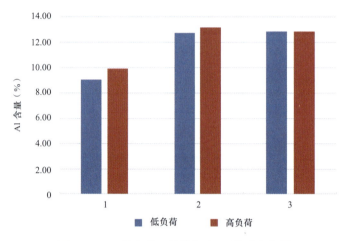

图 9-55　不同负荷下粉煤灰中 Al 的赋存含量

9.4.10　基于赋存实验的各元素环境效应解析

9.4.10.1　粉煤灰中含量超标元素：As、Zn

各元素从煤粉到粉煤灰的富集倍数一般为 3 ～ 6，且细煤粉的富集倍数要比粗煤粉富集倍数高，煤中 Zn 和 As 含量偏高造成粉煤灰中固有的 Zn 和 As 含量偏高，可以根据土壤标准倒推煤粉中各元素的限制。

9.4.10.2　粉煤灰浸出毒性超标元素：Al、Se、Cr^{6+}、Hg

根据 GB 5085.3—2007《危险废物鉴别标准　浸出毒性鉴别》，除 Cr^{6+} 外，其余元素的浸出毒性均为酸性环境下的元素提取。

（1）煤中的残渣态 Se 经燃烧后转变为活性最高的离子交换态 Se，因此 Se 容易浸出。

（2）煤中的可还原态 Hg 经燃烧后比例更高，即活性 Hg 含量更高，因此 Hg 浸出量较大。As 虽然有着同样的规律，但水质标准控制值中 As 较 Hg 高，因此 As 并未超标。

（3）目标电厂燃用煤粉本身 Al 的浸出毒性就超过地下水 V 类水水质标准，因此粉煤灰 Al 的浸出毒性也超标。

（4）Cr^{6+} 是碱性环境提取，pH 值越大，Cr^{6+} 从铬合物中释放越大，且在碱性环境中 Cr^{3+} 也易被氧化 Cr^{6+}。

9.4.10.3　粉煤灰向土壤中迁移浸出毒性元素：As、Cr^{6+}

（1）酸碱度对 As 的迁移富集起着重要作用，一般来说水中的 As 含量随 pH 值的增大而增高。As 在水（pH 值为 4 ～ 9）中时主要以砷酸盐或亚砷酸盐的形式存在，与其他阴离子有着相同的电化学性质，在不同的酸碱条件下与不同数量的 H^+ 形成不同价态的阴离子。因此，水中 As 容易被含水介质中带正电的物质，如铁铝氧化物、高岭石、蒙脱石以及其他黏土矿物吸附。当水环境中的 pH 值大于或等于这些物质的零点电荷时，这些物质就会带负电荷，从而降低阴离子形式的砷酸和亚砷酸的吸附。

因此在粉煤灰自身为碱性的条件下，在物理模型上层淋溶的地下水经过粉煤灰层的渗透而逐渐显现成碱性，同时粉煤灰内矿物质对 As 的吸附性下降而迁移到水中，故 As 元素随水的渗透迁移到下层土壤中，虽然粉煤灰和下层土壤中的 As 浸出毒性含量均不超标，但呈现出迁移趋势。当粉煤灰中 As 含量过多时，应提高警惕。

（2）Cr 的溶出量随着淋溶液 pH 值的升高而增大，在碱性条件下赋存在煤中的铬有机物和络合物较酸性条件下易释放。粉煤灰中的各矿物固体对 Cr^{6+} 吸附量也是随着 pH 值的增加而减小，从而加速了 Cr^{6+} 的析出，且在 pH 值 ≥ 8 的弱碱性氧化占优势的灰水中，Cr^{3+} 易被氧化成 Cr^{6+}，进一步加大了 Cr^{6+} 的浸出和迁移。

9.4.10.4 煤粉浸出毒性较粉煤灰低

煤粉浸出毒性较粉煤灰低，一方面是由于各元素含量较粉煤灰低（燃烧富集），另一方面受控元素的活性较粉煤灰低。受控元素在粉煤灰中赋存形式主要受以下两个因素的影响。

（1）燃烧过程的影响。经燃烧后，各受控元素都在粉煤灰中得到了富集，且各受控元素的赋存形态也发生了不同变化，如 Zn、Pb 等由活性态转变成了惰性的残渣态，而 Hg 则并没有发生惰化现象。不同负荷对不同受控元素的影响也不相同，Zn、Pb 等表现为高负荷下粉煤灰中含量低，而 Hg 等表现为高负荷下粉煤灰中含量高，应根据具体情况采取对应的控制手段。

（2）粉煤灰细度。受控元素在粗细粉煤灰中的赋存形态相似，即浸出特性相同，但受控元素在细粉煤灰中的富集效应更为显著，故细粉煤灰的浸出毒性较粗粉煤灰高。

9.4.10.5 元素赋存规律分类

结合上述赋存实验结果，8 种受控元素主要分为以下四类。

（1）高活性向低活性转变。Zn、Pb、Cr 是由煤粉中活性高的可还原态经过燃烧后转化为活性低的残渣态。

（2）活性进一步加强。Hg、As 可还原态的含量得到显著提升，并且在粉煤灰中比重最大。

（3）低活性向高活性转变。Se 由惰性态转变为以离子交换态为主的各种活性态。

（4）活性一直为惰性。Fe、Al 在煤粉和粉煤灰中的最大赋存形态均为残渣态，且占比均超过 90%，表明在煤粉燃烧过程前后，Fe 和 Al 都是惰性的。

10

粉煤灰的无害化处理

以粉煤灰为代表的固体废物无害化，是指经过适当的处理或处置，使固体废物中的重金属等有害成分无法危害环境，或转化为对环境无害的物质，这个处置过程即为固体废物的无害化。对粉煤灰等固废中重金属进行无害化处理方法大致分为以下几类：常温固化处理法，高温固化处理法（熔融法、烧结法），化学试剂固化法，生物淋滤法等。通过对粉煤灰等固废中重金属进行无害化处理，可以降低固废中重金属的溶解性、毒性、迁移性，实现固废的无害化、稳定化安全处理。其中，各类固化方法具有成本低、周期短等特点，被广泛应用于重金属污染的治理项目中。

10.1　无害化处理手段

10.1.1　常温固化手段

10.1.1.1　水泥固化

水泥基材料是近 20 年来欧美等发达国家在处理固废尤其是危废中应用最广和最多的材料。水泥固化粉煤灰是把粉煤灰按一定比例混合掺入水泥基质，加入适量的水后在一定条件下经过一系列的物理包裹吸附、化学作用，最终使粒状的物料变成黏合的混凝土块，从而使粉煤灰固化稳定。在此过程中粉煤灰中的受控元素可以通过吸附、化学吸收、沉降、离子交换、钝化等多种方式与水泥发生反应，最终以氢氧化物或络合物的形式停留在水泥水化形成的水化硅酸盐胶体 C-S-H 表面上，同时水泥中的硫铝酸盐类水合物 $Ca_6[Al(OH)_6]_2(SO_4)_3 \cdot 26H_2O$ 对重金属也有固定作用。

水泥固化具有工艺设备简单、操作方便、材料来源广、价钱便宜、固化产物强度高等优点，但水泥固化处理后增容量大，一般增容比可达 1.5～2.0，且抗浸出性能不如沥青固化好。粉煤灰水泥固化后产物若用作水泥生产时，粉煤灰在进行水泥固化前须进行预处理以降低氯化物和重金属含量，因为碱性氯化物会抑制水泥的水合作用，使得水泥网格不能充分固化稳定，从而导致水泥固化强度低且重金属浸出程度高。

10.1.1.2　沥青固化

沥青固化是指以沥青为固化剂并与固废在一定的温度、配料比、碱和搅拌作用下产生皂化反应，使固废均匀地包容在沥青中形成固化体的方法。沥青固化工艺一般有两种：①沥青在高温加热下变成熔融胶黏性液体，将固废掺合、包覆在沥青中，冷却后形成沥青固化体；②利用乳化剂将沥青乳化，用乳化沥青涂覆废物，经破乳、脱水等程序完成固废的沥青固化处理。

沥青固化的优点在于：①所得固化产物空隙小、致密度高、难以被水渗透；②同水泥固化物相比，有害物质的浸出率小 2～3 个数量级，介于 $1 \times 10^{-6} \sim 1 \times 10^{-4}$ g／（$cm^2 \cdot d$）；③不受固废的性质和种类约束，均可得到性能稳定的固化体；④沥青固化处理后随即就能固化，不用像水泥固化必须经过 20～30 d 的养护。严建华等研究发现，用沥青固化粉煤灰时，沥青加入量越大，对粉煤灰中的重金属 Cd、Ni、Cu、Zn 的固化效果越好，即浸出量越小，而 Pb 和 Cr 的浸出量则是随沥青加入量的增加呈先增加后减小的趋势，使得沥青固化法在沥青加入量上存在一定的局限性。

10.1.1.3　石灰固化

石灰固化是指以石灰、水泥窑灰以及熔矿炉炉渣等具有波索来反应（Pozzolanic Reaction）的物质为固化基材而进行的固废固化的操作。石灰中的钙与固废中的硅铝酸根在适当的催化环境下进行波索来反应，产生硅酸钙、铝酸钙的水化物，或者硅铝酸钙，将固废中的重金属成分吸附于上述的胶体结晶中。但石灰的波索来反应不同于水泥水合作用，石灰固化处理所能提供的结构强度不如水泥固化，因而较少单独使用。当向固废中加入少量添加剂，可以获得额外的稳定效果，比如石灰与凝硬性物料结合会产生能在化学及物理上将固废包裹起来的黏结性物质，可促进对固废中重金属的固化效果。

10.1.2　高温固化手段

10.1.2.1　熔融固化

熔融固化技术是目前国内外较先进的固体废物无害化处理方法，是美国、德国、日本等发达国家最为推崇的固化处理技术，其目前主要应用于垃圾焚烧灰的处置。熔融固化技术是将待处理粉煤灰加热到熔融温度（1400℃左右），使其有机物发生热分解、燃烧和气化，无机物熔融形成玻璃态的熔渣，重金属等污染物在高温中分解或被包裹在玻璃状硅酸盐网格中。该方法具有减容率高、熔渣性质稳定、无重金属溶出等优点，但能耗大、成本高。熔融固化处理能够大大降低粉煤灰的体积，并能够有效地固定重金属，保证其长期稳定性；另外，玻璃态的熔渣还能够再次用作建筑、装饰等材料，可以有效实现废弃物的资源化利用。

粉煤灰经熔融固化处理后：①灰中的 SO_3 会大幅度减少，对于循环流化床灰而言，主要是因为石膏发生热分解；对于煤粉炉灰，主要是由于硫铁矿等的分解。②粉煤灰的减容可平均减少 60% 以上，主要是由于水分的挥发、未燃尽碳的燃烧、碳酸盐的分解以及石膏的热分解。③灰中各金属元素受热挥发情况受其在灰中的赋存形态、粉煤灰矿物组成、熔融气氛、固化时间、升温速率等多因素影响，但大部分重金属均被有效固定在熔渣中。

宋明光分别选用贵州华电毕节热电有限公司（简称 A 电厂）循环流化床锅炉飞灰、内蒙古华电乌达热电有限公司（简称 B 电厂）循环流化床锅炉底灰、华电贵州桐梓检司发电有限公司（简称 C 电厂）煤粉炉的粉煤灰进行熔融固化研究，灰中 6 种重金属在固化前后可显著减少其浸出浓度，如图 10-1 所示。固化处理后的熔渣可取代石子应用于水泥混凝土骨料行业，也可用于制备高强度的地质聚合物。

徐松及宋明光等设计了粉煤灰熔融联合余热发电系统，在对粉煤灰进行熔融固化的同时，余热发电系统还可以产生可观数量的电力资源，从而降低粉煤灰的熔融固化处置成本。燃煤粉煤灰熔融联合余热发电系统如图 10-2 所示，燃煤旋风熔融炉对粉煤灰进行熔融固化，熔渣从炉底排出并水淬，高温烟气从上方出口进入余热锅炉从而回收余热并进行发电，最后对烟气进行除尘、脱硫脱硝处理。利用 Aspen 软件进行工艺模拟，在 900 kg/h 的燃煤量下，可处理粉煤灰 3.6 t/h，同时余热锅炉可输出 896 kWh 的电量。

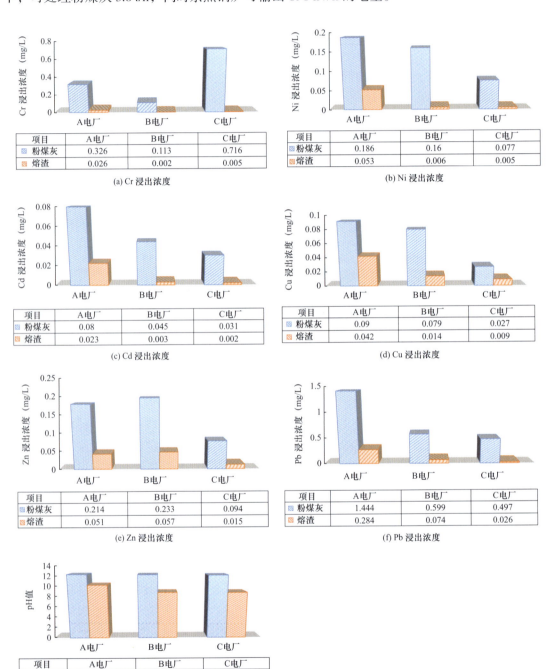

图 10-1　不同电厂粉煤灰及熔渣的浸出实验

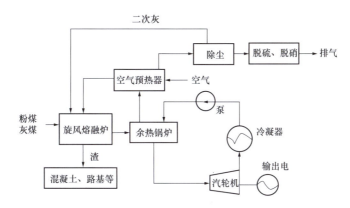

图 10-2　燃煤粉煤灰熔融联合余热发电系统

10.1.2.2　高温烧结

高温烧结技术是将待处理的固废与细小的玻璃质（如玻璃屑、玻璃粉等）混合造粒成形后，在 $1000 \sim 1200℃$ 高温烧结下形成玻璃固化体，借助玻璃体的致密结晶结构，将有害物固定在玻璃体中，从而避免对环境的污染。高温烧结粉煤灰后，烧结体内部致密的颗粒将重金属包围使之难以逸出。相较于高温熔融固化法，高温烧结技术产生的烟气量较少，降低了对尾气处理工艺的要求，能耗也更低。

该方法目前在燃煤电厂粉煤灰中的应用较少，主要应用在垃圾焚烧领域中。CHAN 等研究认为，在 $1000℃$ 温度条件下对飞灰进行 3 h 以上的热处理，可使飞灰中重金属转化为可挥发的重金属化合物，从而降低了飞灰中重金属的含量及溶出率；飞灰在 $1050℃$ 温度条件下处理 180 min 后，Pb 与 Cd 的固化率可达 90%，Cu 的固化率在 70% 以上，Zn 的固化率在 40% 以上，若在垃圾焚烧飞灰中添加氯化剂 $CaCl_2$ 后 Zn 的固化率也可达到 90%。李润东等对垃圾焚烧飞灰烧结处理过程中 6 种重金属（Cd、Pb、Cu、Ni、Cr 和 Zn）迁移特性开展实验研究，探究烧结温度、时间、制样压力等实验条件对各种重金属残留率的影响，得出烧结处理可以固化大部分重金属的实验结论。

10.1.3　无机类药剂固化

无机类药剂固化技术是指通过添加无机类稳定剂、添加剂、固化剂等化学药剂，与金属元素发生化学反应，使其转变为低溶解性、低迁移性或低毒性物质的过程，可以在实现固废无害化的同时达到固废少增容甚至不增容，从而提高固废处置的总体效率和经济性。目前常采用的无机稳定化药剂有 Na_2S、漂白粉、$Na_2S_2O_3$、$FeSO_4$、NaOH 等。

10.1.3.1　硫化物

1970 年左右，日本就采用硫化物处理飞灰，用盐酸浸提重金属，再在 pH 值为 6 时投加硫化物药剂，处理后的飞灰经脱水后填埋处理。Na_2S 中的 S^{2-} 与飞灰中重金属离子有很强的亲和力，可以反应生成难溶的、稳定的金属硫化物沉淀，是一种应用比较广泛的重金属稳定化药剂。其缺点是进行 Na_2S 处理后飞灰填埋处置时，飞灰中 ZnS、PbS 等物质可能会因渗滤液的低 pH 值、细菌氧化作用等因素而重新溶出；使用硫化物药剂处理飞灰的过程可能产生 H_2S 气体。Sun 等合成了一种聚硫药剂，在实现固化飞灰中的 Pb 的同时减少了 H_2S 气体的产生。李静等用硫化钠等化学稳定剂对焚烧飞灰中的 Pb 和 Cd 进行稳定化处理，结果表明硫化钠对 Pb 和 Cd 的稳定化效率均可达到 98% 以上。

10.1.3.2　Fe₂SO₄

硫酸亚铁对粉煤灰中重金属的固化效应主要有以下两个方面：经由氧化过程形成絮状的氢氧化铁沉淀，对粉煤灰中迁移的重金属元素有一定的物理吸附作用；同时在非铁二价重金属离子 M^{2+} 与 Fe^{2+} 共存的碱性溶液中会发生如下反应，其中的产物 $M_xFe_{3-x}O_4$ 为稳定的尖晶石型化合物（铁氧体），能有效抑制部分痕量元素的迁移。

$$xM^{2+}+（3-x）Fe^{2+}+6OH^- \rightarrow M_xFe_{3-x}（OH）_6$$
$$2M_xFe_{3-x}（OH）_6+O_2 \rightarrow 6H_2O+2M_xFe_{3-x}O_4$$

龚勋等人将低浓度（322 mg/L）的硫酸亚铁溶液与粉煤灰配置成一定固液比的混合样，经振荡、离心、烘干、淋滤等处理过程后，检测得到经过硫酸亚铁处理后粉煤灰中的 Co、Cu、Cr 等元素均得到了较好的固化，减小了其在环境中的迁移率。胡雨燕研究了饱和温度为 200℃的水热条件下绿矾对垃圾焚烧飞灰中重金属的稳定效果，并与常温常压下的稳定效果进行了对比，高温水热条件有利于 Pb 特别是 Cr^{6+} 的稳定，对 Cd 的稳定无明显影响，同时绿矾的用量大为降低，降低了药剂的成本。

10.1.3.3　可溶性磷酸盐

通过可溶性磷酸盐（磷酸二氢钾、磷酸二氢钠、磷酸钠等）稳定化处理飞灰来降低其重金属浸出浓度的技术已得到了较为广泛的应用（见图 10-3），实践表明磷酸盐对于去除飞灰中 Pb^{2+}、Cr^{3+} 和 Fe^{3+} 等离子有很好的效果：非磷灰石结构的磷酸盐能够通过化学相互作用结合多达 12 mmol/g 的上述重金属；羟基磷灰石通过离子交换机理可与多价重金属离子发生相互作用；飞灰中重金属可以与 PO_4^{3-} 发生沉淀反应。

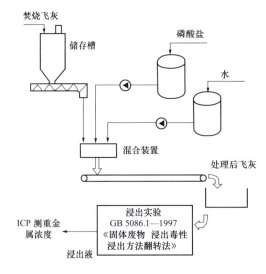

图 10-3　磷酸盐固化飞灰工艺流程

蒋建国等采用可溶性磷酸盐对飞灰进行稳定化处理，当磷酸盐加入量为 3%（质量分数）时，飞灰中重金属 Pb、Cd 和 Zn 的浸出浓度分别降低 97.5%、91.6% 和 95.5%，并且稳定化产物能够在相当宽泛的 pH 值范围内保持稳定，具有显著的长期稳定效果。王金波等用磷酸盐稳定飞灰发现，在磷酸盐添加量为 5% 条件下，对飞灰中 Pb、Cd、Cu 和 Zn 均具有稳定效果，磷酸盐对 Pb 的稳定效果最好，对 Cd 次之，尤其磷酸二氢钠对 Cd、Pb 的螯合率可以达到 86.8% 和 90.7%。倪海凤采用 Na_2HPO_4 对拉萨市焚烧飞灰中的重金属进行稳定化处理，结果表明 Na_2HPO_4 对 Cu、Pb、Cr、Ni、Hg 元素均具有较好的稳定效果，使 Pb 元素的浸出浓度从 18.86 mg/L 下降到 0.23 mg/L，稳定处理后除元素 Cd 外其余元素均能达到填埋场控制标准。

10.1.3.4 碱性药剂

在固废中加入氢氧化钠、硅酸钠、苏打等碱性药剂可以将固废的 pH 值调整至使重金属离子具有最小溶解度的范围，从而实现其稳定化。赵剑研究表明，当碱灰比为 11.1%、硅酸钠：氢氧化钠质量比为 7∶3、液固比为 0.43 时，可将飞灰中 Cu、Zn、Cd 和 Pb 的浸出毒性固化率分别控制在 86.96%、22.35%、61.31% 和 64.91%。

刘军等先后向飞灰中加入氢氧化钠、水和水玻璃硅酸钠进行搅拌混合后得到胶凝浆体，在恒温恒湿条件下养护 25 ~ 56d 后形成重金属固化块体（见图 10-4），经检测各项重金属含量均低于 GB 5085.3—2007《危险废物鉴别标准　浸出毒性鉴别》中的限值。其中，水玻璃硅酸钠可提供聚合反应（碱激发反应）所需的活性物质，从而促进钙矾石和凝胶产物（C–S–H 凝胶和 N–A–S–H 凝胶）的生成，而钙矾石和凝胶产物对重金属的包裹作用是固化垃圾焚烧飞灰中重金属的关键。

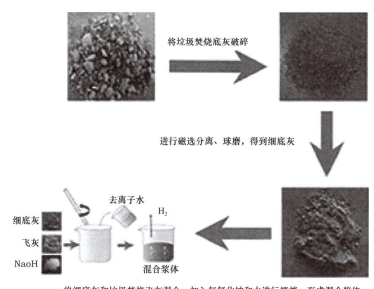

将垃圾焚烧底灰破碎

进行磁选分离、球磨，得到细底灰

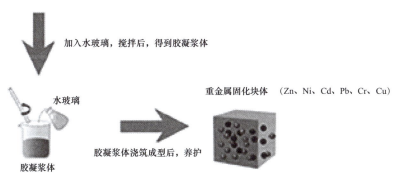

将细底灰和垃圾焚烧飞灰混合，加入氢氧化钠和水进行搅拌，形成混合浆体

加入水玻璃，搅拌后，得到胶凝浆体

重金属固化块体　（Zn、Ni、Cd、Pb、Cr、Cu）

胶凝浆体浇筑成型后，养护

图 10-4　飞灰中重金属的碱性药剂固化方法

10.1.4 有机类药剂固化

有机类药剂固化是利用粉煤灰重金属与有机药剂发生化学反应，使重金属离子牢固嵌合在飞灰结构体中形成环状的配位化合物或络合物，达到重金属稳定不易浸出的效果。常用有机固化药剂包括有机巯基类螯合剂（DDTC）、乙硫氮、乙二胺四乙酸盐（EDTA）、柠檬酸（CA）、乙二醇双四乙酸（EGTA）以及生物质螯合剂、聚天冬氨酸或其盐（PLAsp）、聚多硫螯合物聚疏、基丙氨酸螯合剂等。

宗同强等研究药剂对飞灰的稳定化效果时，选择利用聚乙烯亚胺基黄原酸钠稳定处理飞灰，结果发现，聚乙烯亚胺基黄原酸钠添加量为 2% 时，对 Cu、Cd、Pb、Ni、Cr、Zn 和 Se 的螯合效率均在 92% 以上，且药剂稳定化处理后飞灰中所有重金属元素的浸出浓度均能达到卫生填埋场的入场要求。

与无机药剂相比，有机药剂处理重金属具有使用量少、稳定效果更好，稳定产物对酸性环境适应性较好等优势，稳定后飞灰中重金属的浸出浓度通常都可以达到填埋场入场要求。李建陶等在用化学药剂稳定江苏某生活垃圾焚烧厂飞灰中 Pb 的实验研究发现，在 15% 磷酸用量时都不能使 Pb 的浸出毒性低于生活垃圾填埋场污染控制标准限值，而在聚二硫代氨基甲酸盐 3% 用量或二硫化四甲基秋兰姆和二乙基二硫代氨基甲酸钠 2% 用量的条件下，飞灰 Pb 的浸出毒性就能满足卫生填埋场要求。刘国威研究发现，磷酸和磷酸钠对飞灰的稳定化效果比乙硫氮稳定化效果差，乙硫氮添加量为 1% ～ 3.5% 即可使飞灰中 Pb 的浸出浓度低于填埋场标准限值，而 5% 磷酸用量都不能使 Pb 的浸出毒性低于填埋标准。

10.1.5 复合类药剂固化

单一的无机药剂成本低但用量大，不易达到填埋场浸出毒性要求，而单一的有机药剂对重金属稳定化效果好，但成本高。无机药剂与有机药剂的联合使用，不仅能控制各类飞灰中重金属的浸出毒性满足填埋场标准限值，还可降低处理成本，达到高效、经济、环保的作用。

朱节民等研究不同药剂（硫化钠、磷酸二氢钠、乙硫氮、丁铵黑药 3，4，6－三巯基均三嗪三钠盐、TMT-15）对飞灰中重金属的稳定化效果，满足飞灰重金属浸出浓度低于填埋场限值的几种药剂最低投加量各不相同：乙硫氮、丁铵黑药、TMT-15 三种药剂的投加量大于 4.2% 即可；硫化钠、磷酸二氢钠的投加量需要大于 8%；添加 1.2% 硫化钠 +1.2% 磷酸二氢钠 +0.8% 丁铵黑药的联合药剂对飞灰重金属的稳定化效果比其单一药剂好，且稳定化所需投加量更少、成本更低。杨光等人研究发现，添加 3% 二硫代氨基甲酸型有机螯合剂（FACAR）和 3% 重过磷酸钙（TSP）即可使 Pb 和 Cd 的浸出浓度达到填埋入场要求。刘国威研究发现，添加 1.5% N，N-二乙基二硫代氨基甲酸钠 +2.5% 磷酸对的复合药剂，对 Pb、Cd 和 Cr 均有较好的去除效果，且浸出毒性可以达到 GB 16889—2024《生活垃圾填埋场污染控制标准》的相应限值要求。表 10-1 为目前常用飞灰中重金属固化（稳定化）技术的比较。

表 10-1　　　　　　　　　　　　　　固化技术比较

技术	优点	缺点
水泥固化	工艺成熟、操作简单、处理成本低、固化产物强度高	增容很大，一般可达 1.5～2 倍，且其固化体的长期稳定性也较差
玻璃（熔融）固化	减容率高、熔渣稳定、重金属浸出率低、能分解二噁英	需要消耗大量的能源，同时由于其中的 Pb、Cd、Zn 等重金属高温时易挥发，还需进行严格的后续烟气处理，故处理成本很高
沥青固化	固化产物空隙小，致密度高，难以被水渗透	废物所含水分较多，蒸发时会有起泡和雾沫夹带现象，容易排出废气发生污染；沥青具有可燃性，必须考虑加热蒸发时不能过热
石灰固化	工艺设备简单、操作方便	固化物容易受到酸性溶液的侵蚀
凝石稳定法	技术体系趋于成熟	增容量大
化学药剂固化	工艺设备简单，技术成熟，效果好	很难找到一种通用的化学药剂

10.1.6　生物淋滤

生物淋滤法是指利用自然界中某些微生物的直接作用或其代谢产物的间接作用，产生氧化、还原、络合、吸附或溶解效果，将固相中某些不溶性成分（如重金属、硫及其他金属）分离浸提出来的一种技术（见图 10-5），应用于难浸提矿石或贫矿中金属的溶出与回收时又称为生物湿法冶金。

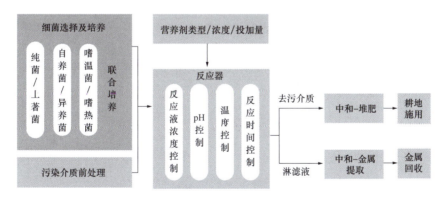

图 10-5　生物淋滤重金属的反应流程示意图

生物淋滤法主要采用的微生物包括：①自养细菌，如硫杆菌属、铁氧化钩端螺旋菌、硫化杆菌属、酸菌属、嗜酸菌属以及其他与硫杆菌联合生长的兼性嗜酸异养菌，其中应用最为广泛的是氧化亚铁硫杆菌和氧化硫硫杆菌以及铁氧化钩端螺旋菌；②异养细菌，如假单胞菌属、芽孢杆菌属等；③某些化能异养的真菌，如曲霉菌属和青霉菌属在适当的培养条件下，能利用碳源产出的有机酸将金属从固相溶出，达到生物淋滤的目的。

国内外对硫杆菌生物淋滤的机理研究较多，根据硫化合物被氧化的方式的区别，生物淋滤可分为直接氧化和间接氧化两种类型。

（1）直接氧化。在直接作用过程中，微生物通过自身分泌的胞外聚合物直接吸附在金属化合物表面，利用细胞内特有的氧化酶系统直接氧化金属化合物，生成可溶性硫酸盐。以硫杆菌为例，其氧化金属硫化物的方程式如下，其中 M 代表重金属。

$$MS + 2O_2 \xrightarrow{\text{硫杆菌}} MSO_4$$

（2）间接氧化。微生物与目标物不直接接触，依靠外源介体（硫类氧化物、铁类氧化物、生物碳等）将电子转移至电子受体，使目标金属离子从低价态转变为高价态，同时降低淋滤液的 pH 值，形成一个氧化—还原的循环反应体系。

$$2S^0 + 2H_2O + 3O_2 \xrightarrow{\text{硫杆菌}} 2H_2SO_4$$

$$2H_2SO_4 + M \longrightarrow 2H + MSO_4$$

硫基介导的间接氧化原理是被还原的硫杆菌产生的硫酸使固废中的金属得到酸化。

铁基介导的间接氧化过程中，细菌将液相的二价铁离子氧化为三价铁离子，然后再被化学反应淋滤出来，下列两个反应式的循环使得越来越多的金属硫化物被溶解，硫酸作为间接反应的产物，提高了整个反应过程的效率。

$$4FeSO_4 + 2H_2SO_4 + O_2 \xrightarrow{\text{硫杆菌}} 2Fe_2(SO_4)_3 + 2H_2O$$

$$2Fe_2(SO_4)_3 + MS + 2H_2O + O_2 \longrightarrow M^{2+} + SO_4^{2-} + 4FeSO_4 + 2H_2SO_4$$

碳基介导的间接氧化过程中，微生物首先通过碳素代谢形成代谢物（如氰化物、柠檬酸盐、草酸盐），再与含重金属的固废完成间接氧化作用。

杨洁利用产酸真菌黑曲霉生物淋滤飞灰法在最优试验条件下处理 70g/L 飞灰时，可溶出重金属 Cd、Cr、Cu、Fe、Mn、Pb 及 Zn 的总浓度达到 901 mg/L，占飞灰中上述重金属总量的 41%，菌体产出的有机酸（主要为柠檬酸、草酸或葡萄糖酸）与飞灰中的金属氧化物发生酸解作用生成可溶性的有机酸盐或有机酸金属络合物是该过程的主要作用机理，如图 10-6 所示。Rasoulnia 等同样利用黑曲霉产生的有机酸对发电厂粉煤灰中的金属钒、镍进行淋滤处理，回收率分别可达到 83% 和 30%，如图 10-7 所示。

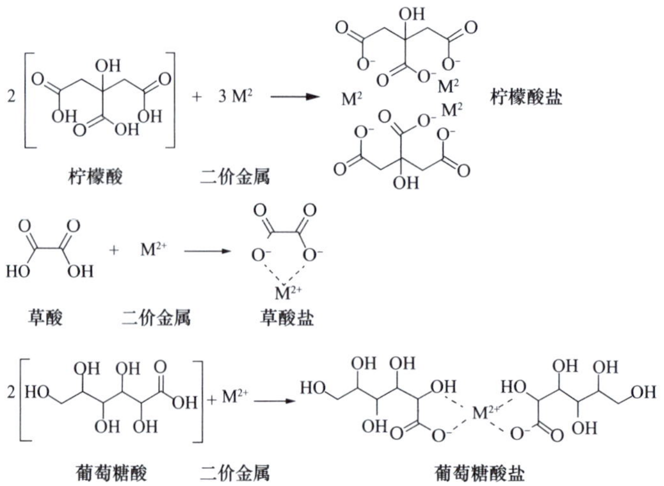

图 10-6　黑曲霉与飞灰中金属氧化物发生的酸解作用

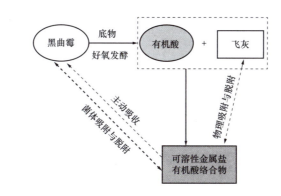

图 10-7 生物淋滤过程机理

—— 主要作用；……… 次要作用；椭圆型外框—有机物；

矩形外框—无机物；无填充—固相物质；有填充—液相物质

10.2 粉煤灰固化处理

10.2.1 固化试验方案

选用第 9 章目标电厂的粉煤灰作为本节固化研究的粉煤灰。本节首先探讨了掺杂脱硫石膏后对粉煤灰受控元素含量、浸出毒性及营养物质成分的影响；在此基础上进一步添加常用固化剂、添加剂探讨可同时实现受控元素含量及浸出毒性满足土壤及地下水标准的固化方案；最后通过赋存实验进行固化机理分析。

固化试验主要选用以下固化剂或添加剂：

（1）常用酸碱类添加剂，即盐酸、醋酸、消石灰。

（2）工业中常用固化剂，即水泥、硅酸钠、焦亚硫酸钠、硫代硫酸钠。

（3）工业中常用添加剂，即硫酸亚铁、氯化铵、磷酸二氢钾、脱硫石膏。

（4）工业中常用有机固化剂，即环氧树脂。

固化试验受控元素及风险因子筛选原则：

（1）粉煤灰浸出毒性超标元素，即 Al、Se、Cr^{6+}、Hg。

（2）添加剂中所含且地下水标准中所含元素，即 Fe、Na。

（3）粉煤灰含量较高，即 As、Zn。

粉煤灰固化的试验方法，主要包含以下步骤：

（1）将燃煤固废放置于 70℃恒温干燥箱中，至少干燥 1 h。

（2）按照化学计量比将粉煤灰及各类添加物进行混合。

（3）将混合物置于振动平台上振动 5 min，然后加入去离子水。

（4）搅拌均匀，静置 7d，得到固化物。

赋存实验，即检测燃煤固废所含元素各形态含量（离子交换态、酸溶态、可还原态、氧化物结合态、残渣态）的方法采用第 9.4.1 部分的 Tessier 流程。图 10-8 所示为部分固化样品。

(a) FeSO₄ 固化样

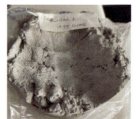

(b) 碱性固化样

(c) 酸性固化样

(d) 有机固化样

图 10-8　部分固化样品

10.2.2　掺入脱硫石膏对粉煤灰的影响

10.2.2.1　受控元素含量

表 10-2 为粉煤灰与不同比例石膏掺比后混合物的元素含量。可以看出，无论是石膏还是粉煤灰中 Hg、Cr、As、Zn 的含量都满足土壤标准中的含量要求；石膏中除了 Hg 元素外各元素的含量均显著低于粉煤灰中含量，在粉煤灰中加入不同比例的石膏后，粉煤灰中各元素的含量均得到减少，并且随着石膏量的增加各元素的下降呈线性下降趋势。

表 10-2　　　　　　　　　　　　石膏固化粉煤灰元素含量表　　　　　　　　　　　　mg/kg

项目		Cr	As	Hg	Zn	Se	Fe	Al	Na
粉煤灰		33.5	9.18	0.451	161.53	9.18	17400	323000	579
脱硫石膏		2.04	1.88	0.978	43.19	1.88	1150	6190	66
粉煤灰：石膏 =3：1		31.8	8.58	0.604	118.37	8.58	17100	281000	534
粉煤灰：石膏 =2：1		25.9	7.87	0.616	93.49	7.87	15000	199000	467
粉煤灰：石膏 =1：1		21.5	6.04	0.738	63.7	6.04	9040	99100	389
粉煤灰：石膏 =1：2		14.7	4.37	0.827	55.6	5.11	5850	47300	315
GB 15618—2018	风险筛选值 Ph>7.5	≤ 250	≤ 25	≤ 3.4	≤ 300	—	—	—	—
	最严风险管制值	≤ 800	≤ 200	≤ 2.0	—	—	—	—	—
GB 36600—2018	筛选值一类地	—	≤ 20	≤ 8	—	—	—	—	—
	筛选值二类地	—	≤ 60	≤ 38	—	—	—	—	—
	管制值一类地	—	≤ 120	≤ 33	—	—	—	—	—
	管制值二类地	—	≤ 140	≤ 82	—	—	—	—	—

　　以混合样中粉煤灰比例为自变量，以各混合样中各元素的含量分别为因变量作拟合关系，具体拟合方程性能如图 10-9 所示。8 种元素含量与粉煤灰占比间的拟合性 R^2 均大于 85%，表明具有显著的线性关系；在已知粉煤灰和石膏中各元素含量的前提下，可以通过两者之间的比例配比，获得有线性关系的 8 种元素不同水平的混合物，从而减少对自然环境的风险。

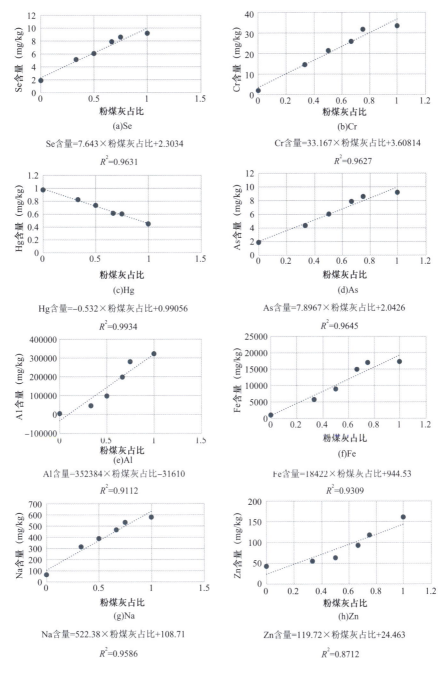

(a)Se

Se含量=7.643×粉煤灰占比+2.3034

R^2=0.9631

(b)Cr

Cr含量=33.167×粉煤灰占比+3.60814

R^2=0.9627

(c)Hg

Hg含量=−0.532×粉煤灰占比+0.99056

R^2=0.9934

(d)As

As含量=7.8967×粉煤灰占比+2.0426

R^2=0.9645

(e)Al

Al含量=352384×粉煤灰占比−31610

R^2=0.9112

(f)Fe

Fe含量=18422×粉煤灰占比+944.53

R^2=0.9309

(g)Na

Na含量=522.38×粉煤灰占比+108.71

R^2=0.9586

(h)Zn

Zn含量=119.72×粉煤灰占比+24.463

R^2=0.8712

图 10-9　石膏固化粉煤灰元素含量与粉煤灰占比关系

10.2.2.2 受控元素浸出毒性

表 10-3 为石膏固化粉煤灰浸出毒性含量。可以看出，粉煤灰和脱硫石膏之间的浸出毒性可实现互补，原粉煤灰中 As、Al 的浸出毒性含量均不满足Ⅲ类地下水要求，而脱硫石膏中这两种元素浸出毒性满足Ⅲ类地下水要求，且通过向粉煤灰中掺入石膏后可降低上述两种元素的浸出毒性值并且满足Ⅳ类地下水质要求；粉煤灰和脱硫石膏中其他元素的浸出毒性值相当，且都满足Ⅲ类地下水水质要求。

表 10-3   石膏固化粉煤灰浸出毒性含量表

项目		Hg（μg/L）	As（μg/L）	Cr⁶⁺（mg/L）	Cr（mg/L）	Al（mg/L）	Se（mg/L）
粉煤灰		< 0.04	130	0.019	< 0.01	1.9	0.0082
脱硫石膏		< 0.04	2.8	0.016	< 0.01	< 0.1	0.0003
粉煤灰∶石膏 =3∶1		< 0.04	42.6	0.011	< 0.01	< 0.1	0.0186
粉煤灰∶石膏 =2∶1		< 0.04	34.7	0.008	< 0.01	0.2	0.016
粉煤灰∶石膏 =1∶1		< 0.04	41.3	0.013	< 0.01	0.1	0.0218
粉煤灰∶石膏 =1∶2		< 0.04	21.8	0.014	0.02	0.4	0.0109
GB 5085.3—2007		100	5000	5	15	—	—
GB 8978—1996		50	500	0.5	1.5	—	—
GB/T 14848—2017	Ⅰ	≤ 0.1	≤ 1	≤ 0.005	—	≤ 0.01	≤ 0.01
	Ⅱ	≤ 0.1	≤ 1	≤ 0.01	—	≤ 0.05	≤ 0.01
	Ⅲ	≤ 1	≤ 10	≤ 0.05	—	≤ 0.2	≤ 0.01
	Ⅳ	≤ 2	≤ 50	≤ 0.1	—	≤ 0.5	≤ 0.1
	Ⅴ	> 2	> 50	> 0.1	—	> 0.5	> 0.1

10.2.2.3 营养成分

表 10-4 为粉煤灰与石膏中营养成分含量的对比。

（1）粉煤灰与脱硫石膏中营养成分的分布具有较好的互补性，即粉煤灰中的有效磷（极丰）、有机质（丰富）含量较高，而脱硫石膏中的速效钾（极丰）较高，同时脱硫石膏中的硝态氮含量也是粉煤灰中含量的 24 倍。脱硫石膏的 pH 值也可很好地中和粉煤灰中的高碱性，从而减少粉煤灰对土壤造成的盐碱化影响。

（2）由于粉煤灰和脱硫石膏的互补性，粉煤灰和石膏的混合物中各项营养成分含量都较燃煤电厂当地土壤的成分高；若不添加脱硫石膏到粉煤灰中，而只有单纯的粉煤灰和脱硫石膏的话，粉煤灰中硝态氮及 pH 值均对土壤有消极影响，而脱硫石膏中的有效磷和有机质含量都是极缺水平也会造成土壤影响不均衡。

表 10-4 土壤中营养成分含量检测

参数	有效磷（mg/kg）	硝态氮（mg/kg）	水解性氮（mg/kg）	有机质（g/kg）	速效钾（mg/kg）	pH 值
燃煤电厂当地土壤	9.88	2.12	50.4	4.99	66	8.21
粉煤灰	60.8	0.361	16.7	30.2	82	10.86
脱硫石膏	< 0.5	8.71	26.5	2.17	228	7.93
粉煤灰：石膏 =3：1	46.7	2.45	6.03	23.19	119	9.27
粉煤灰：石膏 =2：1	41.2	3.11	8.09	20.65	129	9.21
粉煤灰：石膏 =1：1	32.4	4.54	7.46	16.19	155	9.17
粉煤灰：石膏 =1：2	22.2	5.87	14.6	11.50	178	8.85
营养成分等级 1 级（极丰）	> 40	> 150		> 40	> 200	—
营养成分等级 2 级（丰富）	20 ～ 40	120 ～ 150		30 ～ 40	150 ～ 200	—
营养成分等级 3 级（中上）	10 ～ 20	90 ～ 120		20 ～ 30	100 ～ 150	—
营养成分等级 4 级（中下）	5 ～ 10	60 ～ 90		10 ～ 20	50 ～ 100	—
营养成分等级 5 级（缺乏）	3 ～ 5	30 ～ 60		6 ～ 10	30 ～ 50	—
营养成分等级 6 级（极缺）	< 3	< 30		< 6	< 30	

10.2.3 掺入固化剂、添加剂后对粉煤灰石膏混合物的影响

10.2.3.1 受控元素含量

表 10-5 为固化物中各主要受控元素的检测含量，不同种类性质的固化剂、添加剂对粉煤灰中各元素的含量影响不大，因为无论是否发生化学反应，不影响元素总量的存在。各元素在不同固化物中的分布偏差均小于 25% 也说明了彼此之间的差异性很小。由于固化剂、添加剂的添加量也很有限，因此通过添加固化剂、添加剂并不会显著影响粉煤灰中各金属的含量，只会因固化剂及添加剂本身各元素的含量引起固化物中元素含量小范围波动。

表 10-5 粉煤灰及其固化物中各受控元素含量 mg/kg

项目	As	Zn	Cr	Hg	Se
粉煤灰本底值	12.0	91.9	70.9	0.458	10.6
粉煤灰 + 石膏空白样	8.04	86.3	68.9	0.423	9.94
水泥固化样	9.14	74.5	69.5	0.421	—
20% 水玻璃固化样	7.64	74.6	67.4	0.354	—
10% 水玻璃固化样	7.71	72.2	59.7	0.345	8.13
20%KH$_2$PO$_4$ 固化样	7.32	69.4	63.4	0.362	—

项目		As	Zn	Cr	Hg	Se
10%KH₂PO₄ 固化样		5.45	57.9	44.7	0.362	7.54
5% 焦亚硫酸钠固化样		12.5	78.1	70.7	0.412	—
3% 焦亚硫酸钠固化样		6.21	108	78.4	0.421	—
4% 酸样		8.46	76.3	60.7	0.459	8.68
2% 酸样		9.21	86.5	69.6	0.500	10.01
1% 酸样		10.9	79.7	66.4	0.470	8.80
0.4% 酸样		7.35	82.0	67.4	0.482	—
5%FeSO₄ 固化样		6.65	120	82	0.390	9.51
3%FeSO₄ 固化样		6.56	103	68.9	0.389	—
1%FeSO₄ 固化样		6.95	89.7	68.1	—	—
5%FeSO₄ 肥固化样		6.97	107	85.2	0.392	—
5%NH₄Cl 固化样		6.88	74.1	60.0	0.474	7.75
2% 氧化树脂固化样		6.12	82.6	64.8	0.383	—
5% 碱样		9.71	84.9	63.5	0.457	9.06
2% 碱样		9.66	85.4	66.7	0.467	8.38
1% 碱样		7.12	118	84.3	0.459	—
水玻璃焦亚硫酸钠混样		4.54	107	73.2	0.389	—
水玻璃 FeSO₄ 混样		7.77	91.6	61.7	0.373	8.32
分布偏差		24%	17%	12%	11%	10%
GB 15618—2018	风险筛选值 pH 值 > 7.5	≤ 25	≤ 300	≤ 250	≤ 3.4	—
	最严风险管制值	≤ 200	—	≤ 800	≤ 2.0	—
GB 36600—2018	筛选值一类地	≤ 20	—	—	≤ 8	—
	筛选值二类地	≤ 60	—	—	≤ 38	—
	管制值一类地	≤ 120	—	—	≤ 33	—
	管制值二类地	≤ 140	—	—	≤ 82	—

图 10-10 为粉煤灰固化物中代表性元素 As、Cr、Zn、Hg 含量同固化物 pH 值间的关系，可以看出，元素含量与 pH 值间无显著关联性。

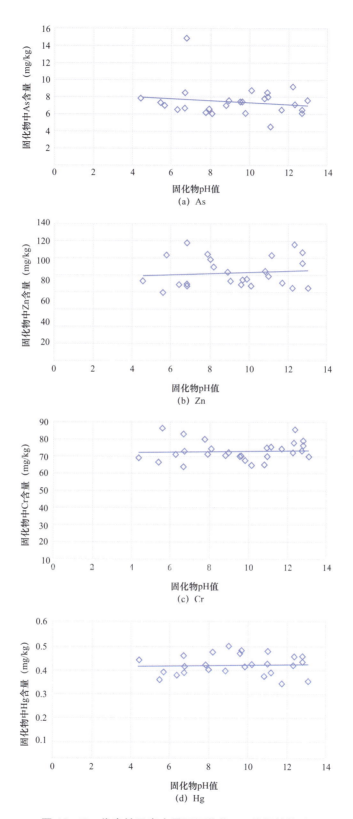

图 10-10　代表性元素含量同固化物 pH 值间的关系

10.2.3.2 受控元素浸出毒性

表 10-6 为各固化物的浸出毒性试验值。通过表 10-6，可以将各浸出毒性进行以下的分类。

（1）粉煤灰中 Mn、Zn、Ni、Hg 浸出毒性偏低，加入各所选固化剂、添加剂后，对粉煤灰中 Mn、Zn、Ni 浸出毒性没有任何影响，即在后续研究和实际的控制中无需要关注 Mn、Zn、Ni；虽然存在个别固化剂、添加剂引起粉煤灰内 Hg 浸出毒性值提高，但是仍低于Ⅲ类地下水的水质标准。

（2）粉煤灰中 Cu、Cd 和 Fe 的浸出毒性偏低，只有加入某一种或少数几种所选固化剂、添加剂后会引起粉煤灰中上述浸出毒性的显著变化，因此在后续研究和实际控制中需避开这些特定固化剂、添加剂的元素。如 Cu 只有在有机固化剂氧化树脂中浸出毒性得到显著提高；Cd 在水玻璃及磷酸二氢钾中的浸出毒性得到提高；Fe 在水玻璃中会引起浸出毒性的升高。

（3）粉煤灰中 Na 的浸出浓度偏低，只有加入含有该元素固化剂、添加剂时，其浸出浓度才大幅升高并且不满足地下水质要求。如当加入常见固化剂水玻璃（硅酸钠）、焦亚硫酸钠时，Na 的浸出浓度值分别提升 30 倍和 10 倍。

（4）粉煤灰中 As 的浸出浓度偏低，但多种固化剂、添加剂均会引起 As 的浸出毒性升高，因此在后续研究和实际的控制中应谨慎选取固化剂、添加剂，避免引起 As 的浸出及环境风险。粉煤灰中 As 自身浸出毒性为 3.9，除个别固化剂、添加剂外，均引起 As 浸出毒性值升高，尤其是水玻璃、磷酸二氢钾、氯化铵等。

（5）粉煤灰中 Cr 浸出毒性偏高，绝大多数固化剂、添加剂对其浸出毒性都有有效的控制，由于地下水标准不对全 Cr 有考核指标，故无法评估 Cr 浸出毒性的控制程度；而对于 Cr^{6+} 来说，只有水玻璃和氯化铵会增加其浸出毒性值。

（6）粉煤灰中 Se 和 Al 的浸出毒性偏高，绝大多数固化剂、添加剂对粉煤灰中 Se 和 Al 浸出毒性仍达不到有效控制，只有个别种类固化剂、添加剂可将其控制在Ⅲ类地下水水质标准内，如加入一定比例的 $FeSO_4$ 时 Se 浸出毒性才满足Ⅲ类地下水水质标准，Al 普遍在 pH 值小于 8 的固化物中其浸出浓度才满足Ⅲ类地下水水质标准。

通过表 10-6 也可以观察出某些元素浸出毒性值与 pH 值间存在关联性，尤其是对于在不同固化物中浸出毒性分布偏差较大的元素（往往是粉煤灰中浸出毒性超标的元素），即存在某个 pH 值临界点，当固化物 pH 值小于临界点时，基本上满足该元素的某类地下水水质要求。图 10-11 所示为固化物代表性元素浸出毒性与 pH 值间的关系，其中红线为各元素的Ⅳ类地下水水质标准。对于金属 Al 而言，当固化物 pH 值小于 8 时，固化物中 Al 的浸出毒性值满足Ⅳ类地下水水质要求；对于元素 Se 而言，当固化物 pH 值小于 9 时，固化物中 Se 的浸出毒性值满足Ⅳ类地下水水质要求；对于离子 Cr^{6+} 而言，当固化物 pH 值小于 8 时，固化物中 Cr^{6+} 的浸出毒性值满足Ⅳ类地下水水质要求。

表10-6　粉煤灰及其固化物中浸出毒性值

项目	Fe (mg/L)	Zn (mg/L)	Al (mg/L)	Na (mg/L)	Hg (μg/L)	As (μg/L)	Se (μg/L)	Cd (mg/L)	Cr^{6+} (mg/L)	Cr (mg/L)	Ni (mg/L)
固化用粉煤灰（pH=10.89）	<0.03	<0.006	3.89	28.1	<0.04	3.9	102	<0.003	0.12	0.28	<0.01
粉煤灰＋石膏空白样（pH=8.97）	<0.03	<0.006	0.1	39.3	<0.04	1.0	52.6	<0.003	0.080	0.27	<0.01
水泥固化样（pH=12.21）	<0.03	<0.006	0.9	—	<0.04	0.5	—	<0.003	0.037	0.04	<0.01
20%水玻璃固化样（pH=12.98）	9.44	<0.006	27.7	—	<0.04	174	—	0.004	0.169	0.19	<0.01
10%水玻璃固化样（pH=11.61）	9.73	<0.006	37.4	1040	0.37	195	107	0.004	0.201	0.27	<0.01
20%KH₂PO₄固化样（pH=5.44）	0.27	<0.006	0.8	—	<0.04	197	—	0.006	<0.004	<0.01	<0.01
10%KH₂PO₄固化样（pH=6.31）	<0.03	<0.006	<0.1	—	0.14	235	—	0.006	0.018	0.04	<0.01
5%焦亚硫酸钠固化样（pH=6.71）	<0.03	<0.006	<0.1	31.5	<0.04	1.4	94	<0.003	0.008	<0.01	<0.01
3%焦亚硫酸钠固化样（pH=7.75）	<0.03	<0.006	<0.1	355	<0.04	3	—	<0.003	<0.004	<0.01	<0.01
1%焦亚硫酸钠固化样（pH=9.8）	<0.03	<0.006	3.2	74.8	<0.04	9.9	105	<0.003	<0.004	0.1	<0.01
0.2%焦亚硫酸钠固化样（pH=9.52）	<0.03	<0.006	5.6	203	<0.04	11.8	117	<0.003	<0.004	0.02	<0.01
4%酸样（pH=6.7）	<0.03	<0.006	<0.1	20.9	<0.04	0.4	23.6	<0.003	<0.004	<0.01	<0.01
2%酸样（pH=8.93）	<0.03	<0.006	4.3	18.1	<0.04	11.4	56.8	<0.003	0.052	0.10	<0.01
1%酸样（pH=9.51）	<0.03	<0.006	3.1	16.3	<0.04	10.1	62.4	<0.003	0.085	0.19	<0.01
0.4%酸样（pH=9.59）	<0.03	<0.006	1.5	18.9	<0.04	8.4	63.2	<0.003	0.093	0.04	<0.01
5%FeSO₄固化样（pH=6.68）	<0.03	<0.006	<0.1	20.0	<0.04	0.4	11.0	<0.003	<0.004	<0.01	<0.01
4%FeSO₄固化样（pH=6.19）	<0.03	<0.006	<0.1	15.9	<0.04	<0.1	8.2	<0.003	<0.004	<0.01	—
3%FeSO₄固化样（pH=7.92）	0.07	<0.006	0.3	43.3	<0.04	<0.1	26.2	<0.003	<0.004	<0.01	<0.01

续表

项目		Fe (mg/L)	Zn (mg/L)	Al (mg/L)	Na (mg/L)	Hg (μg/L)	As (μg/L)	Se (μg/L)	Cd (mg/L)	Cr⁶⁺ (mg/L)	Cr (mg/L)	Ni (mg/L)
5%FeSO₄肥固化样（pH=5.66）		0.22	< 0.006	< 0.1	16.9	< 0.04	< 0.1	9.8	< 0.003	< 0.004	< 0.01	< 0.01
5%NH₄Cl固化样（pH=8.08）		< 0.03	< 0.006	< 0.1	20.5	0.07	37.1	82.8	< 0.003	0.144	0.16	< 0.01
2%氧化树脂固化样（pH=9.78）		< 0.03	< 0.006	< 0.1	8.3	< 0.04	13.8	67.1	< 0.003	< 0.004	< 0.01	< 0.01
10%碱样（pH=12.7）		0.18	< 0.006	0.5	15.8	< 0.04	0.6	—	< 0.003	< 0.004	0.07	< 0.01
5%碱样（pH=12.7）		< 0.03	< 0.006	0.8	22.2	< 0.04	0.8	—	< 0.003	< 0.004	0.08	< 0.01
2%碱样（pH=12.25）		< 0.03	< 0.006	1.1	24.3	< 0.04	2.5	—	< 0.003	< 0.004	0.13	< 0.01
水玻璃焦亚硫酸钠混样（pH=11.05）		0.16	< 0.006	0.2	613	< 0.04	210	—	< 0.003	< 0.004	0.03	< 0.01
水玻璃FeSO₄混样（pH=10.74）		2.26	—	2.3	971	—	181	85.3	—	< 0.004	0.03	—
GB 5085.3—2007		—	100	—	—	100	5000	1000	1	5	15	5
GB/T 14848—2017	I	≤ 0.1	≤ 0.05	≤ 0.01	≤ 100	≤ 0.1	≤ 1	≤ 10	≤ 0.0001	≤ 0.005	—	≤ 0.002
	II	≤ 0.2	≤ 0.5	≤ 0.05	≤ 150	≤ 0.1	≤ 1	≤ 10	≤ 0.001	≤ 0.01	—	≤ 0.002
	III	≤ 0.3	≤ 1	≤ 0.2	≤ 200	≤ 1	≤ 10	≤ 10	≤ 0.005	≤ 0.05	—	≤ 0.02
	IV	≤ 2	≤ 5	≤ 0.5	≤ 400	≤ 2	≤ 50	≤ 100	≤ 0.01	≤ 0.1	—	≤ 0.1
	V	> 2	> 5	> 0.5	> 400	> 2	> 50	> 100	> 0.01	> 0.1	—	> 0.1

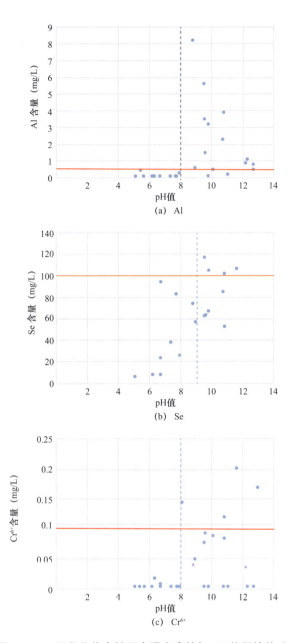

图 10-11　固化物代表性元素浸出毒性与 pH 值间的关系

10.2.4　基于赋存实验的受控元素固化机理分析

表 10-7 为粉煤灰及其固化物中受控元素不同赋存形式含量，结合表 10-6 可以对比出以下机理分析结论。

（1）通过表 10-6 可知，对于 Zn 而言，不同固化物的浸出毒性值均 < 0.006 mg/L，表明不同固化剂对 Zn 的浸出或者存在形态没有显著影响。通过表 10-7 可以看出，无论是干灰还是各固化物的 Zn 主要存在形态均为残渣态，不利于粉煤灰或固化物中 Zn 的浸出。

（2）通过表 10-6 可知，对于 Hg 而言，绝大多数固化物的浸出毒性值均满足地下水 I

级标准，表明不同固化剂对 Hg 的浸出没有显著影响。通过表 10-7 可以看出，当添加剂为酸性时（酸固化样、氯化铵固化样、FeSO$_4$ 固化样）离子交换态 Hg 的含量显著增加（主要为可还原态 Hg 的转化），更有利于 Hg 的浸出；而其他形态的 Hg 的含量相较粉煤灰干灰变化不大，因此在加入酸性固化剂、添加剂时应重点监控 Hg 的浸出毒性。

（3）通过表 10-6 可知，对于 Pb 而言，不同固化物的浸出毒性值均 < 0.05 mg/L，表明不同固化剂对 Pb 的浸出或者存在形态没有显著影响。通过表 10-7 可以看出，无论是干灰还是各固化物的 Pb 主要存在形态均为残渣态，不利于粉煤灰或固化物中 Pb 的浸出。

（4）通过表 10-6 可知，对于 Cr 而言，不同固化物的浸出毒性值均小于粉煤灰中 Cr 的浸出毒性，即 0.28 mg/L，表明不同固化剂对 Cr 的浸出或者存在形态没有显著影响。通过表 10-7 可以看出，无论是干灰还是各固化物的 Cr 主要存在形态均为残渣态，不利于粉煤灰或固化物中 Cr 的浸出，并且酸固化样、FeSO$_4$ 固化样、FeSO$_4$ 混合固化样可使固化物中的离子交换态 Cr 含量显著降低。

（5）通过表 10-6 可知，对于 As 而言，不同类型固化物的浸出毒性值表现出显著的差异性，对于含有碱性金属的添加剂、固化剂而言，固化物的 As 浸出毒性值均得到了一个显著的提高，这主要是通过将酸溶态 As 转化成活性更大的离子交换态，且离子交换态 As 的占比接近 20%。

（6）通过表 10-6 可知，对于 Se 而言，不同类型固化物的浸出毒性值表现出显著的差异性，对于含有碱性金属的添加剂、固化剂而言，固化物的 Se 浸出毒性值略微提升，即相较于 V 类水质还是超标。而 FeSO$_4$、盐酸等呈酸性添加剂可有效改善 Se 的浸出毒性，从表 10-7 可以看到这些酸性添加剂有效地将粉煤灰中离子交换态等活性较大态的 Se 转化为了残渣态 Se，从而减少了 Se 的浸出。

（7）通过表 10-6 可知，对于 Fe 而言，只有水玻璃和 FeSO$_4$ 的添加剂可显著提高粉煤灰中 Fe 的浸出，其中 FeSO$_4$ 是由于添加剂中携带活性很强的 Fe^{2+} 从而增加了浸出风险；水玻璃主要是将残渣态的 Fe 转变为活性相对更大的可还原态 Fe，从而增加 Fe 的浸出风险。

（8）通过表 10-6 可知，对于 Al 而言，只有当固化剂的 pH 值小于 8 时，其浸出毒性值才小于 IV 类地下水水质标准，这主要是由于降低了粉煤灰中酸溶态 Al 的浸出。

表 10-7　　　　　　　　　　　粉煤灰及其固化物中受控元素不同赋存形式含量

元素	固体	离子交换态	酸溶态	可还原态	氧化物结合态	残渣态
Zn（×10^{-6}）	粉煤灰	0.002	1.56	1.88	0.48	69.9
	碱固化样	0.003	2.31	2.73	0.44	70.1
	酸固化样	0.66	2.36	2.41	0.3	53.7
	FeSO$_4$ 固化样	0.002	7.78	6.43	0.39	81.2
	硅酸钠固化样	0.004	2.64	3.72	0.41	76.9
	混合固化样	0.23	5.56	4.41	0.64	81.5
	氯化铵固化样	0.02	0.81	2.02	0.42	77.2

元素	固体	离子交换态	酸溶态	可还原态	氧化物结合态	残渣态
Hg （×10⁻⁹）	粉煤灰	5.65	38.1	287.38	5.5	8.24
	碱固化样	0.85	50.35	280.23	5.5	5.24
	酸固化样	43.4	58.13	209.56	4.55	4.16
	FeSO₄固化样	27.3	1.93	279.28	7.65	10.35
	硅酸钠固化样	2.56	5.42	267.45	9.26	14.7
	混合固化样	1.25	0.43	269.43	7.5	6.97
	氯化铵固化样	37.8	48.68	223.55	6.25	11.75
Pb （×10⁻⁶）	粉煤灰	0.002	0.54	2.54	0.16	54.8
	碱固化样	0.001	1.16	3.37	0.21	55.1
	酸固化样	0.002	0.3	2.01	0.13	41.1
	FeSO₄固化样	0.002	0.15	3.53	0.15	53.7
	硅酸钠固化样	0.001	1.1	3.01	0.21	57.3
	混合固化样	0.004	0.3	3.01	0.2	47.7
	氯化铵固化样	0.001	0.2	3	0.16	54.4
Cr （×10⁻⁶）	粉煤灰	2.021	1.8	1.12	0.03	65.7
	碱固化样	1.128	2.36	1.57	0.042	61.4
	酸固化样	0.001	0.84	1.21	0.03	41.8
	FeSO₄固化样	0.002	0.73	1.62	0.036	58.4
	硅酸钠固化样	1.064	0.9	1.1	0.038	56
	混合固化样	0.001	1.71	1.51	0.037	50.3
	氯化铵固化样	1.58	1.3	1.4	0.038	51
As （×10⁻⁶）	粉煤灰	0.05	1.4	3.69	0.25	1.04
	碱固化样	0	0.86	3.9	0.35	0.89
	酸固化样	0	0.13	4.35	0.37	0.79
	FeSO₄固化样	0	0.01	4.5	0.44	0.97
	硅酸钠固化样	0.78	0.66	3.16	0.34	1.19
	混合固化样	0.84	0.3	2.1	0.2	1.99
	氯化铵固化样	0.29	0.5	3.56	0.3	0.9

元素	固体	离子交换态	酸溶态	可还原态	氧化物结合态	残渣态
Se （×10⁻⁶）	粉煤灰	2.37	1.38	1.04	0.41	0.43
	碱固化样	0.48	2.8	2.03	0.55	0.63
	酸固化样	0.71	1.67	1.29	1.27	0.79
	FeSO₄固化样	0.05	0.04	1.2	3.33	1.91
	硅酸钠固化样	3.13	1.44	0.95	0.36	0.7
	混合固化样	4.21	0.29	0.31	0.55	1.21
	氯化铵固化样	1.62	1.93	1.31	0.57	0.45
Fe（%）	粉煤灰	0.0003	0.0035	0.061	0.018	3.09
	碱固化样	0.0004	0.0034	0.063	0.024	3
	酸固化样	0.0005	0.0014	0.057	0.015	2.02
	FeSO₄固化样	0.0003	0.002	0.226	0.031	3.89
	硅酸钠固化样	0.0005	0.0005	0.256	0.022	2.74
	混合固化样	0.0004	0.0023	0.136	0.03	3.74
	氯化铵固化样	0.0002	0.0012	0.087	0.022	2.78
Al（%）	粉煤灰	0.0001	0.009	0.34	0.11	13.4
	碱固化样	0.0001	0.0112	0.44	0.15	12.8
	酸固化样	0.0001	0.0032	0.35	0.082	9.01
	FeSO₄固化样	0.0001	0.0038	0.53	0.12	13
	硅酸钠固化样	0.0001	0.0002	0.36	0.15	12.7
	混合固化样	0.0002	0.0005	0.37	0.12	10.9
	氯化铵固化样	0.0004	0.0012	0.48	0.14	11.7

10.2.5 固化方案

综上所述，需根据不同的浸出毒性控制水平采取不同的固化剂、添加剂。

当将粉煤灰及其浸出毒性控制在Ⅲ类地下水以下时：

（1）不含土壤或地下水受控元素的酸溶液将粉煤灰石膏混合物 pH 值调节至 7.5 以下。

（2）添加 FeSO₄（或含 FeSO₄ 化肥）至粉煤灰石膏混合物。

当将粉煤灰浸出毒性控制在Ⅳ类地下水以下时：

（1）只掺加脱硫石膏（粉煤灰与脱硫石膏质量比为 3∶1）。

（2）不含土壤或地下水受控元素的酸溶液将粉煤灰石膏混合物 pH 值调节至 9 以下。

10.2.6　固化前后粉煤灰风险评价

本书第 8.2 节中罗列的现有的各类粉煤灰对堆存地的污染程度评价方法或指标都只是针对受污染后场地土壤中重金属的现状生态风险评价，是一种滞后评价，但是对造成该污染的固体废弃物或其他来源在未造成土壤污染之前的自身潜在风险则缺少评价指标和方法。与此同时，现有评价指标和方法也将受控元素总量和受控元素赋存形态进行割裂，如 muller 指数、潜在生态危害指数法 RI、内梅罗指数均只考虑总的受控元素含量，而风险评估编码 RAC、次生相与原生相比值法 RSP 则只考虑其中的活性金属态。本节将新建立一种固体废弃物自身对堆存地生态风险的潜在指标及方法，更有助于评估粉煤灰中受控元素对堆存地的环境风险。本节所提场地风险评价方法不局限于粉煤灰的风险评价，适用于任意的一般工业固体废物。

10.2.6.1　评价方法

以 GB 15618—2018《土壤环境质量　农用地土壤污染风险管控标准》中控制的 8 种重金属含量为主要评价依据，综合考虑固体废弃物自身重金属的总量及赋存形式，构建一个固体废弃物自身对土壤生态风险的潜在指标及方法，用于指导和评估对固废的处置和综合利用途径。将固废中重金属总量考虑进去可以直接对标 GB 15618—2018《土壤环境质量　农用地土壤污染风险管控标准》等标准评估重金属总量的超标情况；将赋存形态因素考虑进去能够更好地反映固废中重金属的活性及向土壤中迁移的难易性。

对于农用地，以 GB 15618—2018《土壤环境质量　农用地土壤污染风险管控标准》中控制的 8 种元素为评价指标：镉（Cd）、汞（Hg）、铅（Pb）、铬（Cr）、铜（Cu）、镍（Ni）、锌（Zn）、砷（As）。

对于建设用地，GB 36600—2018 以《土壤环境质量　建设用地土壤污染风险管控标准》中控制的 7 种元素为评价指标：镉（Cd）、汞（Hg）、铅（Pb）、铬（Cr）、铜（Cu）、镍（Ni）、砷（As）。

固废中元素的赋存形式试验根据本书第 9 章 9.4.1 部分中 Tessier 逐步提取方法开展。

固废中各元素含量依据 GB 15618—2018《土壤环境质量　农用地土壤污染风险管控标准》提供的检测方法进行检测。固废对堆存地土壤潜在环境风险评价指数计算过程如下。

（1）固废中单一元素超标倍数 E_i，即现有土壤标准中对土壤中元素含量的评价依据，是对固废中元素整体含量的风险评价。

$$E_i = \frac{C_i}{R_i}$$

式中：E_i 为固废中单一元素超标倍数，无量纲；C_i 为固废中某元素总含量实测值，mg/kg；R_i 为相应标准中某元素风险控制值，mg/kg。

（2）固废中单一元素迁移风险指数 M_i，即用于评估固废中可迁移元素含量向土壤中迁移并产生相应的环境风险的能力，是对固废中元素活性的风险评价，因为存在固废中元素含量相较土壤标准不算超标，但是相较于背景土壤中元素含量却是很多倍，对背景土壤的品质也会造成显著影响，因此（1）中的指标存在评价盲区。

$$M_i = \frac{C_{i\text{-FR1}} + C_{i\text{-FR2}}}{S_i}$$

式中：M_i 为固废中单一元素迁移风险指数，无量纲；$C_{i\text{-FR1}}$ 为固废中某元素离子交换态含量实测值，mg/kg；$C_{i\text{-FR2}}$ 为固废中某元素酸溶态含量实测值，mg/kg；S_i 为土壤中元素含量背景浓度值，mg/kg。

（3）固废中单一元素对土壤污染风险指数 Z_i，即对固废的整体元素含量和其中迁移风险指数进行综合的评价。

$$Z_i = \omega_1 \times E_i + \omega_2 \times M_i$$

$$\omega_1 = \frac{C_{i\text{-R}} + C_{i\text{-FR3}} + C_{i\text{-FR4}}}{C_i}$$

$$\omega_2 = \frac{C_{i\text{-FR1}} + C_{i\text{-FR2}}}{C_i}$$

式中：Z_i 为固废中单一元素对堆存地环境污染风险指数，无量纲；ω_1 为固废中单一元素超标倍数 E_i 的权重，无量纲；ω_2 为固废中单一元素迁移风险指数 M_i 的权重，无量纲；$C_{i\text{-R}}$ 为固废中某元素残渣态含量实测值，mg/kg；$C_{i\text{-FR3}}$ 为固废中某元素可还原态含量实测值，mg/kg；$C_{i\text{-FR4}}$ 为固废中某元素氧化物结合态含量实测值，mg/kg。

（4）固废对土壤综合污染风险评价指数 Z，即对固废中不同元素的土壤风险进行整体的评价。

$$Z = \frac{\sum_{i=1}^{n} Z_i}{\sum_{i=1}^{n} \frac{S_i}{R_i}}$$

$$= \sum_{i=1}^{n} \left(\frac{C_{i\text{-R}} + C_{i\text{-FR3}} + C_{i\text{-FR4}}}{R_i} + \frac{(C_{i\text{-FR1}} + C_{i\text{-FR2}})^2}{C_i \times S_i} \right) / \sum_{i=1}^{n} \frac{S_i}{R_i}$$

式中：Z 为固废对堆存地环境综合污染风险评价指数，无量纲。

当 Z 值小于 1 时，表明固废对所堆放土壤（背景土壤值）不造成污染风险，或者说从有害元素的角度评价而言固废的品质比背景土壤好，且该值越低表明固废的环境风险越小。

当 Z 值大于 1 时，表明固废对所堆放土壤（背景土壤值）会造成污染风险，或者说从有害元素的角度评价而言固废的品质比背景土壤差，且该值越低表明固废的环境风险越大。

10.2.6.2 评价结果

利用上述计算过程对固化前后的粉煤灰对堆存地的潜在污染风险进行评价，见表 10-8。分析按照固化方案实施后的固化样品可以看出，燃煤电厂粉煤灰对堆放自然环境的风险要较脱硫石膏大，脱硫石膏可对粉煤灰的环境危害性实现良好的"中和"；众多物质中，脱硫石膏的环境危害性最小，虽然往粉煤灰中增加一定比例的脱硫石膏会相对加大脱硫石膏的环境危害性，但是由于燃煤电厂产生的固废中粉煤灰的量要远大于脱硫石膏，会更有利于整体粉煤灰的综合利用；添加 $FeSO_4$ 及酸改性可显著降低粉煤灰的污染风险，这与固化后产物的受控元素含量及其浸出毒性检测结果也相符。

表 10-8　　　　　　　　　　各物质对堆存地的潜在污染风险

固废		Cd	Cr	Pb	As	Hg	Cu	Ni	Zn	潜在风险
粉煤灰	E_i	1.15	0.48	0.69	0.60	0.21	0.55	0.35	0.54	4.09
	M_i	1.47	0.23	0.06	0.57	0.02	0.09	0.13	0.11	
	Z_i	1.20	0.45	0.68	0.60	0.21	0.53	0.34	0.53	
脱硫石膏	E_i	0.18	0.02	0.06	0.00	0.07	0.04	0.03	0.14	0.49
	M_i	0.03	0.00	0.01	0.00	0.03	0.02	0.03	0.05	
	Z_i	0.18	0.02	0.06	0.00	0.07	0.04	0.03	0.14	
粉煤灰+脱硫石膏（3∶1）	E_i	0.83	0.33	0.51	0.46	0.19	0.37	0.25	0.39	2.94
	M_i	0.84	0.12	0.05	0.36	0.04	0.09	0.13	0.09	
	Z_i	0.83	0.32	0.51	0.44	0.19	0.35	0.24	0.38	
粉煤灰+脱硫石膏（2∶1）	E_i	0.58	0.23	0.34	0.36	0.17	0.27	0.17	0.31	2.15
	M_i	0.53	0.08	0.03	0.26	0.04	0.07	0.10	0.07	
	Z_i	0.58	0.22	0.34	0.35	0.17	0.25	0.17	0.30	
粉煤灰+脱硫石膏（1∶1）	E_i	0.42	0.15	0.23	0.26	0.14	0.17	0.11	0.19	1.46
	M_i	0.30	0.04	0.02	0.16	0.04	0.05	0.08	0.05	
	Z_i	0.41	0.14	0.23	0.25	0.14	0.16	0.11	0.18	
粉煤灰+脱硫石膏（3∶1）+酸固化样	E_i	0.80	0.34	0.50	0.44	0.17	0.35	0.24	0.39	2.90
	M_i	0.22	0.02	0.02	0.00	0.71	0.03	0.07	0.21	
	Z_i	0.78	0.34	0.50	0.44	0.19	0.35	0.23	0.38	
粉煤灰+脱硫石膏（3∶1）+NH₄Cl固化样	E_i	0.77	0.33	0.50	0.46	0.18	0.34	0.24	0.39	3.80
	M_i	0.77	0.08	0.03	0.34	4.24	0.08	0.12	0.03	
	Z_i	0.77	0.32	0.50	0.44	1.25	0.32	0.23	0.39	
粉煤灰+脱硫石膏（3∶1）+FeSO₄固化样	E_i	0.58	0.22	0.35	0.36	0.17	0.26	0.18	0.31	2.12
	M_i	0.16	0.01	0.02	0.00	0.71	0.07	0.05	0.17	
	Z_i	0.57	0.22	0.35	0.36	0.19	0.26	0.17	0.30	
粉煤灰+脱硫石膏（3∶1）+有机固化样	E_i	0.63	0.23	0.34	0.36	0.17	0.26	0.16	0.31	3.10
	M_i	0.58	0.05	0.02	0.27	4.03	0.07	0.10	0.02	
	Z_i	0.63	0.22	0.34	0.35	1.19	0.24	0.16	0.31	

参考文献

［1］毕进红, 刘明华, 陈梦莹, 等. 粉煤灰资源综合利用［M］. 北京：化学工业出版社, 2017.

［2］中国资源综合利用协会, 山东恒远利废技术发展有限公司. 粉煤灰综合利用［M］. 北京：中国建材工业出版社, 2013.

［3］马北越, 吴艳, 刘丽影. 粉煤灰的综合利用［M］. 北京：科学出版社, 2016.

［4］彭华, 沈文华. 用高钙低硅粉煤灰制作蒸压加气混凝土砌块的研究［J］. 粉煤灰, 2004, 16（1）：21-24.

［5］马鹏传, 李兴, 温振宇, 等. 粉煤灰的活性激发与机理研究进展［J］. 无机盐工业, 2021, 53（10）：28-35.

［6］Chen Z L, Lu S Y, Tang M H, et al. Mechanical activation of fly ash from MSWI for utilization in cementitious materials［J］. Waste Management, 2019, 88（4）：182-190.

［7］罗忠涛, 马保国, 李相国, 等. 水热碱性环境下粉煤灰水化进程研究［J］. 中国矿业大学学报, 2010, 39（2）：275-278.

［8］Ma L J, Feng Y, Zhang M, et al. Mechanism study on green high efficiency hydrothermal activation of fly ash and its application prospect［J］. Journal of Cleaner Production, 2020, 275（4）：122877.

［9］Zhang J B, Li S P, Li H Q, et al. Acid activation for pre-desilicated high-alumina fly ash［J］. Fuel Processing Technology, 2016, 151（1）：64-71.

［10］Yin B, Kang T H, Kang J T, et al. Analysis of active ion-leaching behavior and the reaction mechanism during alkali activation of low-calcium fly ash［J］. International Journal of Concrete Structures and Materials, 2018, 12（1）：50.

［11］Nguyen H A. Utilization of commercial sulfate to modify early performance of high-volume fly ash-based binder［J］. Journal of Building Engineering, 2018, 19（1）：429-433.

［12］柯国军, 杨晓峰, 彭红, 等. 化学激发粉煤灰活性机理研究进展［J］. 煤炭学报, 2005, 30（3）：366-370.

［13］Li C., Zhu H. B., Wu M. X., et al. Pozzolanic reaction of fly ash modified by fluidized bed reactor-vapor deposition［J］. Cement and Concrete Research, 2017, 92（1）：98-109.

［14］Saldanha R B, Scheuermann Filho H C, Ribeiro J L D, et al. Modelling the influence of density, curing time, amounts of lime and sodium chloride on the durability of compacted geopolymers monolithic walls［J］. Construction and Building Materials, 2017, 136（1）：65-72.

［15］李冠超, 杨波, 孙功明, 等. 放射性核素在粉煤灰生产利用中的转移规律与安全评价［J］. 有色金属（冶炼部分）, 2022,（11）：89-96.

［16］Zhang Y, Shi M, Wang J, et al. Occurrence of uranium in Chinese coals and its emissions from coal-fired power plants［J］. Fuel, 2016, 166：404-409.

［17］罗林，钱志宽，甘甜，等．贵州典型电厂粉煤灰的放射性安全评估［J］．地球与环境，2019，47（5）：722-727．

［18］Dai S, Finkelman R. Coal as a promising source of critical elements: Progress and future prospects［J］. International Journal of Coal Geology, 2018, 186: 155-164.

［19］Huang W, Wan H, Finkelman R, et al. Distribution of uranium in the main coalfields of China ［J］. Energy Exploration & Exploitation, 2012, 30（5）：819-835.

［20］李业强，李学业，尚丹华．内蒙古煤炭放射性调查及分析［J］．能源环境保护，2016，30（2）：62-64．

［21］谢贵英，艾尔肯·阿不列木，艾克拜尔·吐合提．新疆部分燃煤和电厂粉煤灰中天然放射性水平分析［J］．核电子学与探测技术，2011，31（12）：1354-1356，1373．

［22］顾洪坤，郑汝宽，章文英，等．北京市燃煤电厂燃煤和粉煤灰及其建材制品中的天然放射性水平［J］．辐射防护，1996，（4）：309-316．

［23］吴珂，赵孝文，范庆丽，等．哈尔滨某电厂粉煤灰的天然放射性水平测量［J］．中国新技术新产品，2009，（24）：1．

［24］吴雨奇．水泥和混凝土中粉煤灰放射性检测研究［J］．江西建材，2023，（4）：73-77．

［25］冯跃华，胡瑞芝，张杨珠，等．几种粉煤灰对磷素吸附与解吸特性的研究［J］．应用生态学报，2005，15（9）：1756-1760．

［26］邹嘉成，杜闫彬，苏凯文，等．粉煤灰添加对城市多源有机废弃物联合堆肥效能及堆体细菌群落的影响［J］．环境科学，2024，45（6）：3638-3648．

［27］Masto E R, Mahato M, Selvi A V, et al. The Effect of fly ash application on phosphorus availability in an acid soil［J］. Energy Sources, Part A: Recovery, Utilization, and Environmental Effects, 2013, 35（23）：2274-2283.

［28］范娜，白文斌，王海燕，等．醋糟、粉煤灰对盐渍地高粱生长及土壤性状影响的研究［J］．农业资源与环境学报，2017，34（6）：531-535．

［29］姜龙．燃煤电厂粉煤灰综合利用现状及发展建议［J］．洁净煤技术，2020，26（4）：31-39．

［30］石川嘉崇．日本粉煤灰综合利用现状［C］．亚洲粉煤灰及脱硫石膏综合利用技术国际交流大会，朔州，2013：145-147．

［31］卓锦德．粉煤灰资源化利用［M］．北京：中国建材工业出版社，2021．

［32］姚丕强．粉煤灰在水泥生产中的应用技术［C］．2006年中国科协年会，2006．

［33］边炳鑫，李哲，解强．煤系固体废物资源化技术［M］．北京：化学工业出版社，2018．

［34］蒋尔忠，崔源声．面向可持续发展的水泥工业［M］．北京：北京工业出版社，2024．

［35］林宗寿．水泥"十万"个为什么［M］．武汉：武汉理工大学出版社，2006．

［36］沈旦申，冒镇恶．粉煤灰优质混凝土［M］．上海：上海科学技术出版社，1992．

［37］张俊儒，闻毓民，欧小强．粉煤灰喷射混凝土孔隙结构的演变特征［J］．西南交通大学学报，2018，53（2）：296-302．

［38］张露晨，李树忱，李术才，等．硅灰粉煤灰对喷射混凝土性能影响［J］．山东大学学报（工学版），2016，46（5）：102-109．

［39］刘小飞，杨林，刘广华，等．粉煤灰喷射混凝土的最优掺量研究［J］．江西建材，2022（5）：40-41，44．

［40］丁莎，牛荻涛，王家滨. 喷射粉煤灰混凝土微观结构和力学性能试验研究［J］. 硅酸盐通报，2015，34（5）：1187–1192.

［41］刘思海，侍克斌. 大掺量Ⅱ级粉煤灰泵送混凝土的应用与施工技术［J］. 中国农村水利水电，2014，（4）：120–122.

［42］马挺，张美香，田崇霈，等. Ⅲ级粉煤灰和石粉双掺对C50泵送混凝土可泵性的影响［J］. 混凝土与水泥制品，2021，（5）：26–28.

［43］方坤河，陈昌礼. Ⅲ级粉煤灰应用于碾压混凝土坝的可行性分析［J］. 人民长江，2012，43（10）：24–26.

［44］毕亚丽，彭乃中，冀培民，等. 掺粉煤灰与天然火山灰碾压混凝土性能对比试验［J］. 长江科学院院报，2012，29（6）：74–78.

［45］李华，郑成伍. 粉煤灰加气混凝土砌块应用于高层填充墙［J］. 粉煤灰综合利用，2018，32（2）：84–86，92.

［46］张志国，赵风清，王金霞，等. 高钙粉煤灰用于生产蒸压加气混凝土［J］. 粉煤灰综合利用，2008，（z2）：18–20.

［47］杜鹏程. 阻燃型粉煤灰加气混凝土的研制［J］. 粉煤灰，2008，20（4）：40–42.

［48］国内首条石灰石烧结法粉煤灰提取氧化铝生产线投产［J］. 铝加工，2014（6）：18.

［49］Jiang Z Q，Yang J，Wang L，et al. Reaction behavior of Al$_2$O$_3$ and SiO$_2$ in high alumina coal fly ash during alkali hydrothermal process［J］. Transactions of nonferrous metals society of China，2015，25（6）：2965–2972.

［50］Li J Q，Pu R，Chen C Y，et al. Predesilication on fly ash with alkaline solution［J］. Light Metals，2010，11：5.

［51］Liu X T，Wang B D，Yu G Z，et al. Kinetics study of predesilication reaction for alumina recovery from alumina rich fly ash［J］. Materials Research Innovations，2014，18（S2）：541–546.

［52］丁健. 高铝粉煤灰亚熔盐法提铝工艺应用基础研究［D］. 沈阳：东北大学，2016.

［53］董宏，张文广. 水热活化法提取粉煤灰中的氧化铝［J］. 世界地质，2014，33（3）：723–729.

［54］钞晓光. 粉煤灰酸法提取氧化铝工艺研究现状［J］. 化工管理，2017，（15）:75–77.

［55］郭强. 粉煤灰酸法提取氧化铝的工艺研究进展［J］. 洁净煤技术，2015，21（5）：115–118，122.

［56］Shi Y，Jiang K X，Zhang T A. A cleaner electrolysis process to recover alumina from synthetic sulfuric acid leachate of coal fly ash［J］. Hydrometallurgy，2019，191：105196.

［57］刘康. 粉煤灰硫酸焙烧法提取氧化铝过程的研究［D］. 北京：北京科技大学，2015.

［58］赵剑宇，李镇，茅沈栋，等. 粉煤灰提取氧化铝工艺研究进展［J］. 无机盐工业，2010，42（7）：1–4.

［59］Tripathy A K，Behera B，Aishvarya V，et al. Sodium fluoride assisted acid leaching of coal fly ash for the extraction of alumina［J］. Minerals Engineering，2019，131：140–145.

［60］Font O，Querol X，Juan R，et al. Recovery of gallium and vanadium from gasification fly ash［J］. Journal of Hazardous Materials，2007，139（3）：413–423.

［61］Arroyo F，Font O，Chimenos J M，et al. IGCC fly ash valorisation. Optimisation of Ge and Ga recovery for an industrial application［J］. Fuel Processing Technology, 2014, 124（1）: 222–227.

［62］张丽宏，罗熇潜，程芳琴. 粉煤灰中硅锂镓的碱溶特性研究［J］. 粉煤灰综合利用，2019, 32（2）: 3–6.

［63］Huang J, Wang Y B, Zhou G X, et al. Investigation on the effect of roasting and leaching parameters on recovery of gallium from solid waste coal fly ash［J］. Metals, 2019, 9（12）: 1251.

［64］张小东，赵飞燕，郭昭华，等. 煤中稀有金属锗的提取技术研究进展［J］. 无机盐工业，2018, 50（2）: 16–19.

［65］徐万金. 粉煤灰在公路路基填筑中的应用［J］. 山西建筑，2003, 29（11）: 111–112.

［66］付建生，张军礼，李杨，等. 粉煤灰在瓦楞原纸中的应用［J］. 湖北工业大学学报，2007, 22（6）: 5–6, 20.

［67］Fan H M, Qi Y N, Cai J X, et al. Fly ash based composite fillers modified by carbonation and the properties of filled paper［J］. Nordic Pulp and Paper Research Journal, 2017, 32（4）: 666–673.

［68］张明，王威，袁广翔. 粉煤灰制备填料碳酸钙及其在造纸中的应用［J］. 江苏造纸，2011,（4）: 42–44.

［69］张美云，宋顺喜. 粉煤灰基硅酸钙高加填造纸技术与应用. 北京: 科学出版社，2020.

［70］陈建定，郑小鹏. 一种粉煤灰纤维纸浆及其为原料的造纸方法［P］. 上海市: CN200410018433.6, 2006–10–18.

［71］苏芳，陈均志. 粉煤灰纤维的改性及其对纸张性能的影响［J］. 中华纸业，2010, 31（6）: 45–47.

［72］张玉宝，梁宏斌，王强，等. 电子束辐照与粉煤灰吸附协同处理城市污水［J］. 应用科技，2013,（6）: 76–79.

［73］张玉宝，赵孝文，郑辉，等. 粉煤灰处理城市污水实验［J］. 应用科技，2012, 39（4）: 59–63.

［74］谢跃，周笑绿，李倩炜. 自制粉煤灰陶粒填料处理城市污水［J］. 材料科学与工程学报，2017, 35（2）: 324–328, 320.

［75］彭位华，桂和荣，向贤，等. 免烧粉煤灰陶粒作为BAF填料处理城市污水［J］. 环境科学与技术，2011, 34（8）: 4.

［76］龚真萍. 氯化铝改性粉煤灰对活性染料废水的处理效果［J］. 齐齐哈尔大学学报（自然科学版），2019, 35（5）: 40–43.

［77］李磊，赵玉明. 粉煤灰混凝剂预处理印染废水的试验研究［J］. 粉煤灰综合利用，2003,（5）: 30–31.

［78］侯芹芹，张创，马志伟，等. 粉煤灰对有机印染废水的吸附研究［J］. 应用化工，2018, 47（9）: 1907–1911.

［79］姜照原，李妍，宋俊芳. 粉煤灰在处理印染废水中的应用［J］. 水处理技术，1995,（2）: 94.

［80］杜高潮，张小娟，甄晓华. 利用电厂粉煤灰处理造纸黑液的实验研究［J］. 广东化工，2011,（11）: 24–26.

［81］王维，田庆华，王恒，等. 粉煤灰去除竹浆造纸废水中挥发酚的应用研究［J］. 中国造纸，2012, 31（6）: 36–41.

［82］霍富英，张建生，张跃军．用粉煤灰及贮灰场系统处理化纤和棉浆造纸污水［J］．上海环境科学，1993，12（10）：10-13.

［83］邓书平．改性粉煤灰吸附处理造纸废水实验研究［J］．中国非金属矿工业导刊，2009，（3）：52-53.

［84］李莉．改性粉煤灰处理造纸废水的技术研究［D］．贵州：贵州大学，2010.

［85］张哲，杨敏，刘军海．粉煤灰在造纸废水处理中的应用研究现状［J］．纸和造纸，2014，33（7）：52-55.

［86］张安龙，王娟娟，王森．粉煤灰联合混凝剂处理废纸造纸废水的试验［J］．纸和造纸，2011，30（10）：57-60.

［87］张守凤，赵胜男．高铁粉煤灰强化厌氧生物法处理造纸废水分析［J］．造纸装备及材料，2024，53（2）：6-8.

［88］周珊，武明丽．粉煤灰—石灰法处理含氟废水的研究［J］．煤炭科学技术，2006，34（2）：60-62.

［89］刘晓伟．粉煤灰吸附含氟废水试验研究［J］．粉煤灰综合利用，2010，（4）：31-32.

［90］刘丽娟，崔佳宁．Fe/GO- 粉煤灰对焦化废水的深度处理研究［J］．河北环境工程学院学报，2020，30（6）：48-52.

［91］曹寰琦，伊元荣，杜昀聪．探索粉煤灰制备多孔吸声材料实验研究［J］．环境科学与技术，2018，41（S2）：180-183.

［92］施云芬，陈媛，徐云菲．粉煤灰在烟气处理中的研究进展［J］．硅酸盐通报，2014，33（12）：3225-3229，3244.

［93］孙佩石，宁平，吴晓明．粉煤灰净化低浓度 SO$_2$ 烟气试验研究［J］．环境科学研究，1990，（4）：17-22.

［94］鞠恺，刘颖，李新，等．基于响应面的粉煤灰湿法脱硫条件优化与机理［J］．煤炭科学技术．

［95］吴亚昌．粉煤灰基 SCR 催化剂及其脱硝性能研究［D］．北京：华北电力大学，2022.

［96］宣小平，岳长涛，姚强，等．以飞灰为载体的金属氧化物催化剂脱硝研究［J］．环境科学学报，2003，23（1）：33-38.

［97］贾小彬．粉煤灰—凹凸棒石负载锰氧化物催化剂低温 SCR 脱硝性能研究［D］．合肥：合肥工业大学，2013.

［98］田园梦，刘清才，孔明，等．改性粉煤灰基脱汞吸附剂制备及性能分析［J］．环境工程学报，2017，11（8）：4751-4756.

［99］姜末汀，吴江，任建兴，等．燃煤飞灰对烟气中汞的吸附转化特性研究［J］．华东电力，2011，39（7）：1159-1162.

［100］孟素丽，段钰锋，黄治军，等．烟气成分对燃煤飞灰汞吸附的影响［J］．中国电机工程学报，2009，29（20）：66-73.

［101］郑海金．粉煤灰草坪基质及栽培环境的研究［D］．北京：首都师范大学，2004.

［102］张开元．一种从粉煤灰或炉渣中提取漂珠的方法［P］．北京：CN200810115356.4，2008-11-19.

［103］张权笠．大方粉煤灰资源化利用研究［D］．贵阳：贵州大学，2018.

［104］金立薰，朱兴旺，邹铭泽，等．粉煤灰的超细活化及在橡胶中的应用［J］．煤炭加工与

综合利用, 1998,（4）: 52-54.

[105] 陈寿花, 杨向明, 段予忠 . 粉煤灰提取珠填充酚醛塑料的研究 [J]. 粉煤灰, 1999,（5）: 22-24.

[106] 任新乐, 周宁生 . 电厂粉煤灰选沉珠对微孔隔热涂料性能的影响 [J]. 耐火材料, 2017, 51（5）: 381-384.

[107] 吴先锋, 李建军, 朱金波, 等 . 粉煤灰磁珠资源化利用研究进展 [J]. 材料导报, 2015, 29（23）: 103-107.

[108] 肖泽俊, 李国彦, 何英民, 等 . 粉煤灰磁珠作选煤加重质的研究及应用 [J]. 煤炭加工与综合利用, 1995（4）: 37-40.

[109] 李桂春, 吕玉庭 . 粉煤灰磁珠的回收及其在选煤厂的应用 [J]. 煤炭加工与综合利用, 1997,（6）: 41-43.

[110] 李建军, 朱金波, 李蒙蒙, 等 . 磁性絮凝剂的原位共沉淀合成及其在煤泥水处理中的应用 [J]. 北京工业大学学报, 2014, 40（11）: 1712-1716.

[111] 穆超群 . 粉煤灰磁珠复合材料的制备及其吸附研究 [D]. 西安 : 西安建筑科技大学, 2022.

[112] Jiang L, Liu P. Covalently crosslinked fly ash/poly（acrylic acid-co-acrylamide）composite microgels as novel magnetic selective adsorbent for Pb^{2+} ion [J]. Journal of Colloid & Interface Science, 2014, 426: 64-71.

[113] 张曙光 . 干式颗粒负载法制备磁性光催化剂的研究 [D]. 天津 : 天津大学, 2005.

[114] 张锦红 . 燃煤飞灰特性及其对烟气汞脱除作用的实验研究 [D]. 上海 : 上海电力学院, 2014.

[115] 柴春镜, 宋慧平, 冯政君, 等 . 粉煤灰陶粒的研究进展 [J]. 洁净煤技术, 2020, 26（6）: 11-22.

[116] 陈钰 . 粉煤灰陶粒的制备及处理含油废水的研究 [D]. 北京 : 北京化工大学, 2004.

[117] Wu X L, Huo Z Z, Ren Q, et al. Preparation and characterization of ceramic proppants with low density and high strength using fly ash [J]. Journal of Alloys and Compounds, 2017, 702: 442-448.

[118] 刘静静, 李远兵, 李亚伟, 等 . 隔热材料的热导率与孔径分布的相关性研究 [J]. 耐火材料, 2016, 50（5）: 335-339.

[119] 邵青, 周靖淳, 王俊陆, 等 . 粉煤灰与污泥制备陶粒工艺研究 [J]. 中国农村水利水电, 2015（4）: 138-142.

[120] 朱万旭, 酆磊, 周红梅, 等 . 新型免烧粉煤灰陶粒的研制及应用浅析 [J]. 混凝土, 2017,（5）: 59-61.

[121] 孙霞 . 粉煤灰夹芯陶粒的制备及其在生物滴滤塔反硝化法净化 NO 废气的应用研究 [D]. 青岛 : 青岛理工大学, 2010.

[122] 王功勋, 高高, 周璇 . 粉煤灰在再生陶瓷墙地砖中的应用 [J]. 陶瓷, 2011,（8）: 28-30.

[123] 张帆, 牛欢欢, 李稳, 等 . 粉煤灰陶瓷墙地砖的制备工艺及性能研究 [J]. 硅酸盐通报, 2018, 37（6）: 1941-1945.

[124] 吕瑞斌 . 粉煤灰基陶瓷透水砖的制备及其基本性能研究 [D]. 武汉 : 华中科技大学,

2021.

［125］Kobayashi Y, Ogata F, Saenjum C, et al. Adsorption/desorption capability of potassium–type zeolite prepared from coal fly ash for removing of Hg^{2+} ［J］. Sustainability, 2021, 13（8）: 4269–4269.

［126］牛康宁. 水热法一步合成 Fe–SSZ–13 沸石及其催化 NH_3–SCR 反应性能［D］. 大连: 大连理工大学, 2020.

［127］Steenbruggen G, Hollman G G. The synthesis of zeolites from fly ash and the properties of the zeolite products ［J］. Journal of Geochemical Exploration, 1998, 62（1–3）: 305–309.

［128］王海龙, 徐中慧, 吴丹丹, 等. 粉煤灰两步水热法制备人工沸石［J］. 化工环保, 2013, 33（3）: 272–275.

［129］Hollman G G, Steenbruggen G, Janssen–Jurkovicova M. A two–step process for the synthesis of zeolites from coal fly ash ［J］. Fuel, 1999, 78（10）: 1225–1230.

［130］Querol X, Alastuey A, Lopezsoler A, et al. A fast method for recycling fly ash: Microwave–assisted zeolite synthesis ［J］. Environmental Science & Technology, 1997,（9）: 31

［131］Inada M, Tsujimoto H, Eguchi Y, et al. Microwave–assisted zeolite synthesis from coal fly ash in hydrothermal process ［J］. Fuel, 2005, 84（12/13）: 1482–1486.

［132］郭永龙, 王焰新, 蔡鹤生, 等. 水热条件下利用微波加热从粉煤灰合成沸石研究［J］. 地球科学: 中国地质大学学报, 2003, 28（5）: 517–521.

［133］Behin J, Bukhari S S, Dehnavi V, et al. Using coal fly ash and wastewater for microwave synthesis of LTA zeolite ［J］. Chemical Engineering & Technology, 2015, 37（9）: 1532–1540.

［134］吴迪秀, 罗柳, 贾玉娟, 等. 粉煤灰碱熔融—水热法合成 A 型沸石及吸附性能研究 ［J］. 硅酸盐通报, 2019, 38（6）: 1873–1877.

［135］Molina A, Poole C. A comparative study using two methods to produce zeolites from fly ash ［J］. Minerals Engineering, 2004, 17（2）: 167–173.

［136］Park M, Choi C L, Lim W T, et al. Molten–Salt method for the synthesis of zeolitic materials Ⅰ. zeolite formation in alkaline molten–Salt System ［J］. Microporous and Mesoporous Materials, 2000, 37（1–2）: 81–89.

［137］Park M, Choi C L, Lim W T, et al. Molten–salt method for the synthesis of zeolitic materials: Ⅱ. Characterization of zeolitic materials ［J］. Microporous & Mesoporous Materials, 2000, 37（1–2）: 91–98.

［138］哈文君. 粉煤灰沸石分子筛的制备及其 CO_2 吸附性能研究［D］. 北京: 华北电力大学, 2023.

［139］Wang B, Ma L, Han L, et al. Assembly–reassembly of coal fly ash into Cu–SSZ–13 zeolite for NH_3–SCR of NO via interzeolite transformations ［J］. Chemical Engineering Science: X, 2021.

［140］曾小强, 叶亚平, 王明文, 等. 粉煤灰分步溶出硅铝制备纯沸石分子筛的研究［J］. 硅酸盐通报, 2008, 47（1）: 226–230.

［141］张术根, 申少华, 李酽. 廉价矿物原料沸石分子筛合成研究［M］. 长沙: 中南大学出版社, 2003.

［142］He X, Yao B, Xia Y, et al. Coal fly ash derived zeolite for highly efficient removal of Ni^{2+} in waste water［J］. Powder Technology, 2020, 367: 40-46.

［143］Yang T, Han C, Liu H, et al. Synthesis of Na-X zeolite from low aluminum coal fly ash: Characterization and highly efficient as（V）removal［J］. Advanced Powder Technology, 2019, 30（1）: 199-206.

［144］Zhang W. Ming W, Hu S, et al. A feasible one-step synthesis of hierarchical zeolite Beta with uniform nanocrystals via CTAB［J］. Materials, 2018, 11（5）: 1-11.

［145］Shen K, Wang N, Chen X D, et al. Seed-induced and additive-free synthesis of oriented nanorod-assembled meso/microporous zeolites: Toward efficient and cost-effective catalysts for the MTA reaction［J］. Catalysis Science & Technology, 2017, 7（21）: 5143-5153.

［146］Izquierdo M T, Juan R, Casbas A I, et al. NO_x removal in SCR process by Cu and Fe exchanged type Y zeolites synthesized from coal fly ash［J］. Energy Sources Part A-Recovery Utilization and Environmental Effects, 2004, 38（9）: 1183-1188.

［147］Jin X, Ji N, Song C, et al. Synthesis of CHA zeolite using low cost coal fly ash［J］. Procedia Engineering, 2015, 121: 961-966.

［148］Li J, Shi Y J, Fu X H. et al. Hierarchical ZSM-5 based on fly ash for the low-temperature purification of odorous volatile organic compound in cooking fumes［J］. Reaction Kinetics, Mechanisms and Catalysis, 2019, 128（1）: 289-314.

［149］李喜林, 仝重凯, 刘玲, 等. 粉煤灰合成沸石对铬污染土壤中Cr（Ⅲ）的吸附稳定化效果及机制研究［J］. 安全与环境学报, 2021, 21（3）: 1-11.

［150］Belviso C, Cavalcante F, Ragone P, et al. Immobilization of Ni by synthesizing zeolite at low temperatures in a polluted soil［J］. Chemosphere, 2010, 78（9）: 1172-1176.

［151］王涛, 刘飞, 方梦祥, 等. 两相吸收剂捕集二氧化碳技术研究进展［J］. 中国电机工程学报, 2021, 41（4）: 1186-1196.

［152］Ponnivalavan B, Weng I C, Rajnish K, et al. The impact of pressure and temperature on tetra-n-butyl ammonium bromide semi-clathrate process for carbon dioxide capture［J］. Energy Procedia, 2014, 61. 1780-1783.

［153］Zhang F Y, Wang X L, Lou X, et al. The effect of sodium dodecyl sulfate and dodecyl trimethylammonium chloride on the kinetics of CO_2 hydrate formation in the presence of tetra-n-butyl ammonium bromide for carbon capture applications［J］. Energy, 2021, 227.

［154］Zhang S, Shen Y, Wang L, et al. Phase change solvents for post-combustion CO_2 capture: Principle, advances, and challenges［J］. Applied Energy, 2019, 239: 876-897.

［155］张贤, 李阳, 马乔, 等. 我国碳捕集利用与封存技术发展研究［J］. 中国工程科学, 2021, 23（6）: 70-80.

［156］Zhang S Q, Wang Q, Puthiaraj P, et al. MgFeAl layered double hydroxide prepared from recycled industrial solid wastes for CO_2 fixation by cycloaddition to epoxides［J］. Journal of CO2 Utilization, 2019, 34: 395-403.

［157］Liu W Z, Teng L M, Rohani S, et al. CO_2 mineral carbonation using industrial solid wastes: A review of recent developments［J］. Chemical Engineering Journal, 2021, 416（15）: 1-16.

［158］Yasipourtehrani S, Tian S C, Strezov V, et al. Development of robust CaO-based sorbents from blast furnace slag for calcium looping CO$_2$ capture [J]. Chemical Engineering Journal, 2020, 387: 1-9.

[159] Pan S Y, Shah K J, Chen Y H, et al. Deployment of accelerated carbonation using alkaline solid wastes for carbon mineralization and utilization toward a circular economy [J]. Sustainable Chemistry & Engineering, 2017, 5 (8): 6429-6437.

[160] 蔡洁莹, 李向东, 李海红, 等. 电厂粉煤灰固定二氧化碳实验研究 [J]. 煤炭转化, 2019, 42 (1): 87-94.

[161] 徐潇, 周来, 茅佳俊, 等. 复掺粉煤灰吸附剂碳化固碳反应及对重金属浸出特性的影响 [J]. 环境工程学报, 2017, 11 (3): 1807-1813.

[162] Sanna A, Maroto-Valer M M. CO$_2$ capture at high temperature using fly ash-derived sodium silicates [J]. Industrial & Engineering Chemistry Research, 2016, 55 (14): 4080-4088.

[163] Chen H C, Khalili N. Fly-ash-modified calcium-based sorbents tailored to CO$_2$ capture [J]. Industrial & Engineering Chemistry Research, 2017, 56 (7): 1888-1894.

[164] 涂茂霞, 雷泽, 吕晓芳, 等. 水淬钢渣碳酸化固定 CO$_2$ [J]. 环境工程学报, 2015, 9 (9): 4515-4518.

[165] 何思祺, 孙红娟, 彭同江, 等. 磷石膏碳酸化固定二氧化碳的实验研究 [J]. 岩石矿物学杂志, 2013, 32 (6): 899-904.

[166] Prigiobbe V, Polettni A, Baciocchi R. Gas-solid carbonation kinetics of air pollution control residues for CO$_2$ storage [J]. Chemical Engineering Journal, 2009, 148 (2-3): 270-278.

[167] 张亚朋, 崔龙鹏, 刘艳芳, 等. 3 种典型工业固废的 CO$_2$ 矿化封存性能 [J]. 环境工程学报, 2021, 15 (7): 2344-2355.

[168] Sun J, Bertos M F, Simons S J R. Kinetic study of accelerated carbonation of municipal solid waste incinerator air pollution control residues for sequestration of flue gas CO$_2$ [J]. Energy & Environmental Science, 2008, 1 (3): 370-377.

[169] Baciocchi R, Costa G, Polettini A, et al. Comparison of different reaction routes for carbonation of APC residues [J]. Energy Procedia, 2009, 1 (1): 4851-4858.

[170] Patel A, Basu P, Acharya B. An investigation into partial capture of CO$_2$ released from a large coal/petcoke fired circulating fluidized bed boiler with limestone injection using its fly and bottom ash [J]. Journal of Environmental Chemical Engineering, 2017, 5 (1): 667-678.

[171] Bauer M, Gassen N, Stanjek H, et al. Carbonation of lignite fly ash at ambient T and P in a semi-dry reaction system for CO$_2$ sequestration [J]. Applied Geochemistry, 2011, 26 (8): 1502-1512.

[172] Liu Q, Maroto-Valer M M. Experimental studies on mineral sequestration of CO$_2$ with buffer solution and fly ash in brines [J]. Energy Procedia, 2013, 37: 5870-5874.

[173] Soong Y, Fauth L D, Howard H B, et al. CO$_2$ sequestration with brine solution and fly ashes [J]. Energy Conversion and Management, 2006, 47 (13-14): 1676-1685.

[174] Ji L, Yu H, Wang X, et al. CO$_2$ sequestration by direct mineralization using fly ash from Chinese Shenfu coal [J]. Fuel Processing Technology, 2017, 156: 429-437.

[175] 何兰兰. 碱性工业废弃物在 CCUS 中的应用研究 [D]. 武汉: 华中科技大学, 2014.

[176] Abdallah D, Dang V Q, Lourdes F V, et al. Applications of fly ash for CO$_2$ capture,

utilization, and storage［J］. Journal of CO₂ Utilization, 2019, 29: 82–102.

［177］马卓慧, 廖洪强, 程芳琴, 等. 粉煤灰提铝钙渣矿化固定 CO₂［J］. 硅酸盐通报, 2020, 39（4）: 1224–1229.

［178］何民宇, 刘维燥, 刘清才, 等. CO₂ 矿物封存技术研究进展［J］. 化工进展, 2022, 41（4）: 1825–1833.

［179］Back M, Kuehn M, Stanjek H, et al. Reactivity of alkaline lignite fly ashes towards CO₂ in water［J］. Environmental Science & Technology, 2008, 42（12）: 4520–4526.

［180］Tamilselvi Dananjayan R R, Kandasamy P, Andimuthu R. Direct mineral carbonation of coal fly ash for CO₂ sequestration［J］. Journal of Cleaner Production, 2016, 112（5）: 4173–4182.

［181］Mazzella A, Errico M, Spiga D. CO₂ uptake capacity of coal fly ash: Influence of pressure and temperature on direct gas–solid carbonation［J］. Journal of Environmental Chemical Engineering, 2016, 4（4）: 4120–4128.

［182］Ukwattage N, Ranjith P, Wang S. Investigation of the potential of coal combustion fly ash for mineral sequestration of CO₂ by accelerated carbonation［J］. Energy, 2013, 52: 230–236.

［183］Jo H Y, Ahn J H, Jo H. Evaluation of the CO₂ sequestration capacity for coal fly ash using a flow–through column reactor under ambient conditions［J］. Journal of Hazardous Materials, 2012, 241–242: 127–136.

［184］Han S J, Im H J, Wee J H. Leaching and indirect mineral carbonation performance of coal fly ash–water solution system［J］. Applied Energy, 2015, 142: 274–282.

［185］杨刚. 粉煤灰矿化封存 CO₂ 协同重金属固化［D］. 北京: 华北电力大学, 2021.

［186］武鸽, 刘艳芳, 崔龙鹏, 等. 典型工业工体废物碳酸化反应性能的比较［J］. 石油学报（石油加工）, 2020, 36（1）: 169–178.

［187］王晓龙, 刘蓉, 王琪, 等. 电厂烟气低浓度 CO₂ 的粉煤灰直接液相矿化技术［J］. 热力发电, 2021, 50（1）: 104–109.

［188］Sun Y, Parikh V, Zhang L. Sequestration of carbon dioxide by indirect mineralization using Victorian brown coal fly ash［J］. Journal of Hazardous Materials, 2012, 209: 458–466.

［189］He L, Yu D, Lv W, et al. A novel method for CO₂ sequestration via indirect carbonation of coal fly ash［J］. Industrial and Engineering Chemistry, 2013, 52（43）: 15138–15145.

［190］王晓龙, 刘蓉, 纪龙, 等. 利用粉煤灰与可循环碳酸盐直接捕集固定电厂烟气中二氧化碳的液相矿化法［J］. 中国电机工程学报, 2018, 38（19）: 5787–5794.

［191］侯玉婷, 李晓博, 刘畅, 等. 火电机组灵活性改造形势及技术应用［J］. 热力发电, 2018, 47（5）: 8–13.

［192］章琪, 仇中柱, 杨文虎, 等. 1000MW 燃煤锅炉宽负荷区炉内结焦和飞灰含碳量分析［J］. 环境工程, 2018, 36（9）: 87–92.

［193］李国斌. 电厂粉煤灰炭制造活性炭的研究［J］. 湘潭矿业学院学报, 2000, 15（3）: 65–70.

［194］Sayari A, Belmabkhout Y, Serna–Guerrero R. Flue gas treatment via CO₂ adsorption［J］. Chemical Engineering Journal, 2011, 171（3）: 760–774.

［195］Arenillas A, Smith K M, Drage T C, et al. CO₂ capture using some fly ash–derived carbon materials［J］. Fuel, 2005, 84（17）: 2204–2210.

［196］Alhamed Y A，Rather S U，El-Shazly A H，et al. Preparation of activated carbon from fly ash and its application for CO_2 capture［J］. Korean Journal of Chemical Engineering，2015，32（4）：723-730.

［197］诸俊杰. 功能化多孔材料的制备及其 CO_2 吸附性能［D］. 杭州：浙江大学，2018.

［198］彭召静，赵彦杰，黄成德，等. 用于燃烧后 CO_2 捕集系统的胺基固态吸附材料研究进展［J］. 化工进展，2018，37（2）：610-620.

［199］Bukhari S S，Behin J，Kazemian H，et al. Conversion of coal fly ash to zeolite utilizing microwave and ultrasound energies：a review［J］. Fuel，2015，140（15）：250-266.

［200］Hollman G G. Synthesis of zeolites from coal fly ash［D］. Utrecht：Utrecht University，1999.

［201］Rayalu S，Meshram S，Hasan M. Highly crystalline faujasitic zeolites from fly ash［J］. Journal of Hazardous Materials，2000，77（1-3）：123-131.

［202］Liu X，Gao F，Xu J，et al. Zeolite@mesoporous silica-supported-amine hybrids for the capture of CO_2 in the presence of water［J］. Microporous & Mesoporous Materials，2016，222：113-119.

［203］Shang J，Li G，Singh R，et al. Determination of composition range for "molecular trapdoor" effect in chabazite zeolite［J］. The Journal of Physical Chemistry C，2013，117（24）：12841-12847.

［204］Ruthven D M. Principles of adsorption and adsorption processes［M］. John Wiley & Sons，New York，USA，1984.

［205］张镱键. 粉煤灰合成沸石分子筛及其 CO_2 吸附性能研究［D］. 西安：西安理工大学，2021.

［206］Dindi A，Quang D V，Nashef E，et al. Effect of PEI impregnation on the CO_2 capture performance of activated fly ash［J］. Energy Procedia，2017，114：2243-2251.

［207］Lee K M，Jo Y M. Synthesis of zeolite from waste fly ash for adsorption of CO_2［J］. Journal of Material Cycles and Waste Management，2010，12（3）：212-219.

［208］Kim J Y，Kim J，Yang S T，et al. Mesoporous SAPO-34 with amine-grafting for CO_2 capture［J］. Fuel，2013，108：515-520.

［209］Chandrasekar G，Son W J，Ahn W J. Synthesis of mesoporous materials SBA-15 and CMK-3 from fly ash and their application for CO_2 adsorption［J］. Journal of Porous Materials，2009，16（5）：545-555.

［210］Chen C，You K S，Ahn J W，et al. Synthesis of mesoporous silica from bottom ash and its application for CO_2 sorption［J］. Korean Journal of Chemical Engineering，2010，27（3）：1010-1014.

［211］张中华. 粉煤灰制备吸附剂捕集 CO_2 的研究［J］. 中国电机工程学报，2021，41（4）：1227-1233.

［212］Gray M L，Soong Y，Champagne K J，et al. CO_2 capture by amine-enriched fly ash carbon sorbents［J］. Separation and Purification Technology，2004，35（1）：31-36.

［213］Mercedes Maroto-Valer M，Lu Z，Zhang Y，et al. Sorbents for CO_2 capture from high carbon fly ashes［J］. Waste Management & Research，2008，28（11）：2320-2328.

［214］Beltrao-Nunes A P，Sennour R，Arus V A，et al. CO_2 capture by coal ash-derived zeolites roles of the intrinsic basicity and hydrophilic character［J］. Journal of Alloys and

Compounds, 2019, 778: 866–877.

［215］Soe J T, Kim S S, Lee Y R, et al. CO_2 Capture and Ca^{2+} exchange using zeolite A and 13X prepared from power plant fly ash ［J］. Bulletin of the Korean Chemical Society, 2016, 37（4）: 490–493.

［216］Zgureva D, Boycheva S. Experimental and model investigations of CO_2 adsorption onto fly ash zeolite surface in dynamic conditions ［J］. Sustainable Chemistry and Pharmacy, 2020, 15: 1–10.

［217］Verrecchia G, Cafiero L, Caprariis B D, et al. Study of the parameters of zeolites synthesis from coal fly ash in order to optimize their CO_2 adsorption ［J］. Fuel, 2020, 276（15）: 1–10.

［218］Dindi A, Dang V Q, Abu–Zahra M R M. CO_2 adsorption testing on fly ash derived cancrinite–type zeolite and its amine–functionalized derivatives ［J］. Environmental Progress & Sustainable Energy, 2019, 38（1）: 77–88.

［219］Zhang Z, Wang B, Sun Q. Fly ash–derived solid amine sorbents for CO_2 capture from flue gas ［J］. Energy Procedia, 2014, 63: 2367–2373.

［220］Yan F, Jiang J, Li K, et al. Green synthesis of Nanosilica from coal fly ash and its stabilizing effect on CaO sorbents for CO_2 capture ［J］. Environmental Science & Technology, 2017, 51（13）: 7606–7615.

［221］Kumar V, Labhsetwar N, Meshram S, et al. Functionalized fly ash based alumino–silicates for capture of carbon dioxide ［J］. Energy Fuels, 2011, 25（10）: 4854–4861.

［222］Pei S L, Pan S Y, Gao X, et al. Efficacy of carbonated petroleum coke fly ash as supplementary cementitious materials in cement mortars ［J］. Journal of Cleaner Production, 2018, 180（10）: 689–697.

［223］Chen T F, Bai M J, Gao X J. Carbonation curing of cement mortars incorporating carbonated fly ash for performance improvement and CO_2 sequestration ［J］. Journal of CO_2 Utilization, 2021, 51: 1–10.

［224］Wei Z, Wang B, Falzone G, et al. Clinkering–free cementation by fly ash carbonation ［J］. Journal of CO_2 Utilization, 2018, 23: 117–127.

［225］Czuma N, Zarebska K, Motak M, et al. Ni/zeolite X derived from fly ash as catalysts for CO_2 methanation ［J］. Fuel, 2020, 267: 1–7.

［226］Wang S, Lu G. Effect of chemical treatment on Ni/fly–ash catalysts in methane reforming with carbon dioxide ［J］. Studies in Surface Science and Catalysis, 2007, 167: 275–280.

［227］Lu G Z, Zhang T G, Feng W, et al. Preparation and properties of pseudo–boehmite obtained from high–alumina fly ash by a sintering– CO_2 decomposition process ［J］. The Minerals, Metals & Materials Society, 2019, 71（2）: 499–507.

［228］王晓睿, 高秉婷, 吴永贵. 粉煤灰堆场基质—农作物系统中重金属生态风险及健康风险评价［J］. 有色金属, 2021, 73（6）: 116–124.

［229］郝伟. 粉煤灰内金属浸溶特性的试验和模拟研究［D］. 武汉: 华中科技大学, 2007.

［230］李冠超, 杨波, 孙功明, 等. 放射性核素在粉煤灰生产利用中的转移规律与安全评价［J］. 有色金属, 2022, 11（14）: 89–96.

［231］阿卜杜萨拉木·阿布都加帕尔. 准东地区土壤重金属污染特征及其健康风险评价研究［D］. 乌鲁木齐: 新疆大学, 2018.

［232］张刚，陈秋颖，康艳红，等．沈北新区粉煤灰重金属污染潜在生态风险评价［J］．沈阳师范大学学报（自然科学版），2016，34（3）：291-295.

［233］孙映宏．基于Muller地质累积指数法的杭州城区河道底泥重金属污染评价［J］．浙江水利水电专科学校学报，2013，1：1-3.

［234］Nemerow N L. Scientific stream pollution analysis［M］. New York: McGraw-Hill, 1974.

［235］武琳，郑永红，张治国，等．粉煤灰用作土壤改良剂的养分和污染风险评价［J］．环境科学与技术，2020，43（9）：219-227.

［236］刘培陶，崔龙鹏，沈卫星，等．粉煤灰堆放场土壤环境微量元素分析与风险评价［J］．农业环境科学学报，2008，27（1）：207-211.

［237］宁阳明，尹发能．基于改进内梅罗污染指数法和灰色聚类法的水质评价［J］．华中师范大学学报（自然科学报），2020，54（1）：149-155.

［238］El Azhari A, Rhoujjati A, El Hachimi M L, et al. Pollution and ecological risk assessment of heavy metals in the soil-plant system and the sediment-water column around a former Pb/Zn-mining area in NE Morocco［J］. Ecotoxicology and Environmental Safety, 2017, 144: 464-474.

［239］王晓睿，高秉婷，吴永贵，等．粉煤灰堆场基质 - 农作物系统中重金属生态风险及健康风险评价［J］．有色金属（矿山部分），2021，73（6）：116-124.

［240］Chabukdllara M, Nema A K. Heavy metals assessment in urban soil around industrial clusters in Ghaziabad, India: Probabilistic health risk approach［J］. Ecotoxicology and Environmental Safely, 20l3, 87: 57-64.

［241］王锐，邓海，贾中民，等．汞矿区周边土壤重金属空间分布特征、污染与生态风险评价［J］．环境科学，2020，12（1）：1-13.

［242］刘柱光，方樟，丁小凡．燃煤电厂贮灰场土壤重金属污染及健康风险评价［J］．生态环境学报，2021，30（9）：1916-1922.

［243］Jain C K. Metal fractionation study on bed sediments of river Ya-muna, India［J］. Water Research, 2004, 38（3）: 569-578.

［244］范明毅，杨皓，黄先飞，等．典型山区燃煤型电厂周边土壤重金属形态特征及污染评价［J］．中国环境科学，2016，36（8）：2425-2436.

［245］王延东，李晓光，黎佳茜，等．煤矸石堆存区周边土壤重金属污染特征及风险评价［J］．硅酸盐通报，2021，40（10）：3464-3471.

［246］孙境蔚，于瑞莲，胡恭任，等．应用铅锶同位素示踪研究泉州某林地垂直剖面土壤中重金属污染及来源解析［J］．环境科学，2017，38（4）：1566-1575.

［247］陈江军，刘波，蔡烈刚，等．基于多种方法的土壤重金属风险评价对比——以江汉平原典型场区为例［J］．水文地质工程地质，2018，45（6）：164-172.

［248］孙叶芳，谢正苗，徐建明，等．TCLP法评价矿区土壤重金属的生态环境风险［J］．环境科学，2005，26（3）：152-156.

［249］陈春乐，王果，田甜．基于TCLP法的钼矿区周边农田土壤重金属风险评价［J］．福建农业学报，2019，34（4）：458-464.

［250］Federal Register. Toxicity Characteristic Leaching Procedure［M］. 1986, 1～35.

［251］陈梦舫，韩璐，罗飞，等．污染场地土壤与地下水风险评估方法学［J］．科学出版社，北京，2017.

［252］US Environmental Protection Agency. Technical background document for the supplemental report to congress on remaining fossil fuel combustion wastes groundwater pathway human health risk assessment［EB/OL］.［2007-06-10］. http://www.epa.gov/epaoswer/other/fossil/ffc2_395.pdf.

［253］Environmental Agency, 2015. CLEA Software（Version 1.05）Handbook［EB/OL］. https://assets.publishing.service.gov.uk/government/uploads/system/uploads/attachment_data/file/455747/LIT_10167.pdf.

［254］施烈焰, 曹云者, 张景来, 等. RBCA 和 CLEA 模型在某重金属污染场地环境风险评价中的应用比较［J］. 环境科学研究, 2009, 22（2）: 241-247.

［255］吴以中, 唐小亮, 葛滢, 等. RBCA 和 Csoil 模型在挥发性有机物污染场地健康风险评价中的应用比较［J］. 农业环境科学学报, 2011, 30（12）: 2458-2466.

［256］Gulson B, Taylor A, Stifelman M. Lead exposure in young children over a 5-year period from urban environments using alternative exposure measures with the US EPA IEUBK model［J］. Environmental Research, 2018, 5（2）: 261-264.

［257］徐松. IEUBK 模型结合流行病学调查儿童环境铅暴露健康风险评估研究［D］. 武汉: 华中科技大学, 2010.

［258］路一帆, 陆胤, 蔡慧, 等. 铅蓄电池厂遗留场地重金属污染分析及健康风险评价［J］. 环境工程, 2022, 40（1）: 135-140, 189.

［259］李燕妮, 罗朝晖, 柳山, 等. 贵州地区灰场的地下水污染风险评价 – 以易家寨灰场为例［J］. 环境工程, 2015, 33（1）: 123-127, 145.

［260］张可心, 纪丹凤, 苏婧, 等. 垃圾填埋场地下水污染风险分级评价［J］. 环境科学研究, 2018, 31（3）: 514-520.

［261］韩旭, 生贺, 夏甫, 等. 危险废物填埋场地下水污染风险评价中指标权重计算方法优化比选［J］. 环境科学研究, 2021, 34（6）: 1378-1386.

［262］童立志, 彭香琴, 陶诗阳, 等. 一种评估废弃矿区综合环境污染风险的方法［P］. CN202210922204.5, 2022-11-11.

［263］Zhang J, Dong W, Li J, et al. Utilization of coal fly ash in the glass-ceramic production［J］. Journal of Hazardous Materials, 2007, 149（2）: 523-526.

［264］Bhattacharyya S, Donahoe R J, Patel D. Experimental study of chemical treatment of coal fly ash to reduce the mobility of priority trace elements［J］. Fuel, 2009, 88（7）: 1173-1184.

［265］Sorensen M A, Mogensen E P B, Lundtorp K, et al. High temperature co-treatment of bottom ash and stabilized fly ashes from waste incineration［J］. Waste Management, 2001, 21（6）: 555-562.

［266］Yang J, Wang Q, Wang Q, et al. Heavy metals extraction from municipal solid waste incineration fly ash using adapted metal tolerant Aspergillus Niger［J］. Bioresource Technology, 2009, 100（1）: 254-260.

［267］蒋建国, 赵振振, 王军, 等. 焚烧飞灰水泥固化研究［J］. 环境科学学报, 2006, 26（2）: 230-235.

［268］张瑞娜, 赵由才, 许实. 生活垃圾焚烧飞灰的处理处置方法［J］. 苏州科技学院学报（工程技术版）, 2003, 16（1）: 63-66.

［269］严建华，马增益，彭雯，等．沥青固化城市生活垃圾焚烧飞灰的实验研究［J］．环境科学学报，2004，24（4）：730-733.

［270］周敏，杨家宽，肖明丹，等．垃圾焚烧飞灰熔融固化技术［J］．环境卫生工程，2006，14（5）：1-3.

［271］Wang Q，Tian S，Wang Q，et al. Melting characteristics during the vitrification of MSWI fly ash with a pilot-scale diesel oil furnace［J］. Journal of Hazardous Materials，2008，160(2)：376-38l.

［272］潘新潮，严建华，马增益，等．垃圾焚烧飞灰的熔融固化实验［J］．动力工程学报，2008，28（2）：284-288.

［273］Lindberg D，Molin C，Hupa M. Thermal treatment of solid residues from WtE units: a review［J］. Waste Management，2015，37：82-94.

［274］宋明光，王群英，刘占礼，等．粉煤灰熔融固化利用探索性研究［J］．科学技术与工程，2016，16（21）：135-139.

［275］徐松，王逊，田文栋．燃煤的垃圾焚烧飞灰熔融和余热发电系统研究［J］．煤炭转化，2008，31（2）：78-82.

［276］罗忠涛，肖宇领，杨久俊，等．垃圾焚烧飞灰有毒重金属固化稳定技术研究综述［J］．环境污染与防治，2012，34（8）：58-62，68.

［277］Chan C C Y，Krif D W，Marsh H. The behavior of Al in MSW incinerator fly ash during thermal treatment［J］. Journal of Hazardous Materials，2000，76（1）：103-111.

［278］Chan C，Jia C Q，Graydon J W，et al. The behavior of selected heavy metal in MSW incineration electrostatic precipitator ash during roasting with chlorination agents［J］. Journal of Hazardous Materials，1996. 50（1）：1-13.

［279］李润东，王建平，王雷，等．垃圾焚烧飞灰烧结过程重金属迁移特性研究［J］．环境科学，2005，26（6）：186-189.

［280］Sun Y F，Watanabe N，Qiao W，et al. Polysulfide as a novel chemical agent to solidify/stabilize lead in fly ash from municipal solid waste incineration［J］. Chemosphere，2010，81（1）：120-126.

［281］李静，周斌，易新建，等．垃圾焚烧飞灰重金属稳定化药剂处理效果［J］．环境工程学报，2016，10（6）：3242-3248.

［282］Palmer S A K，Nunno T J，Sullivan D M，et al. Metal/cyanide-containing wastes；treatment technologies［J］. Noyes Data Corp.: NJ，1988，721.

［283］龚勋，汤蕾，姚洪，等．硫酸亚铁处理粉煤灰的试验研究［C］．中国工程热物理学会燃烧学2009年学术会议论文集，2009.

［284］胡雨燕，陈德珍，Thomas H C．水热条件下绿矾稳定垃圾焚烧飞灰的研究［C］．中国工程热物理学会年会燃烧学学术会议，2005.

［285］Taylor Eighmy T，Crannell B S，Krzanowski J E，et al. Characterization and phosphate stabilization of dusts from the vitrification of MSW combustion residues［J］. Waste Management，1998，18（6）：513-524.

［286］蒋建国，张妍，许鑫，等．可溶性磷酸盐处理焚烧飞灰的稳定化技术［J］．环境科学，2005，26（4）：191-194.

［287］王金波，秦瑞香，袁茂林，等．复合化学螯合药剂稳定垃圾焚烧飞灰中的重金属［J］．化学研究与应用，2013，25（10）：1397-1402.

［288］倪海凤．拉萨市垃圾焚烧飞灰重金属特性及稳定化实验研究［D］．拉萨：西藏大学，2022.

［289］赵剑．城市生活垃圾焚烧飞灰凝胶活性及其固化/稳定化技术研究［D］．重庆：重庆大学，2017.

［290］刘军，谢光明，邢锋，等．一种垃圾焚烧飞灰中重金属的固化方法［P］．广东省：CN202210951500.8，2023-05-05.

［291］谷忠伟．稳定剂对垃圾焚烧飞灰中重金属的稳定化效果研究［D］．杭州：浙江大学，2020.

［292］宗同强，王明芳，王陆游，等．高分子螯合剂稳定垃圾焚烧飞灰中的重金属［J］．广州化学，2018，43（3）：18-23.

［293］李建陶，曾鸣，杜兵，等．垃圾焚烧飞灰药剂稳定化矿物学特性［J］．中国环境科学，2017，37（11）：4188-4194.

［294］刘国威．垃圾焚烧飞灰的重金属化学稳定化研究［D］．广州：中国科学院大学（中国科学院广州地球化学研究所），2018.

［295］朱节民，李梦雅，郑德聪，等．重庆市垃圾焚烧飞灰中重金属分布特征及药剂稳定化处理［J］．环境化学，2018，37（4）：880-888.

［296］杨光，包兵，丁文川，等．有机螯合剂与磷酸盐联合稳定垃圾焚烧飞灰中重金属的作用机理［J］．环境工程学报，2019，13（8）：1967-1976.

［297］刘国威，陈繁忠．几种药剂对垃圾焚烧飞灰重金属稳定化的性能影响［J］．环境工程，2018，36（9）：139-143.

［298］严飔，唐家桓．重金属污染的生物淋滤治理技术机制和应用［J］．环境保护．2018，46（21）：51-55.

［299］Bosecker K. Bioleaching: metal solubilization by microorganism［J］. FEMS Microbiology Reviews，1997，20: 591-604.

［300］胡珺斐．生物淋滤去除城市垃圾焚烧飞灰中重金属的研究［D］．北京：北京理工大学，2016.

［301］Tyagi R D，Coullard D，Fran F. Heavy metal removal from anaerobically digested sludge by chemical and microbiological methods［J］. Environmental Pollution，1988，50（4）：295-316.

［302］Brombacher C，Bachofen R，Brandle D. Biohyomellurgical processing of solid: a patent review［J］. Applied Microbiology and Biotechnology，1997（48）：577-587.

［303］Wang S H，Zheng Y，Yan W F, et al. Enhanced bioleaching efficiency of metals from E-wastes driven by biochar［J］. Journal of Hazardous Materials. 2016，320: 393-400.

［304］杨洁．生物淋滤法去除城市生活垃圾焚烧飞灰中重金属的研究［D］．黑龙江：哈尔滨工业大学，2008.

［305］Rauoulnia P，Mousavi S M. Maximization of organic acids production by Aspergillus Niger in a bubble column bioreactor for V and Ni recovery enhancement from power plant residual ash in spent-medium bioleaching experiments［J］. Bioresource Technology，2016（216）：729-736.